KB215231

아웃사이더

아웃사이더

갑자기 다른 사람이
되어버린 사람들의 뇌

마수드 후사인 | 이한음 옮김

까치

OUR BRAINS, OUR SELVES : What a Neurologist's Patients
Taught Him About the Brain

by Masud Husain

역자 이한음
서울대학교에서 생물학을 공부했다. 우리나라를 대표하는 과학 전문
번역가이자 과학 전문 저술가로 활동하고 있다. 지은 책으로는 『아직
DNA가 어려운 너에게』, 『투명 인간과 가상 현실 좀 아는 아바타』, 『바
스커빌가의 개와 추리 좀 하는 친구들』 등이 있으며, 옮긴 책으로는 『세
포의 노래』, 『바디』, 『생명이란 무엇인가』, 『조상 이야기 : 생명의 기원을
찾아서』, 『암 : 만병의 황제의 역사』, 『질병 해방』, 『노화의 종말』, 『만들어
진 신』 등이 있다.

아웃사이더
갑자기 다른 사람이 되어버린 사람들의 뇌

저자/마수드 후사인
역자/이한음
발행처/까치글방
발행인/박후영
주소/서울시 용산구 서빙고로 67, 파크타워 103동 1003호
전화/02 · 735 · 8998, 736 · 7768
팩시밀리/02 · 723 · 4591
홈페이지/www.kachibooks.co.kr
전자우편/kachibooks@gmail.com
등록번호/1-528
등록일/1977. 8. 5
초판 1쇄 발행일/2025. 6. 10

값/뒤표지에 쓰여 있음

ISBN 978-89-7291-876-9 03400

이 자리까지 올 수 있도록 나를 도와준

가족을 비롯한 모든 분들께

추천의 글

저자는 이 놀라운 책에서 신경학자로서 자신이 직접 겪은 일들을 토대로 자아의 여러 측면들을 살펴본다. 탁월한 이야기꾼인 저자는 이 책에서 전문가로서의 지극히 개인적인 회고담과 첨단 과학을 융합하며, 그 과정에서 우리를 각자 독특한 인간으로 만드는 신경학적 구조를 드러낸다.　　　　　　　　　　　　　—차란 란가나스(『기억한다는 착각』 저자)

국제적으로 저명한 신경학자가 쓴 이 걸작에는 부드러운 유머와 심오한 과학적 통찰력이 어우러져 있다. 뇌, 그리고 우리를 우리답게 만드는 구조에 조금이라도 관심이 있다면 반드시 읽어야 할 책이다. 개인적인 경험, 흥미로운 사례 연구, 그리고 신경과학을 모두 담은 이 책은 우주에서 가장 복잡한 구조 속으로 독자를 친절히 안내한다.
　　　　　　　　　—러셀 포스터(『라이프 타임, 생체시계의 비밀』 저자)

인간의 뇌는 우주에서 가장 복잡한 구조를 갖추고 있으며, 아주 작은 딸꾹질조차도 현대 의학으로는 치료할 수 없는 끔찍한 상태로 이어질 수 있다. 신경학자의 진료실에서 벌어진 일들을 아름답게 담아낸 이 매우 개인적인 이야기를 통해서, 저자는 왜 우리가 뇌의 작동 원리에 대한 수수께끼를 계속해서 탐구해야 하는지 다시 한번 일깨운다.
　　—로빈 던바(『프렌즈 : 과학이 우정에 대해 알려줄 수 있는 가장 중요한 것』 저자)

뇌가 어떻게 자신이 진정으로 누구인지의 감각을 빚어내는지, 또 때로는 그것을 바꾸기도 하는지를 아름다운 문체로 감동적으로 들려준다. 올리버 색스의 걸작을 떠올리게 하는 과학책이다.
　　　　　　　　　　　　　　　　　　　—커밀라 노드(『브레인 밸런스』 저자)

너무나도 인간적이면서 과학적으로 흥미롭고, 그와 동시에 유려한 필체가 돋보이는 탁월한 책이다. 올리버 색스의 저서에 못지않은 걸작이다. 삶의 의욕을 북돋아주는 탁월한 의학 탐정 이야기이다.
　　　　　　　　　　　　　　　　　　　—이언 로버트슨(『승자의 뇌』 저자)

우아한 산문, 매혹적인 스토리텔링, 그리고 엄격한 학문적 접근이 어우러진 보기 드문 걸작이다. 저자는 환자와 자신의 임상의학 경험을 통해서 우리 자신과 세상에서 우리의 위치를 정의하는 뇌의 여러 측면을 조명한다.
　　　　　　　　　　　　　　　　　　　—기 레슈차이너(『감각의 거짓말』 저자)

개인 정체성의 본질을 깊이 탐구하고 정체성이 사회 집단에 소속되는 문제와 어떤 관련이 있는지를 살펴보는 동시에 가슴 뭉클한 감정을 불러일으킨다.
　　　　　　　　　　　　　　　　　　　—『파이낸셜 타임스』

그 자체로도 매혹적인 이야기들이 모여서, 우리 자아감이 얼마나 불확실한지를 드러내는 책이다. 저자의 글은 그의 임상진료가 어떻게 이루어지는지를 보여준다. 그는 지적이고 공감 능력이 뛰어나며 통찰력 있는 의사이다.
　　　　　　　　　　　　　　　　　　　—『뉴 사이언티스트』

재미있고 매혹적인 책이다.……무엇보다도 인간의 뇌가 얼마나 수수께끼처럼 작동하는지를 상기시키며, 제멋대로 구는 뇌를 지닌 사람들을 격려하기보다는 지원하는 편이 낫다는 강력한 논지를 펼친다.
　　　　　　　　　　　　　　　　　　　—『데일리 메일』

차례

들어가는 말

우리를 우리답게 만드는 것은 무엇일까? 대다수는 우리의 정체성을 만드는 것이 배경이라고 말할지도 모르겠다. 즉 우리가 태어나고 자란 가정, 우리의 양육과 교육 환경, 우리에게 영향을 미친 사람들, 우리가 가졌던 직업 등 말이다. 그러나 사회적 및 문화적 경험을 초월하여 우리를 우리답게 만드는 훨씬 더 근본적인 것이 있는데, 우리의 뇌가 바로 그것이다. 우리의 뇌가 우리를 만든다. 어디에서 태어났든지, 어디에서 살았거나 살고 있든지, 피부색이 어떻든지 간에, 우리에게 정체성을 부여하는 것은 바로 우리 뇌이다.

예전에는 이 말에 동의하지 않는 사람들도 있었다. 한 예로 데카르트는 우리의 개인 정체성, 즉 우리의 "자아"가 뇌와 별개라고 주장했다. 그러나 오늘날 대부분의 학자들은 뇌를 우리 자신이 겪는 모든 경험의 토대라고 본다. 일부 신경과학자들은 새로운 뇌 영상 기법을 이용해서 "자아"가 거주할 만한 뇌 영역이 어디인지를 콕 찍어내려는 시도까지 하고 있다. 그러나 철학자 대니얼 데닛은 한

11

마디로 일축했다. "뇌에서 자아를 찾겠다는 것은 범주 오류이다." 우리는 찾아내지 못할 것이다. 우리 자아는 우리 뇌 기능들의 총합을 통해서 구성되기 때문이다.

실제로 여러 사상가들은 자아가 그저 환상이거나 더 나아가 우리의 뇌가 창작한 허구적인 이야기에 불과하다고 주장한다. 즉 자아란 존재하지 않으며, 따라서 어느 특정한 뇌 영역에 있을 수도 없다는 것이다. 반면에 자아가 여러 개라고 주장하는 이들도 있다. 우리가 단일한 자아의 활동이라고 간주하는 과정들이 사실은 일종의 분산 구조의 작동 결과라는 것이다. 자아는 그저 우리 뇌 전체의 창발적 특성이다. 인공지능 분야의 개척자인 마빈 민스키의 말을 고쳐 표현하자면, 자아는 그저 "우리 마음들의 사회"를 구성하는 다양한 인지 과정들의 산물이다.

이 점은 우리의 인지 능력의 한 측면, 그 "사회"의 한 측면이라도 잃을 때 극적으로 드러난다. 기억이나 동기 부여, 지각知覺이나 언어, 주의 집중 능력, 타당한 의사 결정 능력, 남에게 공감하는 능력, 계획하고 예측하는 능력을 잃을 때 말이다. 그러면 우리가 예전과 다른 사람이 되었다는 사실, 즉 자아—개인 정체성—의 한 조각을 잃었다는 사실이 뚜렷이 드러날 수 있다.

뇌 질환에 걸린 사람은 개인 정체성뿐 아니라 **사회 정체성**에도 심오한 변화를 겪을 수 있다. 그 사람인지 거의 알아볼 수 없을 정도로 딴사람이 될 수도 있다. 가까운 친구와 가족에게조차도 사실상 낯선 사람이 되어 기존의 사회 관계망에 남는 것이 극도로 힘든 상황에 처할 수 있다.

이 책은 내가 신경과 의사이자 신경과학자로서 만난 그런 사람들의 이야기이다. 환자들의 사례를 살펴보면 우리는 사람의 뇌가 어떻게 작동하는지뿐 아니라 어떻게 개인 정체성과 사회 정체성, 즉 우리의 자아를 형성하는지를 알 수 있는데, 이 책은 바로 그런 이야기를 담고 있다. 각 장에서 우리는 신경계 질환 때문에 달라진 사람을 만난다. 우리는 그들에게 어떤 일이 일어났는지, 어떻게 영향을 받았고 왜 변했는지를 살펴볼 것이다. 즉 그들을 변모시킨 근본 이유를 신경과학적으로 살펴볼 것이다.

또한 이 부분이 가장 중요한데, 그런 변화가 우리를 우리 자신으로 만드는 뇌의 정상적인 기능에 관해서 무엇을 알려주는지도 살펴보고자 한다. 그럼으로써 우리가 남들과 맺는 사회적 관계들이 우리의 사회 정체성뿐 아니라 개인 정체성을 형성하는 데에 기여하는 다양한 인지 기능들의 작동에 어떻게 의존하는지를 알게 될 것이다. 우리가 어떤 사회 관계망에 "속할" 수 있는 것은 궁극적으로 바로 그런 기능들 덕분임을 깨닫게 될 것이다. 그리고 현대 신경과학이 뇌 질환을 앓는 사람들에게 어떻게 희망을 주고 있는지도 알게 될 것이다.

서론

평온한 새벽이 이미 도시 위로 와 있었다. 도로를 뒤덮었던 어둠이 서서히 물러나고 근사한 아침이 환하게 밝아왔다. 때는 6월이었고, 일찍 일어난 몇몇 사람들은 노점을 열 준비를 하러 가면서 새로운 하루를 여는 온화한 옅은 햇살을 받았다. 이는 겨우 80킬로미터쯤 떨어진 곳까지 적군이 와 있을 때에도 작은 위안이 되었다. 여유가 있는 사람들은 이미 대도시로 피신했지만, 대다수의 주민들은 지난 4년 동안 그래왔듯이 방어선이 유지되리라는 믿음에 의지할 수밖에 없었다. 희망은 아직 남아 있었다.

오스만 대로의 동쪽 방향으로 차량 몇 대가 달리고 있을 뿐 거리는 조용했고, 주민들 대부분은 아직 깨어나지 않은 상태였다. 그러나 102번지 아파트의 2층에 사는 사람은 이미 일어나 있었다. 아니, 사실 밤새도록 깨어 있었다. 그의 집 유리창 덧문은 몇 달간 그래왔듯이 꽉 닫혀 있었다. 침대 옆에 놓인 초록색 등이 그의 어두운 침실에서의 유일한 빛이었다. 빽빽하게 들어찬 어두운 색깔의 가구들과 책상에 높게 쌓인 책들, 천식 때문에 피워놓아 방에 자욱한, 독말풀의 매캐한 연기가 방의 억압적인 감금 분위기를 자아냈다. 거리와 건물에서 들리는 소리를 막기 위해서 특별히 코르크로 덧댄 벽은 집을 찾아온 손님 대다수가 폐쇄공포증을 느낄 만한 분위기를 더욱 강화했다.[1]

그는 일본풍의 화려한 실내복 차림에 커다란 베개 두 개를 괴어놓고 침대에 기대앉아 있었는데, 평소였다면 열심히 원고를 쓰고 있을 시간이었다. 그는 지난 12년 동안 검은 가죽 공책에 손으로 열심히 집필해왔다. 그러나 오늘 아침은 달랐다. 그는 밀어닥친 공포에 사로잡혀 있었다. 그는 자신의 얼굴 한쪽이 축 처진 것이 분명하다고 생각했다. 또한 어제 저녁에 가정부 셀레스테에게 말할 때 자신의 발음이 어눌했고 말도 약간 불분명했다고 확신하기에 이르렀다. 그는 부모가 모두 그랬듯이, 자신에게도 뇌졸중이 들이닥치려고 한다고 결론지었다. 그것 말고는 달리 설명할 길이 없었다. 뇌졸중은 그의 집안 내력이었다. 사랑하는 어머니 잔도 뇌졸중에 걸리는 바람에 여생을 끔찍하게 쇠약한 모습으로 보내지 않았던가? 뇌졸중은 어머니에게서 언어를 앗아갔다. 어머니는 소중한 아들들에게 말조차 할 수 없는 언어 상실증 상태가 되었다.

제1차 세계대전 중이던 1918년 여름, 독일군이 파리를 점령하기 위해서 마지막 공세를 펼치던 그때 위대한 소설가 마르셀 프루스트는 파란 공단 이불 위에 앉아서 공포에 질린 채 뇌 질환의 가능성을 깊이 생각하고 있었다. 자신에게 가장 소중한 능력인 의사소통 능력을 빼앗길까 두려웠다. 이제 40대 후반인 그는 언어 상실증에 매우 친숙했다. 모친이 앓기도 했고, 부친인 의사 아드리앵 프루스트가 뇌졸중을 일으키기 전에 그 주제를 다룬 책을 저술하기도 했기 때문이다.

또한 프루스트는 그 도시의 뛰어난 신경학자들과도 친분이 있었다.[2] 당시 파리는 뇌 질환 연구의 세계적인 중심지였고, 그곳에서 선구적인 몇몇 전문가들이 이정표가 될 만한 업적들을 내놓고 있었다. 뇌졸중 이후의 언어 장애를 이해하는 쪽에서도 성과가 나오고 있었다. 뇌졸중은 말하는 능력뿐 아니라 읽고 쓰는 능력까지 손상시킬 수 있다. 그런 능력들을 잃는다면, 프루스트가 설 자리는 없을 터였다.

1918년 6월 그날 아침 언어 상실증이 금방이라도 발병할 듯해서 너무나 두려웠던 그는 저명한 신경과 의사 조제프 바빈스키를 찾아갔다. 의사의 진료실은 같은 거리에서 겨우 10분 떨어진 170번지에 있었다. 프루스트의 회고에 따르면, 바빈스키는 프루스트의 이름을 들어본 적도 없던 모양이었다. 바빈스키는 물었다. "직업이 있으십니까?"[3]

그날 프루스트는 바빈스키에게 머리뼈에 구멍을 뚫는 수술인 천두술穿頭術을 받을 생각이었다. 너무나 공포에 질려 있었기 때문에 그는 그런 과격한 조치만이 뇌졸중의 진행을 막을 수 있으리라고 확신했다. 그러나 전문가인 바빈스키는 프루스트를 검사한 뒤, 뇌졸중이 일어났다는 증거가 전혀 없다고 그를 안심시키면서 수술 요청을 정중하게 거절했다.[4] 프루스트가 천두술을 받았다면 그의 위대한 소설은 과연 어떻게 되었을까? 마르셀 프루스트는 그후에도 결코 뇌졸중에 걸리지 않았다. 그러나 짧은 여생 동안 그는 그 병에 걸릴지도 모른다는 불안감에 때때로 사로잡히고는 했다. 수년 뒤 폐렴에 걸려 죽어갈 때에도, 바빈스키에게 천두술을 요청할 정도였다.

뇌에 영향을 미치는 질환에 걸릴까 봐 불안에 사로잡히는 사람이 프루스트만은 아니다. 누구나 몸에 영향을 미치는 병에 걸릴 수 있지만, 많은 사람들이 뇌에 영향을 미치는 장애를 가장 두려워한다. 왜 그럴까? 신경계 질환이 우리를 아주 딴사람으로 만들 수 있기 때문일 것이다.[5] 프루스트가 두려워했듯이, 의사소통 능력을 빼앗아갈 수도 있다. 기억을 잃거나, 지각 왜곡이나 환각에 시달릴 수도 있다. 사회적 부적응자가 되거나 공감 능력을 잃거나 무례하고 공격적인 사람이 될 수도 있다. 충동이 매우 심해지거나 자제력이 사라져서, 도박으로 큰돈을 날리거나 새로운 중독에 빠질 수도 있다. 다른 사람과 상호 작용하려는 마음이 사라지고 무기력해지면서 병적인 무관심 상태에 빠질 수도 있다.

이런 행동이나 성격의 변화는 당연히 당사자와 그 가족을 극도로 심란하고 두렵게 만들 수 있다. 그러나 또다른 한편으로 그런 변화는 당신과 나에 관한 많은 것을 알려줄 수 있다. 특정한 뇌 기능이 사라질 때 어떤 일이 일어나는지를 관찰하면, 우리는 정상적인 자아에 관해서 많은 것을 알아낼 수 있다. 인지 기능이 우리 자신(우리의 개인 정체성)을 형성하는 데에 어떻게 기여하는지, 또 우리의 사회 정체성—남들과의 관계로부터 유래하는 자아의 일부—을 어떻게 빚어내는지도 이해할 수 있다.

마르셀 프루스트 같은 사람에게 언어 상실은 재앙이나 마찬가지였을 것이다. 쓰는 능력을 잃을 뿐 아니라 아마 이 역시 중요한 문제였을 텐데, 사교계에서 더 이상 같은 지위를 유지할 수 없었을 테니 말이다. 그가 그토록 열심히 구축했던 사회 정체성은 사실상 와해되었으리라. 프루스트는 프랑스 사회의 가장 고상한 일원이 되기 위해서 여러 해 동안 노력했다. 그는 유력 인사들과 인맥을 맺는 일에 지나칠 정도로 몰두했다. 게이이면서 유대인 집안(모계 쪽) 출신이었던 그는 편견과 속물근성으로 뒤엉킨 복잡한 파리 사교계를 교묘하게 파고드는 데에 엄청난 성공을 거두었다.

프루스트는 관찰과 모방을 통해서, 소수의 사람만이 속하며 영향을 미친다고 여겨지는 세상의 내부자가 되었다. 실제로 일부 비평가는 프루스트가 남을 조종하는 능력이 아주 뛰어나며 자신의 음침한 침실에 며칠째 틀어박혀서 글을 쓴 뒤에도 전혀 피곤한 기색 없이 자신이 원하는 방향으로 움직이도록 남들을 휘어잡는 인물이라고 평했다.[6] 그러나 언어를 잃는다면, 자신이 들어가고자 그토록 노력했던 사교계에 설 자리가 없어질 것이다. 그는 "속하지" 못할 것이다.

*　*　*

자신이 진정으로 누구이며 어디에 속하는지 생각해본 적 있는가? 어떻게 해야 특정한 집단에 적합해질지 궁금해한 적이 있는가? 나는 그랬다. 그리고 아마 대다수가 그랬을 것이다. "속하다belong"라는 영어 단어의 기원은 꽤장히 흥미롭다. 접미사 long은 '갈망하다'를 뜻하는 고대 영어에서 나왔고, 접두사 be는 '접근'을 의미한다. 남들과 가까워지기를, 한 집단에 들어가고 그 집단의 일부가 되기를 갈망하는 것은 인간의 공통된 욕구이다.

　실제로 일부 심리학자는 인간이 어디인가에 소속되려는 기본 욕구를 가진다고 주장해왔다.[7] 그들은 그 욕구가 우리가 하는 많은 일들의 1차적인 동기이며, 사람들 사이의 관계와 유대를 인간 존재의 매우 중요한 부분이 되도록 만드는 우리 문화의 보편적인 원동력이라고 주장한다. 또한 소속은 집단에 진화적 이점을 제공하기 때문에 중요하기도 하다. 식량과 지식을 공유하면서, 함께 사냥하고 일하면서, 더 나아가 공동체를 이루어 함께 육아하면서 사람들은 공동으로 문제를 더욱 효과적으로 해결할 수 있다. 사회 집단의 일부가 되는 것은 우리의 성공과 안녕에 매우 중요하다.[8]

　1950년대에 심리학자 맨프레드 쿤과 토머스 맥파틀랜드는 사람들이 스스로를 어떻게 정의하는지 알아내기 위해서 매우 직접적인 검사법을 고안했다. 그들은 실험 참가자에게 "나는 ……이다"라는 문장을 20개 써서 자신이 누구인지 묘사해달라고 요청했다.[9] 실험 결과는 미국의 젊은 학생들이 개인 형질("나는 행복하다", "나는 지루하다" 등)보다 자신이 속한 집단에 관한 서술("나는 가톨릭교도이다", "나는 아프리카계 미국인이다" 등)에 더 기대는 경향이 있음을 보여주었다. 그런데 수십 년 뒤에 다시 진행한 검사에서는 집단과의 관계보다 개인적 특징과 개성을 더 서술하는 쪽으로 답변이 달라져 있었다.[10] 그렇다고 해도 소속된 사회 집단은 여전히 사람들이 자신의 정체성을 어떻게 보는지를 결정하는 핵심 요소였다. 집단은 우리가 자신이 누구인지를 정의하는 데에 도움을 준다.

어릴 때부터 "집단"의 일부가 되려는 욕구는 강렬하며 어떻게든 간에 우리를 안심시켜줄 것 같다. 친구들의 세계 바깥에서도 우리 대다수는 자신이 홀로 존재하는 것이 아니라 다른 무엇인가의 일부라고 여긴다. 우리는 가족, 동료, 직장, 자라난 동네, 더 나아가서 자신이 일원으로 있는 "부족", 다시 말해서 언어권, 응원하는 스포츠 팀, 따르는 종교, 나라, 국가 집단―공통의 문화유산을 지닌 민족―에 속한다.

우리 대다수는 이런 집단들 중에서 몇몇 가지에 속해 있다고 느끼며, 우리가 애착을 가지는 집단들의 조합은 우리가 누구인지를 정의하는 데에 도움을 준다. 또한 이런 조합들이 있기 때문에 남들도 우리를 범주화하고, 우리가 어떤 배경에 있는지를 간결하게 기술하고, 우리가 어떻게 행동할지 이런저런 가정을 할 수 있다. 그런 조합은 우리의 문화적 및 사회적 유형을 정의하는 데에 기여한다. 즉 우리에게 일종의 "표면" 정체성을 제공한다. 이 표면 정체성은 우리가 누구인지를 진정으로 특정하지 못할 수도 있다. 전형적인 틀에 모두가 들어맞는 것은 아니다. 그렇기는 해도 이런 분류 체계는 오래 전부터 우리가 관습적으로 서로를, 그리고 자기 자신을 파악하기 시작하는 주된 방식으로 이용되어왔다.

세계의 다른 지역에서 개최된 모임에 참석했다가 동향 사람과 마주친 상황처럼, 자신과 하나 이상의 동일한 집단 정체성을 가진 사람을 만나면 우리는 자동적으로 유대감이나 공통의 토대를 느낀다. 설령 공통의 경험을 전혀 찾을 수 없다고 해도 그렇다. 전혀 모르는 사람이라고 해도 어떻게 해서든지 간에 우리는 그들과 자신을 동일시한다. 우리 정체성의 어떤 측면을 그들도 공통으로 가지고 있으리라고 가정하는 것이다.

소속감은 우리 중에 누가 외부인인지를 의식한다는 의미이기도 하다. 외부인이란 우리 부족이나 집단 출신이 아닌 사람들, 우리의 어느 집단에도 들어맞지 않는 사람이다. 우리 세계에 들어온 새로운 사람들, 다른 억양을 지닌 다른 지역 출신이거나 종교가 다르거나 아예 말조차 다른 외국 이민자일 수도 있다. 정의상 그들은 다르다. 그들을 향한 한 가지 공통된 반응이 있다. 그들을 경계하거나 더 나아가서는 수상쩍은 시선으로 바라보는 것이다. 그저 그들이 외부인이기 때문이다. 우리는 그들을 배척하고는 한다. 자신이 자란 곳을 떠나 다른 지역에서 얼마간 지낸다면, 더 나아가 다른 나라에 가서 산다면, 자신이 그런 대우를 받을 가능성이 높다는 점을 더욱 극명하게 느낄 수 있을 것이다.

나는 어릴 때부터의 경험을 통해서 외부인이라는 개념, 즉 소속되어 있지 않다는 개념에 친숙하다. 오래 전 미국에서 열린 국제 학술대회에 처음으로 참석한 일이 떠오른다. 나는 수많은 청중 앞에서 짧은 발표를 할 예정이었고, 발표를 앞두고 무척 흥분해 있었다. 나는 뇌졸중을 앓은 사람들의 인지 기능을 연구하여 몇 가지를 새로 발견했는데, 그 내용을 듣기 위해서 수백 명의 신경과학자들이 눈을 빛내며 기다리고 있다고 생각했다. 연단에 올라서서 둘러보니, 발표장에 사람들이 빼곡히 들어찬 모습이 시야에 들어왔다. 의욕이 솟구치면서 한편으로는 몹시 긴장이 되었다. 발표를 제대로 해야 했다. 나는 천천히 말하고 어느 대목에서 잠시 쉬어야 할지를 기억하자고 스스로를 다독였다.

그런데 분과 위원장이 나를 소개한 다음 내가 막 첫마디를 꺼내려는데, 실망스럽게도 청중 대다수가 여전히 서로 수다를 떨면서 자신들의 대화에 빠져 있는 것이 보였다. 심지어 나를 쳐다보지도 않았고, 내가 무슨 발표를 할지 관심도 없어 보였다. 내가 엄청난 착각을 하고 있었던 것이다. 몹시 실망할 것만 같았다.

나는 좀더 시간을 가지고 기다린다고 해도 사람들이 조용해지지는 않을 것이라고 생각하면서 발표를 시작했다. 그러자 갑자기 실내가 조용해졌고, 사람들의 시선이 나를 향했다. 기쁘게도 사람들이 나의 발표에 귀를 기울이는 듯했다. 발표를 끝내자 아주 후한 박수갈채가 터져 나왔고, 나는 아주 뿌듯했다. 내가 자리에 앉자 정말 환상적인 발표였다고 동료가 말해주었고 나는 더욱 우쭐해졌다. 나는 활짝 웃으면서 동료에게 나의 연구가 좋게 받아들여져서 너무 기쁘다고 말했다.

그러자 동료가 말했다. "그런데 그 때문만은 아닐 거라네."

"무슨 말인가?"

"음, 사람들이 그렇게 관심을 보인 이유는 자네 같은 유색인종에게서 우아한 영국식 억양이 튀어나오는 게 도저히 믿기지 않아서였네." 그는 낄낄거리면서 덧붙였다. "어색하거든. 목소리가 외모와 들어맞지 않으니까! **자네의 부조화 때문에** 사람들이 흥미를 느낀 거지. 자네가 연단에 올라갈 때 사람들은 자네가 멕시코인일 거라고 생각했다네."

청중이 거의 다 백인이기는 했지만, 그런 상황이 처음은 아니었다. 그럼에도 불구하고 그가 나의 억양을 지적했을 때 나는 충격을 받았다. 돌이켜보면 충격을 받을 이유가 전혀 없었다. 나를 자신들과 다르다고 생각하는 사람들을 많이 접했으니까 말이다. 그러나 내가 말하는 방식을 그런 식으로 지적받으니 특히 더 역설적으로 느껴졌다.

나는 동파키스탄(지금의 방글라데시)에서 태어났고, 어릴 때인 1968년에 영국으로 이주했다. 대영제국이 인도 아대륙에서 황급히 떠난 지 약 21년이 흐른 뒤였다. 제2차 세계대전 이후에 영국은 열악한 상황에 처했고, 제국주의가 반민주주의적이라고 여기는 미국 동맹국들의 압박에 밀려 허둥지둥 철수를 서둘렀다. 식민지 이후에 인도는 유혈 분할을 겪는 등 많은 격동을 경험했다. 수년이 지난 뒤에 사람들이 제국에 속했던 각지―"영연방"이라고 불리는 지역들―에서 제국의 중심으로 이주한 것도 그 결과였다.

나는 세계 각지에서 새로 오는 사람들에게 그다지 호의적이지 않던 시대에 런던과 버밍엄 도심에서 자랐다. 동네 사람들은 우리를 자신들에게 속하지 않는 외부인이라고 여겼다. 당시 그들은 내가 말하는 방식을 비웃거나 내가 길을 걷고 있으면 욕을 하고는 했다. 그런 단어들 중에는 무슨 뜻인지 모르는 것도 있어서 사전을 찾아보기도 했지만, 정의 자체가 나의 이해 범주를 벗어난 단어들도 종종 있었다. 더욱 당혹스러운 의미의 단어들도 있었다. 어린 아이였던 나의 논리로는 내가 파키스탄에서 태어났으니 "파키"라고 불리는 것이 당연하게 느껴졌다. 그러나 곧 그 말이 나를 출신지와 다시 연관 짓는 유용한 수단이 아니라, 악의적인 편견을 담은 혐오의 표현에 좀더 가깝다는 것을 확실히 알게 되었다.

훨씬 뒤에 대학에 들어갔을 때, 나는 신경과 의사가 되고 싶었다.

신경과는 내가 의대생으로서 진출할 수 있는 유일한 전공 분야처럼 보였다. 옥스퍼드 대학교에서는 신경계가 당혹스러울 만치 복잡하다는 것을 배웠다. 나는 사람의 뇌를 해부하고, 현미경으로 들여다보고, 그 복잡한 연결을 다룬 책을 들여다보면서 이 아름다운 해부 구조를 배웠다. 신경과 근육을 대상으로 실험을 하고, 다양한 뇌 영역의 전기 활동을 연구한 과학 논문을 읽으면서 복잡한 생리 활동도 배웠다. 뇌의 기능, 더 나아가 뇌를 파괴할 수 있는 질병에 영향을 미치는 약물의 복잡한 생화학과 약리학도 공부했다. 수 세기에 걸쳐 이렇게 엄청난 지식을 쌓아왔음에도 우리가 여전히 신경계를 거의 이해하지 못한다는 사실도 배웠다.

특히 뇌는 까다로웠으며, 뇌에 영향을 미치는 장애들도 마찬가지였다. 뉴런은 어떻게 작동하며 뉴런의 구조와 기능이 어떠한지 아는 것과 사람이 왜 어떤 행동을 하며 뇌 질환이 사람과 그 성격에 어떻게 영향을 미치는지를 아는 것은 완전히 다른 문제이다. 그런데 내가 뇌 전문가가 되는 것을 방해하는 사소한 문제가 하나 있었다. 당시 영국 전체의 신경과 의사는 약 200명에 불과했다. 영국 신경학계는 최상류층이었다. 한 친구는 퉁명스럽게 말했다. "넌 유색인종이야. 유색인종 신경과 의사는 없어. 넌 이방인이고 그 세계에 받아들여지지 않을 거라고. 차라리 류머티스를 택해. 그 편이 훨씬 덜 복잡할 테니까."

나에게 신경과 의사가 되지 못할 것이라고 말함으로써, 그 친구는 내가 정말로 어떤 사람인지를 상기시켜주었다. 나 같은 이방인이 옥스퍼드 의과대학생이 되었다고 해도 영국 사회가, 심지어 전문직 사회조차도 그것을 받아들이는 데에는 한계가 있다는 것이었다. 다행히도 나는 그의 조언을 신경쓰지 않고 나의 길을 계속 갔다. 언제나 쉽지는 않았지만, 나는 상류층 세계인 영국 신경학계에서 나에게 기회를 주고 더 나아가 격려까지 하는 열린 마음을 지닌 사람들을 많이 만났다. 이윽고 나는 신경과 의사가 되었다. 이제는 내가 핵심 내부자라고 말할 사람도 있을 것이다. 옥스퍼드 대학교 교수로서 학계와 의료계에 속할 수밖에 없으니까 말이다.

내가 소속되지 못한다는 느낌을 더는 받지 않는 것은 맞다. 나의 습성과 행동은 오랜 관찰과 모방을 통해서, 사람들이 나에게 기대하는 양상에 아주 산뜻하게 들어맞게 되었다. 나는 파키스탄(또는 멕시코) 억양을 전혀 쓰지 않는다. 그 때문에 나의 첫 국제 학술대회 때에 청중을 놀라게 하기도 했다. 그러나 신경과 의사로서 하는 일은 내가 예상했던 것과 전혀 달랐다. 물론 나의 시선을 사로잡는 놀라우면서 희귀한 증상들도 있다. 그러나 흔한 신경계 질환일지라도, 우리의 뇌가 정상적으로 형성하는 자아감에 관해서 엄청나게 많은 것을 드러낼 수 있다는 사실이 아주 명백해졌다. 뒤에서 말하겠지만, 뇌 장애는 사람의 개인 정체성과 사회 정체성 모두를 변모시킬 수 있다. 사람들이 행동하는 방식이 근본적으로, 때로 충격적일 정도로 바뀔 수도 있다. 실제로 뇌 질환은 우리가 본래의 사회 집단에 더는 소속되지 못할 정도로 일상생활에 엄청난 영향을 미칠 수도 있다.

수십 년 동안 사회심리학자와 인류학자들은 집단 안에 있는 사람과 집단 밖에 있는 사람을 가르는 경계가 무엇인지를 연구해왔다. 사회 정체성 연구에는 개인이 공유된 경험을 통해서 특정 집단의 가치를 어떻게 자신과 동일시하는지, 그리고 어떻게 그들("외집단")과 우리("내집단") 사이의 경계를 세우고 유지하는지를 이해하려는 노력도 포함된다.[11] 친족 관계, 언어, 출생지, 종교, 인종, 국적, 정치적 견해, 성적 지향성, 사회 계층은 한 집단의 구성원과 그 집단에 속하지 않는 사람 사이에 선을 긋는 방식에 대단히 중요해 보이는 속성들이다.

그러나 사회 정체성은 다른 사람과의 유사성을 지각하는 일뿐 아니라 우리가 남들과 어떻게 다른지를 판단하는 일, 즉 우리와 그들("외집단"이라고 지각하는 이들)을 대조하는 일을 통해서 정해진다는 것이 점점 더 명확해졌다. 우리와 다른 "그들"이 없다면, 우리는 특정한 정체성을 집단의 일부라고 주장할 수 없다. 남들과의 관계를 통해서만, 우리가 집단의 안이나 밖 중 어디에 있는지를 정의하고 우리 자신을 어떻게 범주화할지가 가능해진다. 우리의 내집단 기대에 부응하지 못하는 사람들은 외부인이라고 간주된다.

또 예전에는 내부인이었지만 이제는 뇌 장애 때문에 행동이 달라진 사람들도 그렇게 될 수 있다. 그들도 "남"이 될 수 있다. 그들이 집단에 소속되는 데에 도움을 준 인지 기능(주의, 지각, 기억, 동기, 의사 결정, 공감 같은) 가운데 하나에 기능 이상이 일어났기 때문이다. 그들은 기본 인지 과정들이 우리의 사회적 정체성을 형성하는 데에 어떤 핵심적인 역할을 하는지 드러낼 수 있고, 우리의 자아감이 어느 정도는 남들과의 관계를 통해서 정의된다는 것을 보여줄 수 있다.

사실 "정상적인" 사회생활을 버리고 은둔하는 삶을 택한 건강한 사람도 역설적이게도 홀로 생활함으로써 자아감을 상실할 수 있다. 작가 닐 앤셀은 웨일스의 가장 깊은 오지로 들어가서 오두막을 짓고 홀로 지냈는데, "홀로 있으니 정체성, 즉 자기 정의가 전혀 필요 없었다"라고 했다.[12] 대신에 그는 자아감이 남들과의 상호 작용을 통해서 나왔다는 것을 고찰했다. 그는 그런 상호 작용이 없어지자 정체성을 잃어가고 있다고 결론을 내렸다.

사회 정체성을 연구하는 심리학은 한 사회 집단의 구성원 자격이 상황에 따라서 어떻게 달라지는지에도 초점을 맞추어왔다. 예를 들면, 성장 배경이 다른 사람과 혼인하거나 다른 나라로 이주해서 그곳 사람들의 행동이나 말을 배운다면, 외부인에서 벗어나 내부인의 지위를 얻을 수 있다. 또 한편으로 개인이 자신의 사회 집단에서 축출될 수도 있다. 추방―내부인 지위의 상실―은 수천년 전부터 쓰여온 관행이다.[13]

고대 그리스인들은 사람을 내보낼 때 그 방법을 썼다. 영어로

"추방ostracism"이라는 단어는 그들에게서 유래했다. 고대 그리스인들은 오스트라콘ostrakon이라는 도기陶器 파편에 추방하고 싶은 사람의 이름을 적어서 투표를 했다. 파키스탄의 파탄 지역 부족들은 오늘날에도 불화를 막는 처벌 방식으로 추방을 이용한다. 아미시 공동체는 규율을 지키게 하려는 목적으로, 당사자를 무시하는 행위를 동반하는 마이둥meidung이라는 방법을 쓴다. 덜 공식적이지만 많은 사회들에서—심지어 아이들의 놀이 사회에서도—좀더 느슨한 방법으로, 사회 규범을 따르지 않는 이들을 따돌림으로써, 그들이 외부인이라고 느끼게 만드는 관행을 택한다. 어느 문화에서든 사회 정체성은 분명히 바뀔 수 있다. 새로운 환경과 상황에 따라서 변모할 수 있다.

그러나 정체성과 소속감이 우리의 사회적 및 문화적 배경을 통해서만 정해지지는 않는다. 우리 뇌, 더욱 구체적으로 일상생활에서 우리 뇌가 기능하는 방식도 매우 중요하다. 뇌는 다양한 맥락과 다양한 사람들 속에서 우리가 어떻게 행동할지를 결정함으로써 우리의 사회 정체성을 형성한다. 또 뇌는 우리가 정체성을 바꿀 수 있게도 해준다. 나를 비롯한 이민자 같은 외부인도 결국에는 내부인이 될 수 있지만, 집단 구성원의 기준에 맞출 수 있는 이런저런 기술을 개발해야만 가능하다. 그렇다면 그런 기술들은 어떻게 습득할까? 뇌가 특정한 집단의 특징들을 배우고 그것들에 익숙해져야 한다. 집단 구성원들의 말하는 방식—억양—이나 유머 감각, 선호하는 음식이나 음악, 뉴스를 해석하는 방식, 특정한 정당이나 운동 팀 지지 같은 것들이 그렇다. 속성에 상관없이 일부 사람들의 뇌는 인지 능력을 통해서 새로운 도전 과제와 상황에 적응하여 내부인 지위를 획득할─한 집단에 "맞춰질"─수 있다. 그리고 그렇게 할 때 자아감도 변한다.

인지 기능도 뇌 질환에 걸리면 사라질 수 있고, 때로는 극적인 양상으로 진행될 수도 있다. 예를 들면, 이 책에서 만나볼 사람들은 우리의 내부인 지위와 사회 정체성이 고정되어 있지 않음을 보여줄 것이다. 이들은 뇌졸중, 머리 부상, 다양한 유형의 치매 같은 질환 때문에 뇌에 변형이 일어나면서 달라졌다. 특정한 인지 기능을 잃자, 그들은 잘 알고 지내던 사람들로부터 소외될 위기에 처했다. 오랜 세월 자신이 속해 있던 사회 관계망의 내부인이었는데, 이제는 더 이상 적합하지 않은 사람으로 분류될 위험에 처했다.

다양한 유형의 신경계 질환 때문에 달라진 사람들을 만날 때면 많은 의문이 떠오른다. 내가 자주 떠올리는 의문은 이것이었다. 속한다는 것이 무슨 의미일까? 한 집단에 "소속되어" 자란 사람이 때로는 하룻밤 사이에 그 구성원의 지위를 잃을 수 있다니 정말로 놀랍지 않은가. 그런 일은 누구에게나 생길 수 있다. 우리 정체성은 바뀌어서 변형된 자아를 빚어낼 수 있고, 우리 정체성이 남들에게 가닿는 방식에 따라서 그들은 우리가 자기 집단에 "속하는지" 속하지 않는지를 판단한다.

특정한 기본적인 뇌 기능이 없다면, 우리가 여러 해 동안 발전시킨―그리고 남들에게 투영한―개인 정체성 및 사회 정체성은 의미가 거의 없어진다. 우리가 구축한 그 정체성―"자아"―과 오랜 세월 다양한 집단들에서 쌓아온 우호 관계는 우리 뇌에 의존한다. 그런 연결의 강도, 즉 "내집단" 유대의 질은 우연한 대화나 공식적인 의견 교환이 이루어질 때, 풀어야 할 새로운 문제에 직면할 때, 한 무리의 사람들과 즐거운 시간을 가질 때 등 다양한 상황에서 우리 뇌가 어떻게 기능하는지에 따라 달라진다. 기본적인 인지 기능을 앗아가는 신경계 질환에 걸리면, 우리는 뇌가 여러 해에 걸쳐 그토록 힘들게 이루어낸 모든 것을 잃을 수 있다. 집단 구성원 자격을 얻고 유지하게 해준 사회 연결망을 잃을 수 있는 것이다.

이런 일은 다양한 방식으로 일어날 수 있다. 뇌의 다양한 부위에 영향을 미치고 온갖 질환(뇌졸중, 신경 퇴행, 머리 부상, 종양 등)으로 생기는 신경 장애들은 사람들의 행동을 놀라울 정도로 바꿔놓을 수 있다.[5] 더 이상 **우리의** 구성원이 아니라고 느껴질 만큼 행동이 판이하게 달라질 수도 있다. 이런 질환에 걸린 환자는, 우리가 자아에 관해서 당연하게 받아들이는 것이 무엇인지를 알려줄 뿐 아니라, 인간의 뇌가 시간이 흐르면서 어떻게 정체성과 소속감을 형성하는지도 말해줄 수 있다. 이 통일된 듯한 "자아" 감각, 즉 우리 자신이 누구이며 어디에 속한다는 느낌은 우리 대다수가 짐작하는 것보다 훨씬 더 복잡하다.[14] 우리 정체성은 사실상 많은 다양한 부분들로 이루어져 있다. 신경계 질환이 보여주듯이 수없이 다양한 뇌 기능들이 우리 자아를 구성하는 데에 기여하기 때문이다.

우리는 총 7개의 장에 걸쳐서 뇌 장애 때문에 서로 완전히 다른 방식으로 삶이 바뀐 7명으로부터 배운 내용을 토대로, 정체성과 소속감의 신경과학을 살펴볼 것이다. 각각의 사람들은 어느 한 가지 핵심 인지 능력을 잃음으로써 외부인이 될 위험에 처한다. 이들은 우리 뇌가 어떻게 우리의 정체성을 형성하며, 우리가 특정한 집단에 속할지의 여부를 인지 기능이 어떻게 결정할 수 있는지에 관해서 우리에게 알려줄 것이다. 집단 구성원의 자격이 변할 수 있다는 것은 분명하지만, 신경계 질환을 앓는 환자가 내부인 지위를 다시 획득하기란 무척 힘들 수 있을 것이다. 그렇기는 해도 효과가 더 좋은 새로운 치료법들이 나오면서 전 세계의 환자와 가족에게 희망을 불어넣고 있다.

*　*　*

그렇다면 이제 원래의 질문으로 돌아가보자. 우리를 우리답게 만드는 것이 무엇일까? 물론 우리의 배경—가족, 친구, 양육, 직업, 교육, 가정—은 우리의 정체성을 형성하는 데에 중요하다. 이 모든 것들은 우리가 누구이고 어떤 사람이 될지에 영향을 미친다. 그러나 우리가 이 책에서 만날 사람들은 우리의 개인 정체성과 사회 정체성, 즉 우리 자아가 근본적으로는 우리 뇌의 다양한 인지 과정들이 기능해야만 존재할 수 있음을 보여줄 것이다. 이런 인지 기능들이 협력하여 우리를 만든다. 우리 마음은 바로 그것들로부터 만들어진다. 그것들은 우리를 우리답게 만들며, 우리가 행동하는 방식과 남들의 눈에 비치는 방식을 만드는 핵심 구성요소들이다.

1

작은 기적

진료 의뢰서는 짧았다. 당시에는 미처 몰랐지만, 그 의뢰서는 나의 삶을 바꾸는 계기가 되었다.

내가 데이비드라는 이 젊은이를 만나볼 수 있을까? 그에게는 신경과 의사의 소견이 필요했다. 특이하게도 그는 30대에 뇌졸중을 일으켰지만, 다행히 몸은 아주 잘 회복되었다. 실제로 그는 며칠 만에 털고 일어나서 아무런 문제없이 걷고 말할 수 있었고, 마치 아무런 일도 없었다는 듯이 생활할 수 있었다. 그러나 완전히 회복된 것은 아니라는 사실이 곧 드러났다.

데이비드의 행동은 극적으로 달라졌다. 예전에는 사교 활동을 활발하게 하던 지극히 외향적인 사람이었는데, 이제는 완전히 다른 사람이 된 듯했다. 그는 뇌졸중을 겪은 후에 본업인 재무 설계사 업무에 꽤나 빨리 복귀했지만, 아주 의욕적으로 임했던 그 일에 흥미를 잃었다. 지겨워하는 것 같았다. 열정도 찾아볼 수 없게 되었다. 몇 주일 뒤에 해고될 때에도 전혀 개의치 않는 모습이었다. 그는 귀찮아서 실업 급여도 신청하지 않았고, 지금은 가까운 친구

몇 명과 함께 지내고 있었다.

친구들은 처음에는 기꺼이 그를 돕겠다고 나섰지만, 곧 그에게 질리게 되었다. 데이비드는 언제나 모임을 주도하던 매우 사교적인 사람이었는데, 이제는 "대하기가 무척 힘든" 사람으로 변했다. 무심하고 거리감이 느껴지고 무리에서 겉도는 사람이 되었다. 게다가 집에서 손가락 하나 까딱하지 않음으로써 친구들을 더욱 짜증나게 했다. 그는 온종일 빈둥거리다가 저녁에 친구들이 돌아와서 요리를 하고 재미있게 놀아주기만 바랐다. 아무것도 하지 않는 모습에 친구들은 분통이 터질 지경이었다. 가장 가까운 친구들에게조차 그는 낯선 사람이 되었다.

진료 의뢰서를 보니, 일반의는 데이비드의 행동이 우울 때문이라고 판단하고서 항우울제를 처방했지만 아무런 효과가 없었다고 적었다. 일반의는 곤혹스러워했다. 데이비드가 "그렇게 무기력하고 꼼짝도 하지 않으려는" 상태에 이르게 된 원인을 알아낼 수 있을까?

나는 주춤했다. 그 의사는 신경과 의사가 어떤 일을 한다고 생각한 걸까? 따분한 사람을 흥미로운 사람으로 되돌리는 일? 우리 분야는 으레 설명되지 않는 여러 증상들을 의뢰하는 종착지가 되고는 하지만, 이 사례는 터무니없는 일인 듯했다. 그래도 데이비드에게는 매우 특이한 점들이 있었다. 무엇보다도, 젊은 사람이 뇌졸중을 겪는 일은 비교적 드물다는 점이다. 게다가 그후로 그의 행동에 변화가 일어났다는 점이다. 그는 사회 보장의 혜택을 청구하는 일까지 귀찮아할 만큼 모든 일에 너무나 무심해졌다. 매우 특이한 일이었다. 그런데 데이비드가 우울한 상태가 아니라면 대체 무엇이 문제일까?

뇌졸중이 일어났을 때 그가 내가 근무하는 병원의 자매병원에 입원했었기 때문에 나는 그 진료 기록을 컴퓨터로 살펴볼 수 있었다. 마우스를 몇 번 클릭하자 그의 MRI 뇌 영상이 화면에 떴다. 언뜻 보면 지극히 정상 같았지만, 좀더 자세히 살펴보니 그가 한 차례가 아니라 두 차례의 뇌졸중을 겪었다는 사실을 알 수 있었다. 뇌의 양쪽에 있는 바닥핵이라는 깊숙한 부위에 하나씩 작은 구멍이 두 개 나 있었다. 양쪽의 위치는 거의 대칭을 이루고 있었다.

정말로 이상했다. 대개 뇌졸중은 이런 식으로 쌍을 이루지 않는다. 뇌에서 혈관이 막히거나(허혈성 뇌졸중이라고 한다) 혈관이 터짐으로써(출혈) 뇌졸중이 일어나기 때문에, 대개는 뇌의 한쪽만 영향을 받는다. 뇌의 양쪽에서 뇌졸중이 일어난다는 것은 심장 등 몸의 다른 부위에서 생긴 피떡(혈전)이 뇌의 양쪽에서 혈관을 막는 식으로 증상이 진행되었음을 의미한다.

나는 데이비드의 혈액과 심장 검사 결과를 죽 훑어보았지만, 원인이 될 만한 단서는 전혀 없었다. 그의 회복이 빨랐던 것도 놀랄 일이 아니었다. 뇌졸중이 정말로 아주 가볍게 일어났기 때문이다. 그런데 왜 그후에 매사에 무관심한 사람으로 변한 것일까?

무척 흥미로웠다. 답이 없는 질문들이 너무나 많았다. 나는 데이비드를 빨리 만나보고 싶었다.

* * *

나는 눈을 감았다. 진료가 긴 시간 계속되었고 게다가 실내도 더웠다. 열린 창문으로 에어컨 실외기가 돌아가는 소리가 들렸다. 병원의 다른 곳은 시원하다는 의미였다. 오후에 많은 환자를 진료하고 나니 기운이 다 빠져나간 것 같았다. 그리고 실망스럽게도 나의 특이한 환자는 나타나지 않았다.

런던의 퀸 광장에 있는 국립 신경과 및 신경외과 병원의 외래 진료실이 내가 있는 곳이다. 신경학의 개척자들 몇 명이 대대로 "광장"이라는 애칭으로 불린 이 병원에서 일했다.[1] 광장은 경쟁 관계에 있던 파리의 살페트리에르와 더불어 19-20세기에 뇌 질환을 이해하는 데에 엄청난 기여를 한 신경학의 양대 산맥이었다. 그리고 이곳의 임상의들은 신경계 질환을 앓는 환자들을 연구함으로써, 사람의 뇌가 어떻게 기능하는지에 관한 매우 영향력 있는 견해를 내놓았다.

이런 역사적인 전통은 때로 현대 의사들에게 부담이 되기도 한다. 우리는 이 개척자들이 세상에 얼마나 큰 영향을 미쳤는지 종종 떠올린다. 그들은 질병을 발견했고 그 병에 자신의 이름을 붙였으며 환자를 체계적으로 검사하는 방식을 정립해서 후대에 물려주었다. 지금도 우리는 진단을 내릴 때 그들이 개발한 방법을 활용한다. 그러나 현대 보건의료 분야에서 일하는 우리는 과거의 저명한 동료들에게 빚을 지고 있다는 사실을 생각할 겨를조차 없을 때가 많다. 우리는 그저 다음 환자를 보느라 너무 바쁘다.

이날 오후는 달랐다. 내가 관심을 가진 환자가 오지 않았다. 안타까운 마음이었지만 나의 잘못은 아니었고, 아마 그 편이 더 나을 수도 있었다. 진료한 환자들의 진단서를 마무리할 시간이 좀더 생겼다고 치면 되었다.

그렇기는 하지만 조금 신경이 쓰였다. 왜 오지 않았을까?

나는 진료실에서 나왔다. 대기실에 놓인 텔레비전에서는 시리아에서 반정부 시위가 일어났다는 뉴스가 나오고 있었다. 나는 별생각 없이 지나쳤다. "아랍의 봄" 때 놀라운 일들이 수없이 벌어졌으므로 이 시위도 그러려니 했다. 그 당시에 저 멀리에서 일어난 이런 사건들이 우리 삶에 얼마나 큰 파장을 일으킬지 내다본 사람은 아무도 없었다. 유럽이 시리아 난민을 흔쾌히 받아들였다가 황급하게 그들을 외부인으로 여기고서 국경을 닫는 일이 벌어지리라고는 말이다. 어쨌거나 그날 오후에 나는 훨씬 더 지엽적인 생각에 빠져 있었다.

나는 접수 창구로 가서 물었다. "이 환자가 안 왔습니다. 취소했나요?"

"아닌데요. 진료 취소하시게요?" 접수원은 취소하기를 바라는 양 물었다. 영국은 어느 병원이든 대기줄이 길며, 이렇게 예약해놓고 나타나지 않은 환자들은 진료를 받으려는 다른 사람들의 대기 시간을 더 늘리기 마련이다. 그러니 그녀가 그를 대기자 명단에서 빼고 싶어하는 것도 이해가 갔다.

"아, 아닙니다. 혹시 전화번호를 알 수 있을까요?"

내가 왜 그 질문을 했는지 모르겠지만, 이때쯤 나는 그의 이야기에 몹시 흥미가 동한 상태였다. 이유는 몰라도 갑자기 "만사가 지루해진" 이 남자의 이야기에 푹 빠져 있었다!

놀랍게도 전화벨이 두 번 울리자마자 상대방이 전화를 받았다.

"데이비드 씨입니까?" 내가 묻자 상대방이 대답했다.

"네." 심드렁하게 길게 늘어지는 목소리였다. 대답하려는 의욕도 없고, 딱히 말하고 싶지 않다는 기색으로 그냥 내뱉는 데에 익숙해진 어투였다.

"데이비드 씨, 여기는 병원입니다. 저는 당신이 진료를 예약한 신경과 의사입니다. 오늘 오후에 오기로 했는데요. 오지 못한 이유가 있습니까?"

그러자 침묵이 길게 이어졌다.

"어……. 죄송합니다……. 그냥 가려니 너무 먼 것 같아서요."

"알겠습니다. 데이비드 씨가 꼭 오셔야 할 것 같은데요. 내일 아침은 어떠십니까?"

다시 길게 침묵이 이어졌다.

"그러죠. 가도록 할게요."

"내일 꼭 오시는 거죠? 기다리겠습니다." 나는 다짐을 받고자 했다. 그는 잠시 말이 없다가 대답했다.

"그래요, 근데 어디로 언제 오라고요?"

정말 마지못해 하는 대답이었다. 마치 내가 그의 소중한 시간을 잡아먹는다는 양 그가 어깨를 으쓱하는 모습이 눈에 그려졌다. 활기를 띤 기색이 전혀 없는 듯했다. 나는 조금 짜증이 났다. 드러내지 않으려고는 해도 우리 의사들은 환자가 우리를 필요로 할 것이라는, 더 나아가 환자가 우리를 만나고 싶어할 것이라는 생각으로 허영에 빠진다. 그런데 이 환자는 그렇지 않아 보였다.

* * *

그다음 날 아침, 나는 진료실에서 창밖으로 퀸 광장 한가운데에 자리한 넓은 정원을 내려다보았다. 우거진 수풀 너머로, 회색 점판암으로 만들어진 샤를로테 왕비의 조각상이 어렴풋이 보였다. 조각상은 오른손을 뻗어서 허공을 움켜쥐고 있는, 다소 어색한 자세로 서 있었다. 예전에는 그 손에 철퇴가 있었지만, 오래 전 술꾼들에게 약탈당했다. 조각상에는 원래 아무것도 새겨져 있지 않아서 빅토리아 시대에는 앤 여왕의 모습을 닮았다고 여겨졌고, 이 광장에도 그녀의 이름이 붙었다. 훨씬 시간이 흐른 뒤에 사람들이 더 자세히 조사해보자, 이 조각상이 앤 여왕을 묘사한 것일 가능성은 매우 낮은 것으로 밝혀졌다. 조각상의 주인공은 메클렌부르크-슈트렐리츠의 샤를로테 왕비였다. 독일 북부의 작은 공국 출신인 그녀는 열일곱 살에 영국으로 와서 국왕 조지 3세와 혼인했다.

런던에 도착했을 때 샤를로테는 영어를 전혀 하지 못했다. 왕실은 그녀를 못생겼다고 여겼고 좋게 볼 구석이라고는 거의 없다고 치부했다. 그녀의 얼굴이 너무나 이국적이라면서 거슬러올라가면 포르투갈 왕가의 한 계통인 무어인까지 나올 수 있다고 주장한 이들도 실제로 있었다. 진실이 무엇이든 샤를로테는 영국인들과 좋은 관계를 맺기가 극도로 어렵다는 것을 깨달았으나 노력해보기로 결심한 듯하다. 그녀는 새로운 언어를 빨리 배웠고 이윽고 유창하게 말할 수 있었지만, 독일 억양은 결코 사라지지 않았다. 그녀의 목소리는 궁극적인 약점이 되었고, 그녀는 실질적으로 자신이 영국에 속한다는 느낌을 결코 받지 못한 듯하다.

나는 그 이야기에 공감할 수 있었다. 1968년 어린 나이에 영국에 왔을 때, 나는 영어 실력에 몹시 자부심을 가지고 있었다. 고향인 동파키스탄에서 아주 일찍부터 영어를 배웠기 때문이다. 그러나 열 살 때 아버지가 새로 산 필립스 테이프 녹음기에 나의 목소리를 녹음한 뒤 들어보고는 충격에 휩싸였다. 도무지 말을 알아들을 수가 없었다. 거의 외국어처럼 들리는 억양이 쏟아졌다. 경악스럽게도 나는 외국인 억양으로 영어를 하고 있었던 것이다. 내가 스스로 영어를 얼마나 잘한다고 생각했든지 간에 그것은 명백한 착각이었다. 피부가 갈색이라는 사소한 문제에다가 이 억양이 결합되면서 내가 다르다는 사실이 뚜렷이 드러났다. 나는 달라져야 한다고 결심했다. 그렇지 않으면 나의 말은 계속 외국인이 하는 것처럼 들릴 터였다. 그후로 3년 동안 나는 열심히 BBC 라디오를 들으면서 발음을 연습하고 나의 목소리를 녹음해 들으면서 억양이 나아지는지를 꼼꼼히 살폈다. 샤를로테처럼 나도 영국에 소속되고 싶었다.

샤를로테가 혼인한 지 여러 해가 지난 뒤, 국왕 조지 3세의 첫 광증이 나타났다. 포르피린증이라는 대사 질환 때문이라고 보는 이들도 있고,[2] 비소 중독이나 양극성 장애 때문이라고 보는 이들도 있다.[3] 프랜시스 윌리스가 왕의 의사였는데, 그의 집은 퀸 광장에 있었던 듯하다. 윌리스의 치료법은 왕을 어르고 들볶으면서 한편으로는 비위를 맞추는 식이었다. 그는 왕에게 구속복을 입히고 때로는 재갈까지 물려서 꼼짝도 못하게 했다.[4] 왕비는 상심했지만 계속 신경 써서 남편을 돌보았고, 왕이 사용할 비품들을 보관하는 창고도 광장에 따로 마련한 듯하다. 오늘날 그곳에는 식당이 있는데, "왕비의 식료품 창고"라는 딱 들어맞는 이름이 붙어 있으며 신경과 의사들이 자주 찾는 곳이 되었다.

시간이 흐른 후, 조지 3세의 증상은 조금 나아졌다. 아마 자연스럽게 회복된 것이었겠지만, 윌리스는 영예를 얻었고 찬사를 받았다. 왕은 그 뒤로도 계속 광증 발작을 일으켰으나 뇌 장애와 퀸 광장의 관계는 그로부터 시작되었다. 분명히 그곳에서는 역사에 잠길 수밖에 없다. 역사는 그곳에 배어 있으면서, 그곳에 있는 현대 신경학 종사자들을 나름의 독특한 소속감 문화로 감싸고 있다. 길고도 다채로운 전통, 떨쳐내기 어려운 유산으로 말이다.

* * *

그날 아침, 데이비드는 이윽고 나타났다. 나는 그의 등장에 조금 놀랐다. 그는 예약 시각보다 40분이나 지나 내가 포기할 즈음에야 모습을 드러냈다. "버스가 좀 막혀서요." 나는 믿지 않았지만, 딱히 중요한 문제는 아니었다. 그는 상상했던 모습과는 달랐다.

나의 앞에 앉은 사람은 키가 작고 경직되어 보였으며, 좁은 얼굴에 두꺼운 검은 테 안경을 통해서 몹시 무심한 시선이 보였다. 땀이 밴 이마를 기름진 흑갈색 머리카락이 덮고 있었고 얇은 입술 위로는 콧수염이 들쑥날쑥하게 나 있었는데 (아마 아침식사로 먹었을) 시리얼 부스러기들이 달라붙어 있었다. 뺨과 턱에는 놀라울 정도로 곱슬거리는 다갈색 수염들이 뒤엉켜 있었다. 턱수염이라기보다는 거친 덤불 같은 모습이었다. 그는 며칠째, 아마 밤에도 입고 있었을 법한 구겨진 회색 셔츠를 입고 있었는데, 곳곳에 음식 얼룩들이 보였다. 데이비드는 나이보다도 훨씬 늙어 보였다. 자기 모습에 신경을 쓰는 모습이 전혀 아니었다.

"와주셔서 감사합니다." 나는 눈을 크게 뜨면서 말했다. 아마 그의 상태를 몹시 걱정하는 모습을 내비쳤을 것이다.

"네."

"올해 입원한 적이 있으시지요? 지금 자신의 가장 큰 문제가 무엇이라고 생각하십니까?"

"문제요? 아무 문제도 없는데요." 그는 어깨를 으쓱거렸다. 그 모습에 절로 웃음이 났다. 통화할 때 내가 상상했던 반응과 똑같았기 때문이다.

나와는 대조적으로 데이비드의 얼굴에는 표정이 거의 없었으며, 그는 내가 대화를 하려고 꺼내는 말에 별 감흥을 보이지 않았다. 사실 그는 전반적으로 나에게 거의 관심을 기울이지 않는 듯했다.

"데이비드 씨를 진료한 의사가 저에게 당신을 한번 봐달라고 부탁을 했습니다."

"그랬나요?" 그는 무거운 안경을 콧등 위로 밀어 올렸다.

"뇌졸중 후로는 어떤가요?"

"괜찮아요. 금방 나았어요."

"알겠습니다. 팔이나 다리에 힘이 빠지지는 않았고요?"

"전혀요."

"움직이기 더 힘들어진 것도 없고요?"

"없어요."

"직장은 어땠습니까?"

"어땠느냐뇨?"

대화가 겉돌고 있는 것은 분명했다. 그는 질문들에 무표정한 얼굴로 단답형으로 단호하게 되받아치고 있었다. 대하기 힘든 사람 같았다. "직장으로 돌아갔을 때 어땠느냐는 겁니다." 나는 그가 더 길게 대답하도록 유도하려고 애쓰면서 물었다.

"괜찮았어요." 그는 더 파고들 여지를 주지 않은 채 대꾸했다.

"상사도 그렇게 생각했습니까?"

이 질문은 매우 직설적이었지만, 나는 이제 그를 직설적으로 대해야 한다는 분명한 예감이 들었다. 도움이 될 만한 말을 그가 자발적으로 해줄 것 같지 않았다.

"무슨 뜻인가요?" 그는 당황한 표정으로 눈을 가늘게 뜨면서 소심하게 물었다.

"지금도 직장에 다니십니까?" 나는 아주 천천히 신중하게 물었다. 그는 입술을 꽉 다물었지만, 잠깐 그랬을 뿐 다시 무표정한 얼굴로 돌아갔다.

"아니, 안 다녀요."

나는 좀더 뜸을 들였지만, 그는 말을 덧붙이지 않았다. 마치 퉁명스러운 청소년과 대화하는 느낌이었다. 대화는 점점 뚝뚝 끊기는 양상으로 치닫고 있었다.

"왜죠?"

"일이 좀 안 풀려서요." 그는 모호하게 답했다.

"잘 안 풀렸다고요?"

"네, 잘 안 풀렸어요."

낯선 사람에게서 정보를 추출하는 일은 의사가 터득해야 할 기술이다. 특히 신경과 의사는 환자를 검사하기 이전에도 명확히 진단을 내릴 수 있을 만치 세세한 사항들을 이끌어내는 능력에 자부심을 가진다. 의학대학교에서는 개방형 질문을 활용하도록 배우지만, 경험이 많은 의사들 대부분은 환자의 반응에 따라 질문을 유도해야 한다는 것을 깨닫는다. 반면 데이비드는 그 과정이 때로는 얼마나 어려울 수 있는지를 잘 보여주는 환자였고, 의사는 이런 환자의 소극적인 태도에 점점 좌절을 느낄 수도 있다. 그러나 그의 짤막한 대답이 사실상 그가 가진 질환의 일부분일 수도 있다고 생각했기 때문에, 나는 더 부드러우면서 덜 직접적인 방향으로 질문을 바꾸었다.

"자, 지금 저는 그저 환자분에게 무슨 일이 일어났는지 알아내려고 하는 것뿐이에요."

그리고 나는 더 이상 말하지 않은 채 무덤 같은 침묵이 방을 가득 채우도록 내버려두었다. 밖에서 트럭이 덜컹거리며 지나갔다. 서로 말없이 앉아 있자, 그 소음이 더욱 크게 들렸다.

이윽고 그가 입을 열었다. "해고당했어요." 그의 덥수룩한 콧수염이 살짝 떨렸다.

나는 그의 말을 기다리며 입을 다물고 있었지만, 그는 더는 입을 열지 않았다. 그다음 정보를 얻으려면 다시 자극을 주어야 할 것 같았다. "무슨 일이 있었습니까?" 나는 아주 조심스럽게 물었다.

"아무것도 안 했어요. 그게 문제였어요. 뭔가를 하기가 귀찮아서요. 그러니까 해고당했죠. 그냥 잘렸어요."

"끔찍한 일이군요." 나는 공감하려고 애쓰면서 말했다. "뭘 하기가 귀찮다고 하셨잖아요. 그 시점이 뇌졸중 이후에 직장으로 돌아갔을 때를 말합니까?"

"맞아요. 저는 업무에 신경을 쓰지 않았어요. 아마 그게 눈에 띄었겠죠."

데이비드는 기분이 가라앉거나 우울한 상태가 아니었다고 아주 명확히 밝혔다. 그는 그저 귀찮았을 뿐이었다. 그는 장래를 걱정하지 않고, 분명히 새 직장을 구할 생각도 하지 않았다. 그는 어깨를 으쓱했다. 대화는 다시 겉돌기 시작했다. 나는 내가 문제일 수 있다는 생각도 했다. 나의 짜증이 보인 것은 아닐까? 아니라면 이것은 정말로 데이비드의 질환 중의 일부이고, 그의 친구들이 점점 그에게 좌절을 느끼는 이유일 것이다.

"친구들과 함께 지내는 건 어떻습니까?" 나는 다시 화제를 전환하려고 시도했다.

분명히 아주 좋았을 것이다. 친구들은 진정으로 그를 환영하고 잘 대해주었다. 그도 친구들을 그렇게 대할 수 있었겠지만, 놀랍게도 그는 친구들이 해주는 것들에 진심으로 기뻐하지도, 고마워하지도 않는 듯했다. 그는 친구들과 4개월째 함께 살고 있었는데, 사실 더는 집세를 낼 여력이 없어서 친구들과 함께 살기로 했다고 아주 솔직하게 말했다. 그런데 내가 실업 급여를 신청하면 되지 않느냐고 묻자, 그는 말없이 있다가 이윽고 서류를 작성하기가 너무 귀찮아서 안 했다고 말했다. 아니, 그는 "귀찮아서" 취업 센터에는 아예 가지도 않았다.

"이제부터 어떻게 될까요?"

"무슨 의미예요?" 그는 무심하게 물었다.

"친구들이 정말로 착한 것 같지만, 얼마나 오래 함께 지낼 수 있을까요?"

"음, 제가 원하는 만큼요. 제 생각에는요. 얼마나 오래 지내도 되는지 친구들이 말한 적은 없어요. 제가 있어도 좋아해요." 그는 빙긋 웃으면서 덧붙였다.

나는 화제를 바꾸어서 낮에 무엇을 하며 지내는지 물었다. 그는 아무것도 하지 않은 채 그냥 앉아서 대부분의 시간을 보내는 것이 분명했다. 그는 예전에는 음악을 듣거나 소설을 읽으면서 보냈다고 설명했다.

"지금은 그런 활동들을 전혀 안 하는데, 왜일까요?"

"아, 음악을 듣고 싶기는 한데요. 그러려면 오디오를 설치해야 하는데 귀찮아서요."

"오디오를 설치하는 데에는 얼마나 걸립니까?"

다시 침묵이 깔렸지만, 나는 그냥 놔두었다. 데이비드의 얼굴에 다시 곤혹스러운 표정이 나타났다.

"5분이요. 포장을 풀고 꺼내서 스피커를 연결하고 전원을 꽂으면 되죠. 하지만 너무 귀찮아요."

이 대화는 많은 것을 알려주었다. 데이비드는 직장을 잃었지만 전혀 불행해하지 않았다. 그는 새로운 직장을 찾으려는 노력을 전혀 하지 않는데도 가망 없는 처지에 놓였다고 생각하지는 않는 것 같았다. 그는 친구들과 살고 있었고—사실은 친구들에게 빌붙어 있었고—내가 나중에 전화로 그 친구들과 이야기를 나눈 바에 따르면 생활방식 때문에 친구들에게 다소 낯선 사람이 되어 있었다. 지저분했고 더 이상 외모에 신경 쓰지 않았고 심지어 귀찮다고 샤워도 하지 않아서 친구들이 잔소리를 해야만 했다. 인맥의 중심에 있던 사람—내부인—이 그들에게 매우 낯선 사람으로 변모해 있었다. 이 모든 일이 벌어지는 와중에도 그는 자신의 새로운 상황에 놀라울 만치 무심했다. 그는 한순간에 병리학적 무관심 상태에 이르렀다.

데이비드가 진료실을 떠날 때, 나는 과연 그를 다시 볼 수 있을까 하는 생각이 들었다. 내가 의대생들에게 입이 닳도록 하는 말이 있는데, 의사로서 어떤 일을 하든 간에 환자가 병원에 들어올 때보다는 기분이 더 나아진 상태로 떠날 수 있도록 노력해야 한다는 것이다. 이는 개인으로서 그 사람과 연결되어야 함을 의미하는데, 이때에는 그런 일이 일어난 것 같지 않았다. 좋게 봐도 그는 상담에 무관심했다. 나쁘게 보면 그의 입장에서는 상담으로 얻은 것이 없었다. 그렇다면 나는?

* * *

데이비드는 왜 의욕을 낼 수 없었을까? 왜 귀찮아했을까? 19세기 러시아의 문학가 이반 곤차로프는 소설 『오블로모프*Oblomov*』에서 비슷한 인물을 그렸다. 오블로모프는 땅을 물려받은 젊은 지주로, 그는 어떠한 행동도, 결정도 하지 못하는 무능한 사람이다. 그는 침대에 장시간 나른하게 누워 있다가 이따금 일어나서 의자에 앉을 뿐이다. 그는 무력한 사람의 전형이다. 데이비드는 여러 면에서 오블로모프의 거울상이었다. 무관심하고 어느 것에도 신경 쓰지 않고 그 어떤 일도 할 생각이 없어 보인다. 그러나 중요한 한 가지 다른 점이 있었다. 데이비드는 특이한 뇌졸중을 겪은 뒤에 갑자기 그렇게 바뀐 반면, 오블로모프는 평생 그렇게 살아왔다는 것이다.

그렇다면 데이비드는 왜 아무것도 하지 않는 것일까? 그는 분명히 우울해하지 않았으므로 그것이 이유일 리는 없었다. 그 점을 생각하면 할수록 대책 없이 빈둥거리는 그의 모습이 더욱 충격적으로 와닿았다. 그의 뇌 손상 위치가 우리 모두에게서 일어나는 정상적인 동기 부여에 관한 중요한 무엇인가를 알려주고 있는 것일까? 그의 뇌졸중이 건강한 사람에게서 정상적으로 동기를 부여하는 회로의 한 부분을 사실상 손상시킴으로써 의욕을 꺼버린 것일까?

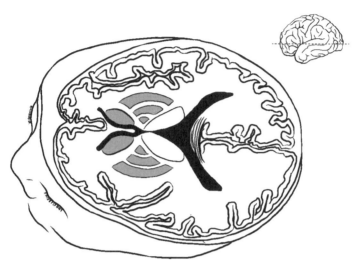

그림 1. 바닥핵. 이 뇌 단면에서 보이듯이 바닥핵(회색)은 뇌 깊숙한 곳에 자리한다. 데이비드의 뇌 양쪽에서 뇌졸중이 일어났을 때 바닥핵의 일부가 손상되었다. 오른쪽의 작은 그림은 이 자른 단면의 높이를 보여준다.

이 영역들이 제대로 작동하지 않아서 데이비드가 무관심해진 것일까? 좀더 살펴볼 필요가 있었다.

데이비드의 뇌졸중은 바닥핵을 훼손했다. 바닥핵은 뇌 깊숙한 곳에 있다(그림 1). 바닥핵은 척추동물 전체에 존재하는 아주 오래된 구조로, 3억6,000만 년 전에 출현하여 오늘날까지 살아남은 무악류(턱이 없는 척추동물)인 칠성장어까지 거슬러올라간다. 바닥핵이 진화적으로 역사가 아주 깊기는 하지만, 퀸 광장의 저명한 신경과 의사였던 키니어 윌슨이 1925년에 열린 왕립 의사회 강연에서 언급했듯이 바닥핵은 뇌의 어두운 지하층과 같다.[5] 윌슨이 강연할 당시에는 바닥핵의 기능이 거의 알려져 있지 않았다. 지금은 바닥핵에 대해서 훨씬 더 많은 것을 알고 있지만, 그 지하층을 다 탐사하려면 여전히 갈 길이 멀다.

바닥핵 자체는 뇌의 표면으로부터 깊이 들어간 곳에 놓여 있기는 하지만, 그 위를 덮는 대뇌 겉질과 고도로 연결되어 있다. 겉질의 각 영역은 바닥핵의 각 부위로 정보를 보내고, 바닥핵의 각 부위도 겉질 영역으로 신호를 보낸다. 운동을 담당하는 이마엽(전두엽) 영역들도 여기에 포함된다.[6-8] 바닥핵과 이마엽 겉질 사이의 이 방대한 연결 고리가 운동의 시작과 촉발을 비롯한 많은 기능들에 매우 중요하다는 사실이 밝혀졌다.[9-11] 사실 수십 년 전부터 바닥핵은 행동의 제어와 관련이 있다고 알려져왔다. 주된 이유는 바닥핵이 손상된 환자가 비정상적인 행동을 하는 모습이 관찰되었기 때문인데, 파킨슨병, 헌팅턴병, 그리고 키니어 윌슨이 자신의 이름을 붙인 윌슨병 등의 희귀한 질환을 앓는 사람들이 대표적이었다.

이 모든 질환들은 행동에 심한 변화를 일으킨다. 파킨슨병 환자는 행동이 느려지거나 몸이 떨리거나 경직될 수 있다. 헌팅턴병 환자는 머리나 팔다리가 갑작스럽게 홱 움직일 수 있다. 윌슨병 환자는 팔다리가 기이하게 어색한 자세를 취하고는 하는데, 이를 근육 긴장 이상이라고 한다. 초기의 연구는 이렇게 운동을 제어하는 바닥핵의 역할에―그리고 뇌 질환에 걸릴 때 이 기능에 어떤 문제가 생기는지에―집중했지만, 그후 바닥핵이 훨씬 더 많은 기능을 한다는 사실이 명확히 밝혀졌다.

현재 알려진 바닥핵의 기능 중 상당 부분은 사람의 질병 연구가 아니라 근본적인 신경과학 연구로부터 나왔다. 캐나다의 생리학자 고든 모건슨의 연구가 특히 흥미롭다. 그는 동물도, 사람도 타당한 이유 없이는 움직이지 않는다고 주장했다.[12] 바로 "행동의 동기"가 필요하다는 것이다. 모건슨은 동물이 "내면의" 1차적인 동기를 충족시키기 위해서 움직인다고 주장했다. 먹이, 물, 온기나 냉기, 짝짓기의 욕구 말이다. 이런 행동은 그 종이 생존하고 존속하는 데에 필수적이다.

모건슨은 바닥핵이 동기 부여와 행동 시작을 연결하는 중요한 다리 역할을 한다고 보았다. 허기라는 감각을 생각해보자. 우리는 하루에도 몇 번이고 허기를 느끼는데, 과연 허기란 무엇일까? 허기란, 우리가 배고픔이라고 부르는 감각을 가라앉히기 위해서 음식을 찾으려는 충동을 말한다. 그런데 식사한 지 몇 시간밖에 지나지 않았는데 그 감각이 생겨나는 이유는 무엇일까? 우리 대다수는 몇 시간마다 음식을 먹지 않는다고 해도 굶어 죽지 않는다. 그러나 열량을 추구하려는 욕구가 마음속에서 일어나면 우리는 거역할 수 없으며, 무엇을 하고 있든지 간에 멈추고 음식을 찾는 일에 집중하려는 압도적인 충동을 느낀다. 허기는 우리 모두를 굴복시키는, 거역할 수 없는 동기 유발자이다.

모건슨은 바닥핵의 두 부위가 **동기를 행동으로 효과적으로 전환하**

는 데에 핵심적인 역할을 한다고 보았다. 측좌핵과 배쪽 창백핵이다. 데이비드의 측좌핵은 온전했지만, 뇌졸중으로 배쪽 창백핵이 훼손되었다. 동물, 주로 설치류를 대상으로 많은 연구가 이루어지면서 현재 이 두 영역이 동기가 부여되는 행동에 필수적임이 밝혀졌다.[13, 14] 이 영역들에 기능 이상이 일어나면, 쥐는 어떤 노력을 하려는 동기가 약해진다. 정상적일 때에는 정말로 좋아하는 먹이를 얻기 위해서 열심히 일할 준비가 되어 있지만, 바닥핵의 이 영역들이 손상되면 너무나 무관심한 태도를 보인다. 이전에는 보상을 받기 위해서 매우 힘들게 노력하여 획득했던 먹이도 딱히 얻으려는 노력을 하지 않는다.

이런 연구들을 더 깊이 살펴볼수록, 나는 데이비드에게 일어난 일과 비슷한 점이 많다는 사실을 점점 더 깨닫기 시작했다. 그는 보상을 받으려고 노력하는 일을 정말로 귀찮아했다. 봉급을 받기 위해서 일하는 것도, 좋아하는 음악을 듣기 위해서 오디오를 설치하는 것도 귀찮아했다. 그가 보상에 민감한지의 여부를 어떻게 알 수 있을까? 아이디어가 하나 떠올랐다.

* * *

마침내 데이비드가 퀸 광장의 병원 맞은편에 있는 인지 신경과학 연구소로 왔다. 이번에도 그는 두 번이나 나를 바람맞혔다. 병원 측에서 그를 태워올 택시까지 보내야 했다. 그는 전보다 더 부스스한 모습으로 나타났다. 옷은 여러 주일 동안 세탁한 적이 없는 것 같았고, 데이비드 자신도 여러 주일 동안 씻지 않은 몰골이었다. 콧수염과 턱수염은 이제 마구 자라서 들쭉날쭉 말리고 꼬인 적갈색 덩굴손 덤불처럼 보였다. 손톱은 엄청나게 길어 끝이 쪼개져 있기도 했고, 손톱 밑에는 거뭇하게 때가 끼어 있었다. 상황이 더 나빠지고 있는 것이 분명했다.

"늦게 와서 정말 죄송해요. 몸을 일으키기가 좀 힘들거든요." 그는 더러운 손수건으로 안경을 닦으면서 말했다.

"괜찮습니다. 이 연구에 참여하겠다고 동의해주셔서 감사합니다. 그동안 어떻게 지내셨나요?"

데이비드는 다소 뻘쭘한지 바닥을 쳐다보았다. 두꺼운 테 안경이 콧등을 따라 살짝 미끄러졌다. 이윽고 그가 대답했다. "아, 잘 지냈죠. 감사합니다."

"정말이죠?" 나는 다정하게 물었다.

데이비드는 망설였지만, 그의 얼굴에서는 여전히 감정이 보이지 않았다.

잠시 후 그가 입을 열었다. "사실 친구들과 좀 문제가 있어요. 굳이 뭔가를 말해야 한다면요." 그는 다시 입을 꾹 다물고 있다가 이윽고 친구들이 자신에게 짜증을 냈다고 설명했다. 그는 청소도 하고 장도 보았지만, 친구들이 시킬 때만이었다. 친구들이 재촉하기 전까지는 아무것도 하지 않았다. 친구들은 이제 그에게 무엇을 해달라고 말하는 것조차 포기한 상태였다. 그는 자신에게 문제가 있음을 깨달았지만, 친구들이 이야기하지 않으면 개의치 않았다. 그는 집안일을 돕기는커녕 사실 무엇을 하겠다는 생각이 아예 들지 않는다고 설명했다.

데이비드의 말에는 흥미로운 점이 있었다. 그가 일상적인 일을 하려면 누군가의 재촉이 필요하다는 것이었다. 그는 이런 일들을 할 동기를 스스로 부여하는 능력이 없었다. 모건슨이라면, 그에게 **행동할 동기**가 없다고 말했을 것이다.

"집안일 말고는 친구들과 사이가 괜찮습니까? 잘 지내시나요?" 나의 물음에 그는 이렇게 답했다.

"사실은 잘 못 지내요. 친구들이 저한테 거의 말을 건네지 않아요. 저를 피한다는 느낌이 들어요. 이제 저와 식사도 같이 안 해요. 사실 제가 거기에 속하지 않는다는 느낌도 종종 들어요……. 하지만 집안일을 좀더 하면 괜찮아질 거라고 믿어요." 하지만 그 말은 그에게도 나에게도 설득력이 없었다.

데이비드는 얼마 전까지만 해도 그를 같은 집단에 속한다고 여긴 친구들에게서 소외되고 있었다. 재촉하지 않으면 아무것도 하지 않으려는 그의 태도 때문에 그를 정말로 좋아했던 바로 그 친구들은 좌절감을 느꼈다. 몇 달 사이에 친구들은 그와 거리를 두게 되었다. 그가 친구들과 교류하지 않았듯이 말이다. 사회심리학자들의 표현을 빌려오자면, "내집단"에 속함으로써 얻는 편안함과 소속감을 잃고 "외집단"의 일원이 되는 일은 너무나 간단했다.

집단 구성원이 자신이 받는 기대에 맞추어 행동하고자 하는 의욕은 소속의 핵심 요소이다. 우리는 친구, 가족, 동료가 나와의 관계에 얼마나 적극적일지에 대해서 기대를 품는다. 그들 역시 우리가 관계 유지를 위해서 얼마나 의욕을 보일지를 가정한다. 우리가 집단에 얼마나 기여할지 그들도 기대한다는 뜻이다.

구성원 자격의 유지에 요구되는 기여의 수준은 사회 관계망의 유형에 따라 다르다. 어느 정도는 다른 구성원들이 기꺼이 늘리고자 하는 관용의 정도에 달려 있으며, 집단의 수명에도 달려 있다. 일부 공동체는 사고뭉치 아들딸들의 비사회적인 행동에 놀라울 만치 인내심을 보여줄 수 있다. 그런 사고뭉치들은 수년에 걸쳐 구축된 끈끈한 관계의 혜택을 누릴 수 있기 때문에 행운아라고 할 수 있다. 우리가 이제 막 알게 된 사람들에게서는 같은 수준의 관용을 기대하지 못할 수도 있다. 따라서 관계를 유지하려는 노력을 기울이지 않는다면, 우리는 집단 구성원에서 탈락할 수 있고 사회 관계망도 무너질 수 있다.

이 노력의 질은 어느 정도는 공동체 책임 의식이라는 잣대로 판단되고는 한다. 집 안에서는 기꺼이 주방과 욕실을 청소하고 냉장고를 채우고 동거인과 같이 먹을 요리를 하고 대화하려는 노력을 기울이거나 더 나아가 바깥 활동을 제안하는 것 같은 행동들로 측정할 수도 있다. 데이비드는 이런 일들을 전혀 하지 않았다. 게다가 위생, 입는 옷의 청결, 자신을 가꾸는 쪽으로도 문제가 있었다. 품행은 중요하다. 자기 자신에게 무심한 데이비드의 태도는 이 방면에도 전혀 도움이 되지 않았다.

보통 잠재의식적으로 집계되지만 때로는 명시적으로 점수가 매겨지기도 하는 이 모든 요인들은 우리가 판단하는 데에 사용할 만한 동기 부여의 척도를 제공한다. 어쨌거나 집단의 전반적인 이익에 기여하려는 노력을 하지 않는다면 곧 남들은 알아차리며, 이미 겪어본 이들도 분명 있겠지만 그 대가가 따른다. 옥스퍼드 대학교의 인류학자이자 진화심리학자인 로빈 던바의 연구진은 무임승차자(공동체에 소속되어 혜택을 보지만 공동체에 기여하지는 않는 이들)가 집단 내의 상호 신뢰에 일으키는 문제를 살펴본다.[15] 연구진은 사회 집단이 본래 상호 보호, 사냥, 식량과 지식의 공유 등의 활동을 함께함으로써 얻는 여러 가지 혜택이 있기 때문에 진화했다고 보았다. 그런데 소속된다는 것에는 암묵적인 사회 계약서에 "서명하는 것"도 포함된다. 계약서에는 집단의 다른 구성원들을 신뢰하고 집단에 내재된 사회적 책무를 존중한다는 내용이 포함되어 있다. 당장 보상이 돌아오기를 딱히 기대하지 않아도 기꺼이 노력이나 기여를 한다는 것도 이 계약의 핵심 측면이다. 데이비드는 자발적으로 그런 기여를 전혀 하지 않았다.

동기 부여 행동에 대한 사회적인 기대를 충족시키지 못한다면, 그 사회 집단 구성원들의 인내심을 시험하게 된다. 그러나 우리의 행동이 다시 기대를 충족시킨다면, 즉 그 집단의 규범에 들어맞는 다면, 집단에 계속 남아 있을 수도 있다. 그러나 뇌 질환에 걸린 많은 이들은 그렇게 되돌아가는 것이 불가능할 때가 많다. 그런 상황에서는 사실상 집단에서 추방될 수 있다. 데이비드가 점점 알아차리고 있듯이, 집단 구성원 자격을 유지하려면 비용이 든다.

나는 그를 검사실로 데려갔다. 먼저, 그의 지각, 주의, 기억, 언어, 시공간 능력 등 이마엽의 여러 기능을 평가하는 인지 검사들을 수행했다. 데이비드는 전혀 어려움 없이 모든 검사를 통과했다. 이어서는 그를 다시 부른 가장 큰 이유를 살펴보는 일에 나섰다.

그 무렵에 우리 연구진은 개인이 보상을 얻기 위해서 충동적이고 위험한 의사 결정을 내리는지 여부를 감지하는 새로운 검사법을 개발한 상태였다. 보상이 충분히 매력적이라면 사람들이 얼마만큼이나 위험을 무릅쓸지를 측정하는 이 검사법은 매우 유용하다고 입증되었다. 전에는 그런 생각을 한 적이 없었지만, 나는 이 새로운 검사법을 거꾸로 활용할 수 있지 않을까 하는 생각이 들었다. 보상을 얻으려는 의욕을 느끼지 못할 때가 언제인지도 알려줄 수 있지 않을까?

나는 데이비드를 컴퓨터 화면 앞에 앉혔다.

"뭘 하라는 거죠?"

"화면 왼쪽에 교통 신호등이 보이시죠?" 나는 손으로 가리키면서 물었다.

"네."

"신호등을 보세요. 지금은 빨간불이 켜져 있는데, 곧 노란불이 되었다가 초록불로 바뀔 겁니다. 초록불이 되면 가능한 한 빨리 화면 반대쪽의 하얀 사각형으로 시선을 옮기세요."

"알았어요. 간단하네요." 데이비드는 고개를 끄덕였다.

"시선을 사각형으로 더 빨리 옮길수록 더 큰 보상을 얻습니다. 시선은 이 좋은 카메라로 측정할 거고요." 나는 시선의 움직임을 측정하는 값비싼 장비를 가리켰다.

"더 빨리 반응할수록 더 많이 얻는다고요? 그런데 정확히 뭘 얻는다는 거죠?" 그는 궁금하다는 듯이 물었다.

나는 적어도 그의 흥미를 불러일으키기는 했다고 생각했다.

"이 검사에서 보상은 사실상 돈입니다! 시선을 더 빨리 움직일수록 더 많은 돈을 보상으로 받아요. 매번 얼마나 버는지를 컴퓨터가 알려줄 겁니다."

"쉽네요!"

"이 게임의 주의 사항을 몇 가지 알려드릴게요. 파란불이 켜지기 전에 시선을 움직이면 벌칙이 있습니다. 돈을 조금 내야 하죠. 또 노란불이 초록불로 바뀌었는데 시선을 늦게 옮기면, 매우 적은 돈을 받습니다. 따라서 생각하는 것보다는 좀더 어려울 거예요!"

"알았어요. 해보죠."

대다수는 이 검사를 신나게 한다. 사람들은 이 검사를 게임이라고 생각하며, 가능한 한 돈을 많이 모으기 위해서 열심히 참여한다. 그러나 이 검사는 예상보다 사실 더 어렵다. 돈을 더 많이 따려면 언제 노란불이 초록불로 바뀔지 예측해야 한다. 그런데 검사를 어렵게 하기 위해서 노란불이 켜져 있는 시간을 일정하지 않게, 매번 달라지도록 설정해둔다. 따라서 언제 초록불이 켜질지 결코 확실하게 예측할 수가 없다. 한편으로 초록불이 켜질 때까지 마냥 기다린다면, 돈을 거의 따지 못할 것이다. 이 검사를 잘하려면, 즉 돈을 가장 많이 따려면 위험을 다소 무릅써야 한다.

신호등 불빛이 초록으로 바뀌는 바로 그 순간에 시선을 옮기기 시작한다면 이상적일 것이다. 그러나 시선을 옮겨야겠다고 생각한 시점부터 실제로 움직이기 시작할 때까지 200밀리초(5분의 1초)가 걸리므로, **신호등이 아직 노란불일 때** 시선을 옮겨야겠다고 결정해야 한다. 그리고 노란불이 정확히 얼마나 켜져 있을지 결코 알지 못하므로, 노란불이 아직 켜져 있는 동안 시선을 움직일지 여부를 결정할 때에는 위험을 무릅써야 한다. 물론 위험을 무릅쓴다면, 때때로는 초록불로 바뀌기 전에 시선을 옮김으로써 소량의 벌금을 물어야 하는 상황도 생길 것이다. 반면에 딱 맞추는 상황도 나올 것이다. 초록불로 바뀌는 바로 그 순간에 시선이 움직이기 시작한 상황 말이다. 그러면 보상 수준이 대폭 낮아지기 전에 화면 반대쪽으로 시선이 이동하기 때문에 큰 보상을 얻을 수 있다.

한마디로, 큰 보상을 얻겠다고 동기 부여가 된 사람은 초록불로 바뀔 때까지 기다리지 않고, 위험을 무릅쓰고서 노란불이 켜져 있을 때 시선을 옮긴다는 계획을 세울 것이다. 그런 위험을 무릅쓰려는 의향이 사람마다 다르기는 하지만, 누구나 어느 정도는 그런 행동을 보인다. 노란불이 오래 켜져 있을 때에는 특히 그렇다.

그런데 데이비드는 과제에 접근하는 방식이 완전히 달랐다. 그는 과제를 이해하고 수행할 수 있었지만, 초록불이 켜질 때까지 기다렸다가 시선을 옮기고는 했다. 그는 결코 예측하지 않았다. 그는 초록불이 켜지기 전에는 결코 시선을 옮기지 않았다.[16] 그 결과, 같은 연령대의 사람들과 총보상액을 비교해보면 얻은 것이 거의 없었다. 놀랄 일도 아니었지만, 그는 보상에 무관심했다.

"음, 재미있었어요." 그는 호기심을 전혀 내비치지도 않았고, 결과가 아주 좋지 않았음에도 전혀 개의치 않았다. 그는 팔짱을 낀 채 앉아서 기다렸다.

데이비드가 이 과제를 어떻게 수행하는지를 지켜보면서 우리는 굉장히 유용한 정보들을 얻을 수 있었다. 그는 신호등이 초록불로 바뀔 때, 즉 외부 신호가 **촉발할 때** 행동을 취할 수 있다는 것을 보여주었다. 그러나 그는 보상을 최대화하기 위해서 스스로 행동을 시작하지는 않았다. 우리는 다른 몇 가지 검사 결과들을 통해서 데이비드에게는 보상을 얻으려는 동기가 없다는 것, 즉 자발적으로 하려는 의사가 없다는 것이 그가 지닌 무관심의 중요한 특징이라는 결론을 내릴 수 있었다. 그는 보상 민감성이 무뎠다. 즉 거의 가지고 있지 않았다. 결과가 자신에게 중요하지 않았기 때문에, 굳이 귀찮게 스스로 행동을 취하려고 하지 않았다. 대신 그는 초록불이 들어와서 행동을 촉발할 때까지 그저 기다렸다.

데이비드의 실생활에서 일어난 일도 이와 비슷했다. 그는 자발적으로는 아무것도, 아니 거의 아무것도 하지 않으려고 했지만, 기다리다가 지친 친구들이 하라고 시키면 청소와 장보기와 심지어 요리까지 아주 기꺼이 했다. 신호등 검사에서 우리 대다수에게 정상적으로 동기를 부여할 보상에 그는 둔감한 듯하다는 결과가 나왔기 때문에, 나는 데이비드의 보상 민감성을 회복시키는 시도를 해볼 만한 방법이 있는지 고민하기 시작했다.

* * *

뇌에서 분비되는 화학물질인 도파민은 오래 전부터 쾌락 및 보상과 관련이 있다고 알려졌다. 사실 1960–1970년대에 이루어진 많은 연구들 덕분에 도파민이 뇌의 "쾌락 화학물질"이라는 가설이 출현했다. 그후로 도파민이 무슨 일을 하는지에 관한 우리의 견해는 상당히 달라졌다. 현재 대다수의 연구자들은 도파민이 **보상을 추구하도록 동기를 부여하는 핵심 화학물질**로 작용한다고 믿는다.[17] 즉, 도파민이 쾌락을 직접 일으킨다기보다는 쾌락이나 보상을 추구할 동기를 가지도록 조장한다는 것이다. 바로 이 도파민이 바닥핵의 핵심적인 뇌 화학물질이기도 하다는 점이 아마도 데이비드의 사례와 가장 관련이 깊을 것이다. 바닥핵의 특정 영역에 도파민이 고갈되면, 파킨슨병 특유의 움직임이 나타난다. 파킨슨병은 연구자들이 뇌의 도파민 농도를 높일 방법을 찾아내기 전까지는 아예 치료가 불가능했던 질환이다. 이 초기 연구들 중 일부는 올리버 색스의 『깨어남*Awakenings*』에 잘 서술되어 있다.[18]

색스 같은 신경학자는 경구 투여하면 혈액에서 분해되는 것을 막는 약과 함께, 도파민의 전구물질인 레보도파laevodopa를 복용시켰다. 이 조합은 파킨슨병 환자의 움직임을 개선하는 데에 놀라운 효과를 보였다. 마치 뇌에서 생성되는 도파민의 양을 증가시킴으로써 그들을 "깨어나게 하는" 듯했다. 그런데 그런 약물이 데이비드 같은 사람에게도 효과가 있을까? 그는 움직이는 데에는 아무런 문제가 없었다. 그의 문제는 무엇인가를 하려는, 즉 **행동하려는 동기 자체**가 부족하다는 데에 있었다. 그는 하라고 재촉을 받기 전까지는 어떤 행동도 나서서 하지 않는 듯했다.

동물 실험은 레보도파 처방이 유용할 수도 있음을 시사했다. 연구자들이 살펴보니, 쥐는 도파민 농도가 낮을 때에는 설령 움직일 수 있다고 해도 보상을 받기 위해서 신체적으로 노력하려는 의욕을 거의 보이지 않는 듯했다.[13] 나는 데이비드와 그 약물 처방을 상의했다. 으레 그렇듯이 그는 무관심했다. 처음에는 어깨를 으쓱하고 넘어가려는 듯했지만, 결국 시도해보기로 했다.

"알겠어요. 도움이 될지 모른다고 하시니까 한번 해볼게요." 그는 어떤 식으로든 현재 상태보다 나아질지 모른다는 전망 앞에서도 전혀 흥분한 기색 없이 말했다.

"데이비드 씨, 보장할 수는 없어도 이 약이 어떻게 작용할지 알아볼 가치가 있다고 봅니다."

그가 알약 상자를 들고 나가는데, 머릿속에서 그가 약 먹는 일까지 귀찮아하면 어쩌지 하는 생각이 절로 떠올랐다.

우리는 데이비드의 레보도파 투여량을 몇 주일에 걸쳐 서서히 늘렸고, 전화를 걸어서 그가 실제로 약을 먹는지 확인했다. 3개월 뒤 그는 더 나아진 것 같다고 말하기는 했지만, 사실은 변화가 없는 듯했다. 게다가 그에게 다시 신호등 검사를 받게 했는데, 결과에 거의 아무런 차이가 없었다. 그는 이전과 마찬가지로 보상에 둔감했고, 신호등이 초록불로 바뀔 때까지 마냥 기다렸다.

"음, 괜찮았어요." 검사를 끝낸 뒤에 그가 말했다.

그러나 레보도파가 그의 무관심이나 보상 민감성에 눈에 띌 만한 효과를 미치지 않았다는 점은 명백했다. 결과가 몹시 실망스러웠던 우리는 약을 서서히 줄이기로 결정했다. 그런데 이 방법을 완전히 포기하기 직전에, 문득 착상이 하나 떠올랐다. 많은 파킨슨병 환자는 현재 레보도파뿐 아니라, 도파민과 결합하는 신경세포의 특정한 수용체에 결합함으로써 도파민을 흉내 내는 약물도 함께 처방받는다. 이런 도파민 수용체 작용제—때로는 간단히 도파민 작용제라고도 한다—는 파킨슨병의 운동 장애를 치료하는 데에 매우 탁월한 효과를 보이기도 한다.

그러나 이런 약물의 투여량을 더 늘리면, 너무 많은 돈을 도박에 걸거나 필요하지도 않은 물건을 마구 사거나 성욕이 과도해지는 등 충동적이고 경솔한 결정을 내리는 양상이 나타나는 환자들도 있다는 사실이 최근에 드러났다. 한마디로 이런 약물은 일부 사람에게 보상을 추구하려는 동기를 지나치게 불러일으킬 수 있다. 예를 들면, 우리 환자 한 명은 하루에 온라인 도박에 1만 파운드 이상 썼다. 도파민 작용제의 투여량을 줄이면 이런 행동도 없앨 수 있으므로, 그런 행동은 뇌 안에서 도파민 수용체가 활성을 띰으로써 직접적으로 유도되는 듯하다.

레보도파를 투여했을 때 비슷하게 충동적인 행동을 보이는 환자도 있지만 빈도는 훨씬 적다. 아마도 레보도파는 뇌에서 신경세포가 생산하는 도파민 양을 전반적으로 늘리는 반면, 도파민 작용제는 뉴런에서 특정한 도파민 수용체를 직접 자극하기 때문일 것이다. 이런 수용체 일부는 행동을 촉발하는 데에 특히 중요할 수 있다. 도파민 작용제가 파킨슨병 환자를 충동적이고 위험을 무릅쓰는 사람으로 만들 수도 있다면, 데이비드를 보상에 더욱 민감하게 만들고 그럼으로써 행동을 시작할 의욕을 불어넣으면서 그의 무관심을 치료하는 효과도 일으킬 수 있지 않을까? 나는 이 생각을 그에게 말했고, 그는 마찬가지로 심드렁한 태도로 말했다.

"그러니까 지난번에 잔뜩 먹은 알약보다 더 나을 거라고 생각하시는 거죠?"

우리는 조심스럽게 로피니롤ropinirole이라는 도파민 작용제를 투여하기 시작했다. 신경과 의사는 파킨슨병 환자에게 이 약물을 자주 쓰지만, 우리는 이 약이 데이비드와 그의 동기 부족에 어떤 효과를 일으킬지 알지 못했다. 그래서 아주 천천히 로피니롤 투여량을 늘리면서, 마찬가지로 정기적으로 전화를 걸어서 약을 잘 복용하고 있는지뿐 아니라 일부 파킨슨병 환자가 도파민 작용제에 일으킬 수 있는 충동적 행동 같은 부작용을 겪지는 않는지도 확인했다. 석 달 뒤 우리는 다시 그를 설득해서 어떻게 지내고 있는지 검사를 받으러 오도록 했다.

* * *

연구 센터의 접수 창구로부터 데이비드가 도착했다는 알림이 왔다. 내려가서 대기실 문을 열었는데 그가 보이지 않았다. 세련된 양복 차림의 남성과 젊은 여성만 있었다.

"데이비드 씨가 왔다고 하지 않았나요?" 나는 접수 담당자에게 물었다.

"네, 저기 계시잖아요." 그녀는 구석에 있는 남성을 향해 고갯짓을 했다. 나는 그쪽을 돌아보았다. 자세히 보니, 접수 담당자의 말이 맞았다. 그는 정말로 데이비드였다. 그런데 거의 알아볼 수 없을 정도로 다른 사람이 되어 있었다. 이마를 뒤덮고 있던 떡 진 머리는 세심하게 다듬어서 뒤로 넘겼다. 음식물 부스러기가 붙어 있던 콧수염과 마구 자라 산울타리 같던 턱수염도 말끔히 깎인 상태였다. 그 대신, 깔끔하게 면도된 얼굴의 그가 환하게 빛나고 있었다. 나는 도저히 믿기지가 않아서 그를 유심히 살펴보았다. 그는 너무나 젊어 보였다. 그의 차림새도 충격적이었다. 빳빳하게 다린 흰 셔츠에 수수한 라벤더색 넥타이, 나무랄 데 없는 남색 정장 차림이었다. 광택이 나는 구두를 신은 그는 한쪽 다리를 꼬고 앉아 있었고, 옆에는 가죽으로 된 서류 가방이 놓여 있었다. 나를 맞이하러 일어날 때, 소맷부리 단추가 반짝이면서 그의 놀라운 새로운 모습을 완성시켰다.

"안녕하세요!" 데이비드는 환하게 외쳤다.

오히려 반응이 늦은 것은 나였다.

"선생님, 괜찮으세요? 이런 말을 해도 좋을지 모르겠는데 안색이 좀 창백해 보여요." 그는 씩 웃으면서 짓궂은 어투로 말했다.

"괜찮습니다. 아주요. 음……. 지난번에 만난 뒤로 어떤 일이 있었는지 궁금해요."

"달라졌죠!" 그는 양팔을 쫙 펼치면서 설명했다.

"확실히 그러네요." 나는 다시금 말문이 막힌 채 그를 살펴보았다. "정말로 달라졌어요."

나는 다시 데이비드의 이모저모를 더 자세히 뜯어보았다. 손톱도 말끔하게 다듬어져 있었다. 손톱 밑에 때도 전혀 없었고, 그 어디에서도 음식물 얼룩이 보이지 않았다.

"선생님, 괜찮으신 거 맞죠?" 그가 환하게 웃으며 다시 물었다.

"그럼요. 고마워요."

"알겠어요. 좋은 소식을 전하자면요, 저 취직했어요."

"정말입니까? 어떻게요?" 저절로 질문이 튀어나왔다.

"신문 광고를 보고 연락했죠. 간단하게요. 물론 이력서를 준비하고, 걸맞은 사람으로 보이게 좀 단장도 했죠." 그는 자신의 정장을 가리키면서 낄낄거렸다.

"어떤 직장인데요?"

"전에 다니던 곳처럼 금융 회사예요. 아주 잘 나가는 곳이죠. 연봉도 좋고요. 그래서 친구들 집을 나와서 세를 얻었어요. 지난 몇 주일 동안 정말 놀라운 일들이 일어났죠."

"정말 놀랍습니다!" 나는 천천히 말했다.

"그럼요. 또 무슨 일이 있었는지 아세요? 좋은 사람도 만났어요. 정말 똑똑한 사람이에요! 만난 지 한 달 되었죠. 정말 행복해요." 데이비드는 환하게 웃음을 지었다.

그는 앞서 만났을 때에는 결코 지은 적이 없던 표정들을 보였다. 또한 그와 처음으로 자연스러운 대화를 나누는 느낌이었다. 심지어 그는 억지로 이끌어낼 필요도 없이, 자발적으로 자기 이야기를 내놓고 있었다. 전에 취직과 셋집에 관해서 물었을 때의 상황과는 전혀 딴판이었다. 그러나 그날 오후에 그가 밝힌 내용 중에서 가장 놀라운 소식은 이전에 거의 외출도 하지 않고 너무나도 너저분한 모습이었던 그에게 여자 친구가 생겼다는 말이었다. 그의 삶이 완전히 달라진 듯했다. 물론 전적으로 우연히 그렇게 되었을 수도 있겠지만, 그가 오랫동안 모든 것에 무관심한 상태로 지냈으므로 우연히 벌어진 일이라고 보기는 어려웠다.

우리는 그에게 다시 교통 신호등 검사를 했고, 이번에 그는 다른 행동을 했다.[16] 정상적인 사람들처럼 그는 위험을 무릅쓰기 시작했다. 그는 신호등이 초록불로 바뀌기 전에 예측을 하고 시선을 옮기기 시작했다. 지난 검사에 비해서 보상금이 상당히 올라갔다. 따라서 뇌의 도파민 수용체에 달라붙어 직접적으로 그 수용체를 활성화하는 약인 로피니롤이 이 엄청난 차이를 빚어낸 듯했다. 바로 그 약이 그에게 우리 검사에서, 그리고 훨씬 더 중요하게는 삶에서 보상을 추구하도록 동기를 부여했다. 데이비드는 이제 고도로 동기 부여가 된 사람처럼 보였다.

"놀랍군요! 이렇게 아주 좋아지신 걸 보니……정말 기쁩니다."
나는 말하면서도 그에게 일어난 변화가 도저히 믿기지 않았다.

"감사합니다, 선생님. 작은 기적이죠!"

"맞습니다." 나도 고개를 끄덕였다.

"그런데 시간이 없네요. 함께 살던 친구들과 한잔하기로 해서 늦기 전에 가봐야 해요. 친구들과의 관계도 훨씬 나아졌어요. 새집으로 이사하기 전에 청소도 하고, 친구들이 퇴근하기 전에 요리를 하고, 씻어서 아주 말끔한 모습까지 보여줬더니 친구들이 아주 감탄했거든요!"

"정말로요?"

"네. 그 약이 정말로 효과가 있었던 모양이에요. 하지만 이제 가야겠어요. 곧 다시 뵐게요. 정말로 감사합니다."

그렇게 그는 떠났다. 예전이었다면 사람들과의 약속에 늦겠다고 걱정하거나 신경 쓰기는커녕 아예 나타나지도 않았을 것이다. 이제 그는 자신을 재촉하고 있었다. 나는 말없이 우쭐해진 기분을 만끽했다. 너무나도 놀라운 성과를 축하하는 날이었다. 우리가 정말로 무관심의 치료제를 발견한 것일까?

* * *

데이비드는 나의 삶과 연구에 중요한 전환점이 되었다. 그는 갑작스러운 일로 병적인 무력증에 빠진 사람을 독립적이고 보상을 추구하는 삶을 살아갈 수 있는, 매우 의욕이 넘치는 사람으로 되돌릴 수 있음을 보여주는 살아 있는 증거였다. 동기 부여는 사람 뇌의, 그리고 사람다움의 핵심 속성이다. 우리는 동기 부여가 으레 뇌 "기능"이라고 당연히 여기지만, 동기야말로 우리의 정체성을 빚어낸다. 학교나 운동 팀, 직장 등에서 고도로 동기 부여가 된 듯한 사람들이 크게 성공하는 사례를 우리는 종종 접한다. 데이비드를 만나면서 나는 그저 동기 부여 수준이 달라짐으로써 사회 관계망의 중심에 있던 사람이 갑작스럽게 소속감을 잃는 행동을 하고 가까운 친구들 사이에서도 외부인으로 전락하기가 얼마나 쉬운지를 인식하게 되었다.

물론 데이비드는 극도로 드문 환자였다. 바닥핵의 배쪽 창백핵을 선택적으로 손상시킨 뇌졸중을 평생 한번도 접해보지 못한 신경과 의사도 수백 명에 달할 것이다. 그러나 무관심은 알츠하이머병, 혈관성 치매, 파킨슨병(현재 이 병은 단지 운동에만 문제를 일으키는 것이 아니라는 사실이 밝혀졌다) 등 다른 여러 뇌 장애들에도 나타나는 매우 흔한 증후군이다.[19] 이런 질환들을 앓는 환자들 가운데 약 3분의 1은 병적인 무관심 상태가 된다. 이 질환들은 모두 시간이 흐를수록 신경세포가 사라지면서 뇌의 일부 영역이 쪼그라들기 시작하는 신경 퇴행 장애에 속한다. 최근까지 우리는 왜 그런 다양한 질환들에서 무관심이라는 동일한 증후군이 나타나는지 사실상 잘 알지 못했다. 우리가 데이비드를 관찰하고 검사해서 얻은 깨달음은 그 물음에 대한 중요한 답을 하나 제공했다.

그의 무관심은 두 부분에 일어난 작은 뇌졸중 때문이었지만, 그 뇌졸중은 매우 중요한 곳에 일어났다. 극도로 작았음에도 불구하고 바닥핵에서 이마엽으로 이어지는 핵심 회로 하나의 기능을 망가뜨렸다. 그럼으로써 고든 모건슨이 "행동의 동기"라고 부른 것을 파괴했다.[12] 즉, 보상이 큰 목표가 그 목표를 달성할 수 있는 행동을 촉발하는 방식을 망가뜨린 것이다. 무관심과 연관 지을 수 있는 신경 퇴행 질환들에서도 동일한 회로가 파괴된 것으로 밝혀졌다. 예를 들면, 우리는 뇌 영상을 통해서 데이비드에게서 기능 이상을 일으킨 회로가 혈관성 치매에 걸린 무관심 상태의 환자들에게서도 파괴되어 있음을 밝혀낼 수 있었다.[20]

바로 이런 관점에서, 그 회로가 건강한 사람에게서 나타나는 더 가벼운 유형의 무관심을 이해하는 일과도 관련이 있을까 하는 흥미로운 질문도 제기된다. 데이비드를 만나기 전까지 나는 동기에 충만한 사람도 있는 반면, 그저 게으른 사람도 있다고 생각했다. 그러나 데이비드의 뇌졸중은 사람에게 동기를 부여하는 데에 중요할 수도 있는 생물학적 구조가 존재할 수 있음을 드러냈다. 이 회로가 손상되면, 의욕은 사라질 수 있다.

데이비드를 만나면서 나는 동기에 충만한 사람과 다른 면에서는 건강하지만 무관심한 사람 사이의 뇌 활성 차이를 검출할 수 있지 않을까 하는 생각이 들었다. 건강한 자원자들에게 보상을 얻기 위해서 특정한 행동을 하는 것이 노력할 가치가 있는지 여부를 판단하라고 요청하고서 뇌를 살펴보니, 놀랍게도 정말로 그런 차이가 나타났다. 바닥핵과 이마엽 겉질에서였다.[21]

물론 사람에게 동기가 부족한 이유는 여러 가지일 것이다. 단순히 보상으로 얻는 결과에 그다지 의욕을 못 느끼기 때문이 아니라, 우울한 상태여서 그럴 수도 있다. 그러나 건강한 사람들의 뇌 영상을 촬영한 결과는 주변의 사람들에게서 관찰되는 의욕의 차이

중에 적어도 일부는 기분이 아니라 동기 부여와 관련된 뇌 회로의 변형으로 설명할 수 있음을 시사한다. 따라서 우리가 친구, 가족, 동료에게서 보는 의욕 수준의 차이 중 일부는 생물학적 구조로 설명이 가능하다.

데이비드에게 뇌졸중이 갑작스럽게 발생하면서 그의 의욕도 갑작스럽게 소멸했다. 그러나 알츠하이머병이나 혈관성 치매 같은 신경 퇴행 질환에서는 그런 일이 아주 서서히 진행되면서 여러 해에 걸쳐 환자와 가족 모두를 피폐하게 만들 수 있다. 병원에서 그런 신경 퇴행 질환에 걸린 환자들의 아내나 남편은 배우자가 기억하지 못하는 것을 이해한다고 말한다. 그러나 그들을 진정으로 힘들게 하는 것이 있는데, 바로 배우자가 빨래나 청소를 더 이상 도와주지 않는다는 사실이다. 데이비드의 친구들이 학을 뗀 것처럼, 환자들은 일상생활에 너무나 무관심해진다.

나는 이 동기의 결핍이 그 병의 일부이고, 환자를 탓할 일도 아니며, 가장 중요하게는 환자가 무기력하게 가만히 있고 싶어서 그렇게 하는 것이 아니라고 설명한다. 그저 그들의 뇌가 더 이상 의욕을 일으킬 능력이 없기 때문이며, 그들은 자신이 그렇게 무기력하다는 사실 자체를 거의 인지하지 못할 수도 있기 때문이다. 이 말을 처음 들으면 의아할지도 모른다. 그러나 그 무관심이 정상적으로 우리에게 행동할 동기를 불어넣는 뇌 부위에 영향을 미치는 질병 때문에 유발된다는 점을 일단 이해하면, 더 인내하고 받아들이려는 의지를 보인다.

물론 그들은 여전히 배우자가 예전의 자아를 회복하기를 갈망한다. 우리는 데이비드의 병적인 무관심이 그가 보상에 대한 민감성을 잃었다는 사실 때문임을 알아냈다. 그가 아무것도 하지 않았던 것은 어떤 행동이 가져오는 보상에 별 관심을 느끼지 못한 탓에 행동하려는 의욕 자체가 없어졌기 때문이었다. 도파민은 보상 민감성을 높여서 행동하려는 의욕을 회복시키는 핵심 화학물질임이 드러났다. 파킨슨병과 알츠하이머병 같은 신경 퇴행 질환 환자들의 뇌 도파민 농도를 증가시키는 약물이 이런 질환에 수반되는 무관심을 치료하는 데에도 도움이 될 수 있음을 보여주는, 흥분되는 새 연구 결과들이 등장하고 있다.[22] 그러나 동기 부여에 영향을 미치는 뇌 화학물질이 도파민뿐일 가능성은 낮다.

우리는 신경 퇴행 질환에 동반되는 무관심을 이해하려는 작업을 이제 막 시작한 상태이며, 전 세계에서 몇몇 연구진이 이 분야에 매진하면서 빠르게 발전이 이루어지고 있다. 그러나 내가 이 분야에 관심을 가지게 된 것은 데이비드와의 만남 때문이었다. 데이비드와 같은 사례를 보면, 동기 부여가 개인적 및 사회적 정체성을 구성하는 데에 매우 핵심적인 역할을 한다는 사실을 알 수 있다. 우리가 누구이며, 남들에게 어떻게 지각될지를—그리고 평가될지를—말이다.

2

단어를 떠올리지 못하는 남자

"멋진 곳이네요. 제가 가본 병원들과 달라요." 그녀의 말투에서 강한 런던 남부 억양이 느껴졌다.

"이곳에 관심이 있다니 기쁘군요."

"그런데 교과서에서 읽어본 적이 없는 그 온갖 질환들을 어떻게 알게 되신 건가요?" 그녀는 호기심을 드러냈다.

"어떤 교과서를 읽었느냐에 따라 다르겠지요. 아무튼 지금은 인터넷으로 정보를 다 얻을 수 있잖아요? 요즘도 의대생이 책을 읽나요?" 나는 빙긋 웃으면서 아미나에게 물었다.

아미나는 지난 회진 실습 때 본 적이 있는데, 그때 당시에는 주저 없이 자신의 생각을 이야기하는 학생이라는 인상을 받았다. 아미나는 4주일간의 신경과 실습 중이었는데, 이번에는 나의 진료실 차례였다.

그녀는 눈썹을 치켜올리며 히죽 웃었다. "지금도 책을 읽는 학생들이 있어요. 어느 책이 읽을 만하다고 추천을 받으면요. 저는 무슨 책을 읽어야 할까요?" 그녀는 받아들이겠다고 강조하는 양

섬세한 검은 두 손을 넓게 벌리면서 물었다.

나는 열의를 드러내는 그 태도에 흐뭇해져서 고개를 끄덕였다. 기나긴 오후가 저물고 있었다. 6시까지 20분이 남았는데, 아직 마지막 환자가 도착하지 않고 있었다. 아까 병원에서는 응급 환자 두 명을 추가로 진료 요청했고 우리는 꽤 빠르게 그들을 진료할 수 있었지만, 나는 아마나도 가르치고 있었기 때문에 이 과정이 재미있기는 해도 정신이 약간 산만해지는 것은 어쩔 수 없었다. 요즘에는 그녀처럼 친화력이 뛰어난 사람을 "과잉 공유자"라고 부를 듯싶다.

아미나는 어릴 때 가족과 함께 소말리아에서 탈출한 이야기를 불쑥 해준 적이 있다. 내전 시기에 난민이 된 그들은 살아남아서 간신히 영국으로 왔다. 그녀는 사실 소말리아에서의 기억이 전혀 없었고, 그뿐 아니라 소말리아에 다시 가본 적도 없다. 그녀가 아는 곳은 오직 런던뿐이었지만, 어릴 때 런던에서 살기란 정말 힘겨웠다. 그녀는 자신의 삶이 어떠했는지 아마도 내가 전혀 모를 것이라고 짐작했겠지만(그리고 나는 굳이 그 생각을 바로잡지 않았다), 적응하기가 어려웠다고, 너무나 어려웠다고 했다. 그후 의학대학교에 입학했을 당시 매우 기뻐했다. 그녀는 의대 생활을 무척 좋아했다. 자기 집안의 여성에게 문화적으로 가해지는, 틀에 박힌 역할로부터 해방되는 동시에 이 놀라운 모든 것들을 배우고 있었으니까 말이다.

"음, 읽을 만한 책을 하나 고르라면, 이 책이죠." 나는 메모지에 상세히 적으면서 말했다. "도서관에 가면 있을 텐데······." 내가 문장을 채 끝내기도 전에 그녀가 말을 가로막았다.

"그만 말하셔도 돼요. 도서관이 어디 있는지 알아요." 그녀는 히죽 웃으면서 반쯤 놀리듯이 대답했다.

"모른다고 생각하지는 않았어요. 마지막 환자가 오지 않았으니까, 오늘 일은 마무리해도 될 것 같군요. 진료를 참관하고 질문을 많이 해서 좋았습니다. 신경과에서 남은 시간도 즐겁게 보내기를 바랍니다."

그런데 내가 진료 기록을 주섬주섬 챙기기 시작하고 아미나가 채 대답을 하기 전에, 문을 두드리는 소리가 들렸다.

"죄송한데요, 선생님, 5시 예약 환자가 지금 막 도착했어요. 열차가 도중에 멈춰 서는 바람에 지금에야 왔대요." 간호사가 설명했다.

"알겠습니다. 너무 늦기는 했지만, 진료할 수 있습니다." 나는 체념하는 태도로 말했다.

"문제는요, 우리가 6시에 문을 닫아야 한다는 거예요. 규정이니까요. 그 뒤에는 업무를 볼 사람이 없을지도 몰라요. 예약을 다시 잡을까요?"

내가 어떻게 할지 고민하고 있을 때, 아주 우아한 차림의 남성이 간호사의 어깨 너머로 모습을 보였다. 그는 사파이어 같은 눈으로 우리를 뚫어지게 쳐다보았다.

"의사 선생님, 죄송합니다만, 대화가 들려서요. 제 이름은 마이클 버클리입니다. 20분이라도 시간을 내주시면 정말 감사하겠습니다. 늦었다는 건 알고 있지만, 제가 자제력을 잃을까 봐 겁이 납니다."

그는 화려할 정도로 굉장히 멋지게 차려입었지만, 작위적으로 보이지는 않을 정도로 선을 지켰다. 인상적인 은빛 머리카락은 뒤로 넘겼고, 정확히 한가운데에 가르마를 탔다. 옷차림은 말끔했고, 녹색 트위드 재킷의 가슴 주머니에는 물방울무늬의 빨간 손수건이 꽂혀 있었고, 남색 넥타이는 멋지게 윈저 매듭으로 묶었다. 한마디로 위엄 있는 모습이었다. 그러나 더욱 특별한 일은 그가 말을 시작했을 때 일어났다. 그의 입에서 나온 목소리는 달콤하고 낭랑하게 울리면서 듣는 이를 사로잡았다. 권위가 있으면서도 아량이 엿보였고, 차분하면서도 활력이 가득했으며, 열정적이면서도 매우 점잖았다. 공들여 잘 다듬은 모습이었다. 정말로 한눈에 깊은 인상을 남기는 사람이었다.

"버클리 씨, 들어오세요. 하지만 들으셨다시피 시간을 길게 낼 수는 없습니다. 이쪽은 우리 학생인 아미나입니다. 같이 있어도 괜찮겠습니까?"

"괜찮아요. 정말 감사합니다." 그는 고개를 숙여 감사를 표했다.

"정확히 어떤 문제로 오셨습니까?"

겉으로는 완벽해 보였지만, 사실 마이클은 그렇지 못했다. 이제 60대 후반의 이 유달리 인상적인 남성은 도움을 받고자 왔다. 그는 어려움에 처해 있었고, 뜻밖에도 우아하고 엄숙한 모습에 걸맞지 않게 그는 자신의 말하기를 걱정하고 있었다.

"적절한 단어를 떠올리기가 어렵습니다. 문장을 말하다가 도중에 단어가 떠오르지 않아서 머뭇거리고는 합니다. 무슨 말인지 아실 거예요. 너무나 좌절감을 느낄 뿐 아니라, 더 중요하게는 얼굴이 빨개질 정도로 당혹스럽습니다. 저는 요점을 정확히 말하고, 예리하게 응답하는 능력에 자부심이 있었어요. 그런데 그 모든 것이 사라지고 있습니다. 제 능력을 잃어가는 것 같아요. 괴롭습니다. 몹시요."

그는 전혀 머뭇거림 없이, 하지만 명확하게 진정으로 두려워하면서 말했다. 그러나 그의 언어에 문제가 있는지 여부를 처음 듣고서는 알아차리기가 어려웠다.

"그렇군요. 문제를 알아차린 지는 얼마나 되셨습니까?" 나는 더 자세히 듣고자 물었다.

"적어도 1년은 되었을 거예요. 점점 나빠지고 있어요."

"또 알아차린 사람이 있습니까?"

"바로 저요!" 마이클의 목소리가 화난 듯이 올라갔다. "뭐라고 말하는 사람은 아무도 없었지만, 제가 알아차린 문제를 남들도 알고 있다고 생각해요. 아시겠지만, 그래서 자신감을 잃었어요. 이제는 제 주장을 쭉 펼치려고 하지 않고, 그냥 포기하고는 합니다. 이전의 저는 결코 그렇지 않았거든요."

나는 여전히 그의 말에서 어떤 오류도 찾아낼 수 없었다. 결함이 전혀 없어 보였다. 아미나의 얼굴을 슬쩍 보니 그녀도 같은 생각을 하고 있음을 알 수 있었다.

"이야기를 좀더 들어보고 싶군요." 나는 그가 걱정하는 언어 문제의 사례를 들을 수 있기를 바라면서 물었다. "무슨 일을 하셨습니까?"

"시청에서 일했습니다. 투자 부문이었죠. 종종 생각나기는 하지만, 솔직히 그 생활을 벗어나니 기뻤습니다. 넌더리가 났거든요. 지금은 정원을 가꾸고, 손주들을 돌보고, 크리켓이나 럭비를 시청하면서 지냅니다."

깍지를 끼고 있는 양손의 손가락들은 아주 가늘었다. 마이클은 자신이 직장에서는 매우 성공했지만, 삶에서는 의미 있는 성취를 전혀 이루지 못했다고 생각한다고 말했다. 가장 크게 후회하는 일은 역사학 박사과정에 진학하라는 제안을 거절한 것이었으며, 새로운 일에 도전하던 시절이 무척 그립다고 했다. 물론 이제는 너무 늦었지만, 그는 여전히 독서를 좋아했다. 그는 나에게 오라녀 공 빌럼이 네덜란드 함대를 이끌고 제임스 2세를 폐위시킨 1688년의 명예혁명을 다룬 신간을 읽었는지 물었다. 그 혁명이 영국제도를 침략한 가장 성공적인 사례임을 부정하는 주장은 명백히 헛소리라고 했다. 역사는 후대에 고쳐 쓰므로, 영국이 역사상 정복당한 적이 없다는 서사에 들어맞게 왜곡되었다는 것이다.

그의 말에는 절로 귀를 기울일 수밖에 없었고, 그는 머뭇거리거나 더듬거리는 일 없이 유창하게 말했다. 그가 말 그대로 너무나 유창했기 때문에 나는 그의 걱정에 별 근거가 없다는 생각이 들기 시작했다. 그러다가 우리는 스포츠로 화제를 바꾸었다.

"네, 예전에 럭비를 꽤 했습니다. 지역 대회까지 나갔죠. 지금도 럭비를 보는 걸 좋아해요!" 그는 웃음을 지었다.

"어느 포지션에서 뛰셨습니까?"

그는 말을 잇지 못했다. 조금 당황한 듯하더니 이 아주 뻔한 질문에 답하기까지 꽤 오래 걸렸다.

"포지션이요?" 마이클은 장난스럽게 묻더니, 어깨를 으쓱하면서 도와달라는 양 아미나를 쳐다보았다.

"네, 포지션이요. 스크럼을 짜는 역할이셨습니까?" 내가 물었다.

"스크럼이요?" 그는 다시 한참을 침묵하더니 물었다. "스크럼이 뭐죠?"

럭비에 익숙하지 않다면 "스크럼"이 무엇인지 잘 모르겠지만, 텔레비전으로라도 럭비 경기를 본 적 있는 영국 아이에게 물어보면 무엇을 가리키는지 금방 이해할 것이다. 스크럼은 럭비 경기의 기본 대형이다. 경기를 재개할 때 으레 취하는 별난 대형으로, 양쪽 팀에서 8명씩 머리를 숙인 자세로 뭉쳐서 서로 어깨를 맞대고 있다가, 그 사이로 달걀 모양의 공을 밀어넣는 순간 서로를 강하게 밀친다! 모르는 사람이 볼 때는 부족 전쟁의 기괴하고 원초적인 형태 같다. 그런데 어릴 때 럭비를 꽤 잘했다는 사람이 "스크럼"이 무엇인지 모른다니 정말로 이상했다. 우리는 단서를 하나 포착했다.

"스크럼을 잘 모르시는군요?" 나는 확인하려고 물었다.

"네, 못 들어본 것 같아요. 그게 뭡니까?"

"양쪽 팀 선수들이 고개를 숙인 채 서로 어깨를 맞대고 있다가 그 사이에 공을 밀어넣으면 서로 밀쳐내는 거예요."

"아, 스크럼이요, 물론 잘 알지요!" 마이클은 움찔하는 기색을 보였다.

"그러면 어느 포지션에서 뛰셨습니까?" 나는 다시 물었다.

"아, 맞아요, 스크럼 하프였어요. 경기장에서 많이 얼굴을 비벼 댔죠." 그는 낄낄 웃었다.

나도 웃었다. 나는 그의 말이 무슨 뜻인지 정확히 알았다. 그 문장은 내가 어릴 때의 일을 떠오르게 했다. 그 광경에 이어서 젖은 진흙 냄새와 나의 얼굴이 바닥의 진흙을 문대던 장면이 떠올랐다. 어릴 때 나는 버밍엄의 지극히 전통적인 영국 중학교에 다녔는데, 그 학교는 럭비에 굉장한 자부심을 가지고 있었다. 키 큰 열한 살 짜리라면 당연히 럭비를 하지 않을 수 없었다. 컴브리아 주 출신의 열정 넘치고 저돌적인 럭비 코치가 재능이 엿보인다며 콕 찍은 학생이라면 두말할 나위가 없었다.

나의 생각은 마이클에게로 돌아왔다. 스크럼이 무엇인지 모른다는 이 이상한 현상이 그저 별난 사례에 불과할까? 그럴 가능성은 매우 낮았다. 더 알아보아야 했다.

"정원에서 풀을 자를 때 쓰는 게 뭐죠?" 나는 물었다. 아마 나의 마음이 아직 땅바닥에서 벗어나지 못해서 그 질문이 떠올랐던 듯하다.

"음, 풀 깎개겠죠!" 그는 낄낄 웃으면서 대답했다.

"다른 이름으로도 부르는데, 뭘까요?"

마이클은 초조한 모습을 보였다. "잘 모르겠어요. 생각이 안 납니다!"

"정원에 떨어진 낙엽을 치울 때 쓰는 건 뭐죠?"

그는 얼굴을 찌푸리면서 마치 영감을 주는 무엇인가가 천장에 있다는 양 위를 쳐다보았다.

잠시 뒤에 그는 대답했다. "모르겠습니다. 아마도 이게 바로 제 문제 같아요." 나는 그의 얼굴에 다시 두려움이 찾아오는 모습을 볼 수 있었다.

"알겠습니다. 질문을 몇 가지 더 할 텐데 괜찮으시죠? 정확히 어떤 문제가 있는지 알아내려면 이 방법뿐입니다."

그는 고개를 끄덕였다.

"잔디깎이가 뭔지 아십니까?"

그렇게 묻자 마이클은 곧바로 코웃음을 쳤다. "당연히 잔디깎이가 뭔지 압니다. 지난번에 막내딸에게 한 대 사줬어요. 필요하다고 고집해서요. 제가 좀 짜증이 났었다는 말도 해야겠습니다. 뜬금없이 사달라는 거예요. 저한테 왜 갑자기 그러는지 모르겠어요. 충분히 나이도 먹었으니 직접 사면 되잖습니까!"

마이클은 다소 흥분한 듯했지만, 여전히 나의 질문에는 대답하지 않은 채였다.

"그런데요, 잔디깎이는 어디에 쓰는 걸까요?" 나는 다시 물었다.

"음, 잔디깎이는요……. 제 딸이 원하는 거예요."

"따님에게는 정원이 있습니까?"

"아니요. 아파트 3층에 삽니다."

"그런데 왜 잔디깎이가 필요할까요?"

"웃긴 질문이군요. 당연히 누구에게나 잔디깎이가 필요하죠! 벽에 걸어두고 싶어하니까요."

"그렇군요."

아미나의 눈이 동그래졌다.

"솔직히 딸이 자기가 좋아하는 것들을 계속 사달라고 하는 데 질렸어요!" 그는 과장되게 양손을 들어올리면서, 마치 아미나가 딸을 대변한다는 양 그녀를 쳐다보며 말을 이었다.

의사들은 답을 얻지 못한다고 해도 질문을 피하지 말라는 중요한 기술을 의대생에게 가르치려고 노력한다. 물론 환자에게 스트레스를 주지 않는 한에서 그렇다. 풀 깎는 기계에 관해서 다소 고집스럽게 이어온 질문들을 그만하는 편도 어렵지 않았지만, 멈추지 않고 계속 질문하자 생각지 못했던 진실이 드러났다. 마이클은 잔디깎이의 용도가 무엇인지, 아니 그것이 무엇인지 자체를 사실상 알지 못하는 듯했다.

"갈퀴는 어떻습니까? 갈퀴는 어디에 쓰는 거죠?"

"갈퀴요?"

"네, 갈퀴 말입니다."

"그럼요, 잘 알죠. 어디에 쓰는 거냐면……알다시피……사용하면 끝이죠."

"어디에 쓰는……?" 나는 일부러 말을 끝내지 않고 다시 물었다.

"맞아요! 쓰면 끝이죠." 그는 자신 있게 대답했다.

"갈퀴를 그려주시겠습니까?"

"그림은 못 그립니다."

"알아볼 수 있게 대강 그리기만 하면 됩니다."

내가 볼펜을 건네자, 그는 아주 솜씨 좋게 그림을 그렸고 일부는 세세하게 표현했다. 그런데 그 그림은 칫솔이었다.

"감사합니다." 내가 말했다.

나의 어깨 너머로 보고 있던 아미나는 놀라서 입을 다물지 못했다. 칫솔은 결코 갈퀴가 아니지만, 어느 면에서는 관련이 있다. 칫솔은 정원에서 낙엽을 긁는 용도로 쓰이지는 않으나 닦아내는 도구이다. 이것이 또 하나의 단서였을까?

그때 문을 두드리는 소리가 들렸다.

"정말 죄송합니다, 선생님. 다른 진료실은 다 문을 닫았고, 이제 정문도 닫아야 해서요." 간호사가 설명했다.

"버클리 씨, 죄송하지만 오늘은 여기에서 끝내야겠습니다. 다음 주에 다시 오셔서 검사를 마저 할 수 있을까요? 선생님의 증상이 어떤 것인지 짐작되는 바가 있기는 합니다."

그는 짧게나마 나를 만날 기회를 얻어서 매우 감사하다는 태도로 떠났다.

"와! 저는 언어 문제가 있으리라고는 전혀 짐작도 못 했어요. 아주 세련되고 아주 유창해······보였잖아요." 아미나가 말했다.

"맞아요. 처음에 언어에 문제가 있는지 찾아내기란 정말로 어려웠지요. 하지만 꼼꼼히 역사를 추적하면 성과를 얻을 수 있다는 것도 봤지요? 대화를 계속하니까 문제가 무엇인지 드러나기 시작하는 게 흥미롭지 않나요?"

"정말 그래요. 스크럼이 뭔지도 알게 되었고요." 아미나는 빙긋 웃었다.

*　*　*

홀본 지하철역으로 가는 동안 블룸즈버리에 어스름이 깔리면서 거리에 긴 그림자가 드리워졌다. 가로등은 아직 켜지기 전이었다.

머릿속에서 마이클이 겪고 있는 증상들이 떠올랐다. 그는 왜 언어 문제를 겪는 것일까? 나는 홀본 역 입구 밖에 많은 사람들이 모여 있는 모습을 보고 낙심했다. 역 입구가 막혔다는 의미였다. 아마 역 안에 사고 위험이 있을 정도로 사람들이 많이 몰렸기 때문일 것이다. 역시 영국 사람들답게 시끄럽게 구는 사람은 전혀 없었다. 새로 발표된 영국 도로의 자전거 운전자 사망률을 다룬 기사 제목을 외치면서 무료 신문을 나눠주는 남자의 소리만 들릴 뿐이었다. 퇴근하는 이들은 땅거미가 지는 가운데 인내심을 가지고 서서 기다리고 있었지만, 나는 마음을 바꿔서 피카딜리 서커스 쪽으로 걸음을 옮겼다.

새프츠베리 거리에는 관객들이 몇몇 큰 공연장 밖에서 어슬렁거리고 있었다. 나는 차이나타운을 가로질러서 제라드 길로 들어섰다. 슈퍼마켓을 지나는데, 건물 앞쪽에 있는 초록병 모양의 명판이 문득 눈에 들어왔다. 선명한 흰색으로 놀라운 글귀가 적혀 있었다. "이곳 옛 터크스 헤드 술집에서 새뮤얼 존슨 박사와 조슈아 레이놀즈가 1764년에 클럽을 설립했다." 그 아이러니에 절로 웃음이 났다. 오늘 오후에 만난 나의 환자는 단어를 떠올릴 적에 어려움을 겪고 있었는데, 획기적인 영어 사전을 최초로 만든 위대한 사전 편찬자 새뮤얼 존슨의 단골 술집을 여기에서 만나다니.[1]

이 거리에는 18세기 조지 왕조 시대에 런던의 저명인사들이 정기적으로 모이는 술집이 있던 것이 분명했다. 존슨, 그리고 화가이자 영국 왕립 미술원 창립자인 레이놀즈는 경제학자이자 철학자인 에드먼드 버크, 배우이자 극작가인 데이비드 개릭, 역사가 에드워드 기번, 소설가 올리버 골드스미스, 극작가이자 시인인 리처드 셰리든, 경제학자 애덤 스미스, 존슨의 전기작가 제임스 보즈웰을 비롯한 상류층 집단을 이끌었다. 그들은 월요일마다 터크스 헤드 술집에서 저녁 7시에 "문학 클럽"을 열고, 정치를 제외한 모든 주제를 다루며 토론하고는 했다.[2]

존슨은 모든 면에서 탁월한 식견을 소유하고 있었다. 화가이자 사회 비평가이며 풍자화가인 윌리엄 호가스는 존슨이 누구인지 모른 채 처음 만났을 때, 괴물 같은 멍청이가 틀림없다고 생각했다. 키가 거의 180센티미터에 달해서 다른 사람들보다 훨씬 더 컸던 존슨은 림프샘 결핵 때문에 흉터투성이 얼굴이 군데군데 부어 있었고, 갑자기 머리를 홱홱 내밀고는 했고, 끅끅거리거나 씩씩거리거나 끌끌거리는 소리를 불쑥 내뱉고는 했기 때문에, 매우 불안한 인물로 보였을 것이다.[3] 존슨의 좋은 친구인 레이놀즈는 국왕 조지 3세와 샤를로테 왕비의 초상화를 그렸는데, 존슨도 여러 장 그렸다. 존슨을 꼼꼼히 관찰하여, 추레한 가발 없이 "기이하게" 양손을 뒤틀고 있는 자세로 그린 작품도 있었다.

보즈웰의 전기를 비롯해서 존슨의 움직임을 묘사한 당대의 기록들을 살펴본 신경과학자들은 그가 투레트 증후군과 연관이 있는 틱 장애에 시달렸다고 확신한다.[4] 조지 3세는 존슨이 왕립 도서

관에 와 있다는 말을 듣고서는 하던 일을 멈추고 이 유명한 인물을 만나러 왔다고 한다. 명목상으로는 이 위대한 인물에게 저술을 더 하도록 권유하기 위해서라지만, 아마 실제로는 호기심이 동해서 이 기괴한 천재를 직접 보고 싶었기 때문일 것이다.

겉모습이 특이해 보였을지 몰라도, 존슨은 사전의 편찬자로 널리 찬사를 받았다.[1] 1755년에 나온 2절판의 이 사전은 총 두 권짜리로, 편찬하는 데에만 8년이 걸렸으며, 4만2,773개 단어의 의미가 실려 있었다. 고프 광장에 있는 그의 집은 국립 신경과 및 신경외과 병원으로부터 걸어서 20분 거리인데, 지금도 방문객에게 열려 있다. 존슨은 그 집에서 책 수백 권을 모아서 단어에 밑줄을 쳤다. 단어를 수집하는 한편으로, 당시 영어에서 그 단어가 어떤 식으로 쓰이는지 용례를 제시하고자 했던 것이다. 용례에 초점을 맞추는 이 방식은 그의 사고방식에서 중요한 부분을 차지했다.

존슨은 사전 초판에 단어의 용례를 보여주고자 11만4,000개 문장의 예문을 실었다. 그는 정의가 바뀐다는 것을 알고 있었다. 그래서 문학에서 쓰인 용례를 제시하여 독자가 단어의 의미를 이해하도록 한다는 방식을 택했다. 이런 "예문"으로 낯선 단어가 어떻게 쓰이는지 본보기를 제시하려고 했다. 그 단어와 관련된 미묘한 의미와 개념을 말이다. 그의 사전은 대성공을 거두었고, 그 뒤를 잇는 사전들에 엄청난 영향을 미쳤다. 옥스퍼드 영어 사전도 영향을 받았다. 이 사전의 제2판에는 23만 개가 넘는 항목이 담겼고 권

수는 20권에 달했다. 그리고 존슨이 했듯이, 단어의 의미를 예시로 보여주는 예문을 잔뜩 담았다. 가장 긴 항목은 동사 "set"였는데, 약 6만 개 단어로 이루어진 약 580개의 예문이 기술되었다.

그런데 단어의 의미나 관련된 개념은 우리 뇌에서 어떻게 표상될까? 우리가 일종의 마음의 사전을 지니고 참조하는 것일까? 영어 원어민 성인의 평균 어휘에는 사물의 이름, 다시 말해 명사만 해도 약 1만 개가 포함된다고 한다. 식물, 동물, 도구, 악기, 다양한 가구, 여행 수단 등 온갖 것들을 가리키는 단어들이다. 그런데 대체 마이클은 왜 단어를 떠올리는 일을 어려워하게 되었을까?

* * *

마이클을 처음 만났을 때에는 시간이 너무 부족해서 평가를 끝낼 수가 없었다. 무엇보다도 그에게 어떤 종류의 언어 장애가 있는지를 사실상 판단하지 못했다. 게다가 그의 문제가 언어에만 한정된 것인지의 여부도 알 수가 없었다. 알맞은 단어를 찾기 어려워하거나 더 나아가 특정한 단어를 기억하지 못하는 것은 그저 더 일반적인 기억 문제의 일부일 수도 있었다. 거기까지는 검사하지 않은 상태였다. 그다음 주에 다시 만나면, 이런 질문들의 답을 얻는 일에 집중할 생각이었다.

마이클은 진료실로 들어오면서 약간 초조한 웃음을 지었다. 그는 아내인 세라와 함께였다. 지난번에 그랬듯이 이번에도 아주 우아한 차림새였다. 이번에는 청색 블레이저 재킷에 노랑과 빨강 줄무늬가 있는 넥타이, 시선을 사로잡는 새하얀 면바지 차림이었다. 마치 요트에서 내려 곧바로 진료실로 온 듯한 모습이었다. 세라는 눈에 덜 띄는 평범한 갈색 카디건에 회색 헤링본 바지 차림이었다. 그녀는 그의 손을 꽉 쥐고서 들어왔다.

나는 마이클의 언어 이해력부터 검사하기 시작했는데, 그가 복잡한 지시를 쉽게 따를 수 있음을 곧 알아차렸다. 또 그는 단어와 긴 문장도 어려움 없이 따라 할 수 있었고, 눈에 띄는 오류 없이 유창하게 말할 수도 있었다. 방에 있는 물건들을 차례로 가리켰을 때에도 그는 머뭇거리지 않고 이름을 죽 댈 수 있었다. 그런데 그에게 선으로 그린 동물이나 사물 그림들을 보여주자 그가 단어를 잘 떠올리지 못한다는 사실이 명확히 드러났다. 주변에서 흔히 볼 수 없는 것들이 특히 더 그랬다.

"이것은 무엇입니까?" 나는 펭귄 그림을 가리키면서 물었다.

"새입니다."

"맞습니다. 그런데 어떤 새죠?"

"음, 어려운 질문이네요!" 그가 대꾸했다.

"이 새는 어디에 삽니까?" 나는 다시 물었다.

"누가 알겠어요? 동물원 아닐까요?" 그는 더 영리한 답을 내놓았다고 기뻐하는 양 빙긋 웃었다.

"그렇죠. 그런데 어디에서 동물원으로 왔을까요? 더운 곳, 아니면 추운 곳?"

"솔직히 잘 모르겠습니다. 추운 곳 같기는 한데, 제가 원래 새에 대해서 아는 게 없어서요."

"이것은 무엇입니까?" 나는 하프 그림을 가리켰다.

"창문 같은데요?"

"아닙니다. 악기입니다. 어떤 악기일까요?"

"잘 모르겠어요. 제가 원래 음악을 잘 모르거든요."

"하프예요. 하프가 어떤 소리를 내는지 아십니까?"

마이클은 어깨를 으쓱했다. "피아노와 비슷한 소리겠죠?"

그런 식으로 질문과 답이 이어졌다. 마이클은 연필이나 숟가락처럼 흔한 물건들의 이름은 말할 수 있었지만, 더 특이한 물건들의 이름은 잘 떠올리지 못했다. 예컨대 동물이라면, 새라는 것까지는 말할 수 있어도 어느 종류인지는 말하지 못했다. 호랑이 그림을 보여주자 그는 고양이라고 했고, 치타나 새끼 고양이 그림을 보여주어도 똑같이 대답했다.

마이클에게 1분 동안 동물 이름을 몇 개나 말할 수 있는지 해보라고 하자 더 많은 것이 드러났다. 그는 개, 고양이, 쥐, 소 등 흔한 동물 네 종류만을 떠올릴 수 있었다. 그리고 개의 품종 이름을 말해보라고 하자, 래브라도 하나만 댈 수 있었다. 다른 품종들은 아예 떠올리지 못했다. 마이클의 단어가 고갈되고 있었다. 어휘가 줄어들고 있는 듯했다. 그런데 왜? 그저 전반적으로 기억력이 떨어지기 시작했다고 해서 이런 일이 일어날 수 있을까?

알아낼 방법은 하나뿐이었다. 나는 마이클에게 단어 몇 개를 제시하면서 기억하라고 했다. 그러자 그는 몇 초 동안은 아주 잘 떠올렸다. 점점 더 복잡한 문장을 제시하면서 기억했다가 말해보라고 했을 때에도 그는 전혀 어려움 없이 할 수 있었다. 따라서 그의 단기 기억, 다시 말해 심리학에서 말하는, 정보를 몇 초 동안 간직하는 것을 뜻하는 기억은 온전해 보였다.

이어서 나는 그의 기억이 오래 가는지를 검사했다. 나는 그에게 단어 목록을 주고서 학습하라고 했다. 그는 그 일을 아주 빨리 할 수 있었다. 나는 나중에 물어볼 테니 기억하라고 한 다음, 복잡한 선들로 이루어진 그림을 주고서 따라 그리도록 했다. 그리고 나중에 기억한 대로 그려보라고 할 테니, 마찬가지로 그림도 기억하라고 했다. 15분 뒤에 그는 단어를 잘 떠올릴 수 있었고, 보여주었던 그림도 꽤 잘 그릴 수 있었다. 언어 자료(자신이 배운 단어들)과 시각 자료(자신이 그렸던 복잡한 그림)의 기억 능력은 양쪽 다 뛰어나 보였다.

"평소에 라디오나 텔레비전에서 나오는 뉴스를 주의 깊게 듣거나 보십니까?"

"그럼요."

"지난 며칠 사이에 눈에 띄는 뉴스가 있었나요?"

"물론 있었죠. 시리아에서 폭탄이 터지는 끔찍한 일이 일어났어요. 그곳 사람들이 어떻게 대처하고 있을지 상상하기도 어렵습니다. 자국 군대가 국민을 공격하고 있으니까요."

마이클이 말한 것은 고대 도시 홈스의 일부 지역에서 벌어진 대규모 포격 사건이었다. 아랍의 봄 시위가 시작된 지 거의 1년이 된 지금, 시리아 반란의 중심지인 그곳에서 격렬한 충돌이 일어나고 있었다. 주민들은 빗발치는 박격포 포탄 아래 꼼짝도 하지 못한 채 갇혀 있었고, 그 사건은 앞으로 그 나라의 많은 지역에서 벌어질 일을 예고했다.

"그리고 그리스에 경제 문제가 심각하대요. 시민들은 긴축 정책에 넌더리를 내고 있고 모두 독일인 탓이라고 여기고 있어요!"

더 나아가 마이클은 당시 뉴스에 나온 또다른 이야기들도 아주 상세히 말했다. 나는 그의 일상에서는 최근에 어떤 일이 있었는지도 물었고, 그는 따로 사는 가족을 만나러 가고 포르투갈 알가르브 지방에서 휴가를 보내고 런던의 사우스 뱅크에서 연극을 보았다는 등 여행 이야기를 자세히 들려주었다. 세라는 남편이 말한 세세한 내용이 맞다고 확인해주었다. 이 모든 것들은 삶에 일어난 사건이나 일화를 회상하는 능력이 정말로 아주 멀쩡하다는 것을 시사했다. 기억 능력의 이런 측면들은 괜찮아 보였음에도, 그는 단어와 단어의 의미를 기억하는 데에는 문제가 있었다. 그의 문제는 어휘 목록, 즉 단어와 그 의미의 마음속 사전에 들어 있는 듯했다.

"부인과 따로 이야기할 수 있을까요? 집 안에서는 어떤지를 더욱 잘 파악하면 이해하기가 더 쉬워질 때가 많거든요."

"그러세요. 저희는 비밀이 전혀 없습니다." 나의 요청에 마이클은 흔쾌히 대답하고는 진료실을 나갔다.

"마이클 씨가 겪는 문제를 알아차리셨습니까?"

세라는 창백한 얼굴을 가리는 회색 머리카락을 뒤로 쓸어 넘기면서 목을 가다듬으며 지난 일을 떠올렸다. "얼마 전부터 문제가 있는 것 같다는 생각이 들기 시작했어요. 우리 손자 벤은 늘 신나게 농담을 하거든요. 남편은 늘 즐겁게 들어주고요. 그런데 2년 전쯤에 남편이 농담을 이해하지 못하고 있다는 것을 알게 되었어요. 웃기는 웃는데 농담을 알아듣지 못하는 게 보이더라고요." 쾌활하게 농담을 즐기는 성격은 분명 그가 지닌 매력이었을 것이다. "언제나 저를 깔깔 웃게 했거든요. 아주 장난스럽게 비꼬는 데에 탁월했지요. 그 모든 것이 사라졌어요. 재미가 사라졌어요."

"그렇군요. 유머 감각을 잃은 것 같다는 말씀이시죠?"

"그것만이 아니에요. 선생님이 보여준 동물과 물건의 그림들을 봤을 때 이름을 떠올리지 못하는 것들이 있었잖아요. 대화를 하다 보면 남편이 이런저런 것들의 이름을 까먹은 것처럼 보일 때가 종종 있어요. 이런 식이죠. '여보, 좀 가져다줄래? 음……. 뭐더라…… 그거 있잖아…….' 버터나 안경일 때도 있고, 사실 어떤 것이든 그럴 수 있어요. 물건들의 이름을 잊는 듯해요. 남편에게 뭔가 가져다달라고 할 때에도 마찬가지예요. 지난번에는 통화하느라 바쁜 와중에 메모를 해야 해서 남편에게 펜을 가져다달라고 했어요. 그런데 남편이 편지봉투를 가져다주었어요. 또 어제는 함께 요리를 하다가 남편한테 마늘 좀 달라고 했어요. 그런데 파슬리를 꺼내오는 거예요. 그런 일이 여러 번이에요."

"남편분이 다른 사람들과는 어떻게 지내시나요?"

"잘 못 지내요. 친구들이 왔다가도 금방 일어나요. 예전에는 친구들이 남편과 있으면 늘 낄낄 웃었는데, 지금은 그런 일이 드물어요. 또 대화를 하다가 어색하게 오랫동안 말이 끊기기도 해요. 솔직히 말하면, 이제는 친구들이 더는 찾아오지 않아요. 만나고 싶으면 남편이 찾아가야 하는데, 남편이 자신감이 떨어져서 찾아가기를 꺼려요. 더 이상 같은 사람처럼 느껴지지가 않아요. 남편은 친구들이 자신을 어떻게 볼지 걱정해요."

세라는 그밖의 다른 것들은 눈치채지 못했다. 유머 감각 상실과는 별개로, 마이클의 성격은 거의 달라지지 않았다. 그는 이상한 행동을 하지도 않았다. 그녀가 아는 한, 그는 모든 면에서 여전히 완벽한 신사였다. 무례한 행동을 하는 법이 결코 없었다. 손주들을 때맞추어 데려와야 할 일이 생기면 얼마든지 믿고 맡길 수 있었다. 그는 조심스럽게 운전했다. 남편이 이제 컴퓨터를 덜 사용하게 되면서 그녀가 온라인 은행 업무를 꽤 많이 하게 되기는 했지만, 별일은 아니었다. 그리고 그녀가 아는 한 남편은 사재기, 도박, 과음 같은 이상한 행동을 전혀 하지 않았다.

나는 마이클을 다시 들어오도록 했다.

"여보, 비밀 잔뜩 흘린 거 아니지?" 그가 찡긋하면서 물었다.

"평소 하는 정도로만 했지." 그녀는 대꾸했다. 남편이 농담을 던졌다는 사실에 기뻐하는 모습이 역력했다.

"환자분이 어떤 문제를 겪고 있는지 이해되기 시작했어요. 상세히 알아보려면 몇 가지 검사를 해야겠습니다." 나는 설명했다.

마이클은 명백히 안도하는 기색이었다. "감사합니다! 저에게 문제가 있다는 걸 믿지 않으면 어쩌나 하고 걱정했어요. 진지하게 받아주셔서 고맙습니다, 선생님."

"뇌 MRI 촬영을 할 겁니다. 우리 쪽 신경심리학자에게 언어, 기억, 사고 능력 쪽 검사를 좀더 자세히 받으실 거예요. 어떤 문제가 있는지 깊이 살펴볼 텐데, 적절한 단어를 떠올리지 못하는 이유를 이해하는 데에 도움이 될 겁니다."

"좋습니다. 감사합니다. 무슨 일인지 정말로 알고 싶어요."

솔직히 말해서, 나도 그랬다.

* * *

마이클이 사용 가능한 어휘들은 왜 줄어들었을까? 옥스퍼드 영어사전은커녕 설령 작은 사전에 담긴 항목들을 모두 학습하고 싶다고 해도 우리에게는 그럴 능력이 없다는 것에 대다수의 사람들은 동의할 것이다. 우리는 단어의 명확한 정의나 단어가 쓰이는 여러 미묘한 방식이나 문학에서 어떻게 쓰였는지를 알려주는 용례 모두를 기억하지는 못한다. 애초에 그것이 존슨이 두꺼운 사전을 만든 이유이기도 하다. 우리가 그 모든 정보를 머릿속에 담으려고 시도할 필요가 없도록 해주기 위해서이다.

존슨이 사전을 편찬한 방식으로 사람의 뇌가 많은 정보를 저장한다면, 뇌는 곧 정보에 짓눌릴 것이다. 그럼에도 우리는 사람, 장소, 생물, 무생물, 역사적 및 과학적 사실, 추상적 개념 등 주변 세계에 관해서 놀라울 만큼 많은 정보를 가지고 있다.

우리는 어떻게 그렇게 할까? 1960년대에 심리학자들은 우리가 정말로 일종의 지식 데이터베이스에 연결된 마음속 사전을 지닌다는 연구 결과를 처음으로 내놓았다. 그러나 우리 뇌의 이 표상表象은 얇은 사전과도 전혀 다르다.[5] 우리의 지식 저장소는 각각의 정의가 딸린 단어 하나하나를 별도의 항목으로 저장하기보다는 단어들 사이의 관계, 더 중요하게는 연관된 개념들을 이해하도록 설정된 듯하다. 예를 들면, 우리는 카나리아, 종달새, 찌르레기가 모두 조류라는 것을 안다. 따라서 지식의 표상이 조류의 공통된 모든 정보를 모아놓고, 조류가 아닌 것들(물고기나 고양이, 탁자와 의자)은 다른 집단에 속하므로 더 멀리 놓는 것이 타당할 수 있다.

일부 심리학자에 따르면, 우리 뇌는 우리가 같은 범주에 속한다고 분류하는 대상들을 서로 더 가까이 놓는 방식으로 정보를 체계화한다. 게다가 뇌에서 정보는 가지를 뻗는 지식의 나무처럼 계

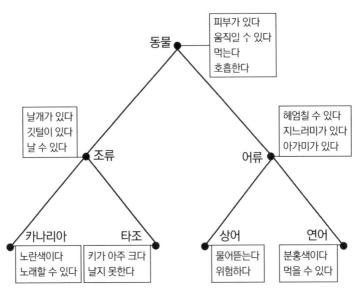

그림 2. 지식의 계층 분류. 동물에 관한 정보가 뇌에 저장되는 방식을 의미론적 연결망 형태로 제시한 사례. Collins & Quillian (1969).[5]

층 체계로 저장된다(그림 2). 개념은 우리가 정보를 범주화하는 방식을 정하는 규칙의 역할을 한다. 조류와 같은 상위 범주는 새라는 개념의 모든 사례들을 포함할 것이다. 이러한 형식은 서로 개념적으로 밀접한 관계에 있는 유사한 항목들에 관한 정보를 보유하는, 경제적이면서 압축된 방식인 듯하다. 카나리아, 종달새, 찌르레기 같은 새들에 관한 정의를 따로따로 저장하는 대신, 우리는 이들 모두에, 더 나아가 사실상 대부분의 새에 공통된 속성들을 모은 하나의 항목을 설정할 수 있다. 다시 말해서 우리는 조류의 일반 정의를 간직한다. 예컨대 이 정의는 전반적으로 모든 새가 부리, 깃털, 비행 능력을 지닌다고 나열할 수도 있다.

나는 이런 유형의 통찰이 마이클에게서 관찰된 사항들에도 중요하지 않을까 생각했다. 그는 네 가지 동물의 이름만 말할 수 있었고, 이 동물들은 모두 흔한 것들로 개, 고양이, 쥐, 소였다. 그리고 개 품종의 이름을 말해보라고 했을 때도 래브라도라는 비교적 흔한 한 가지 품종만 떠올릴 수 있었다. 단어들을 표상하는 방식인 그의 "지식의 나무"가 심하게 잘리고 겨우 가지 몇 개만 남은 듯했다. 그는 개를 알고 있었지만, 개 품종의 이름은 모두 잊고 단 하나만 남은 듯했다. 그의 마음속 사전에서 단어 자체뿐 아니라 개념적 의미도 서서히 퇴화하고 있기 때문에 단어가 고갈되고 있는 것은 아닐까? 앞서 만났을 때 그가 잔디깎이가 어디에 쓰는 물건인지 몰랐던 이유가 바로 그 때문 아닐까?

1980년대에 우리 뇌가 단어와 그 의미를 어떻게 저장하는지를 탐구하던 연구자들은 지식이 나무와 같은 계층 구조로 표상된다는 기존 이론에 의문을 제기하기 시작했다(그림 2). 한 범주에서 몇몇 특이한 사례들을 우리가 어떻게 표상하는지를 살펴본 연구들이 이런 의문을 불러일으켰다. 예를 들면, 조류라는 상위 범주에 속한 타조와 펭귄이 그렇다. 타조도, 펭귄도 날지 못한다. 따라서 우리는 이 특이한 새들의 이름이라는 표상에 다른 속성이 따라붙으리라고 예상할 수 있다. 헤엄을 친다거나 다리가 아주 길다는 등의 속성이다. 개념상 이 두 생물은 새이다. 그러나 우리가 아는 대다수의 새들과 다르다는 것도 분명하다. 사람들이 카나리아와 타조를 얼마나 빨리 조류로 분류하는지를 실제로 검사한 심리학자들은 카나리아 쪽이 훨씬 더 빠르다는 것을 발견했다. 반면에 그림 2에 나온 모형을 그대로 따르자면, 반응 속도에 아무런 차이가 없으리라고 예측할 수도 있다. 타조와 카나리아는 조류라는 상위 범주로부터 같은 거리에 놓여 있기 때문이다.

　이런 발견들이 이어지자 과학자들은 우리의 의미 지식의 데이터베이스를 설명하는 기존 계층 체계에 의문을 제기하기에 이르렀다. 그 견해를 받아들이는 대신에 그들은 단어와 그 연관된 개념이 뇌에 어떻게 저장되는지를 설명하는 새로운 모형들을 개발했다.[6] 이런 모형들의 구조는 신경과학자들이 뇌의 뉴런(신경세포)이 어떻게 작동하는지를 살펴보면서 깨달은 세 가지 핵심 통찰에서 나왔다. 첫 번째는 뉴런이 수많은 다른 뉴런들과 연결되어 있어서 병렬 분산 처리가 가능하므로 신호가 많은 뉴런들로 동시에 퍼져나갈 수 있다는 것이다. 두 번째는 뉴런 사이의 연결 강도가 학습을 통해서 달라질 수 있다는 것이다. 자주 활성을 띠는 연결은 더 튼튼해질 수 있고, 그렇지 않은 연결은 더 약해질 수 있다. 마지막으로, 뉴런 연결망은 오류가 일어날 때 신호를 받을 수 있으므로, 사실상 자신의 실수로부터 배울 수 있다. 실제로 오류 신호는 연결망을 통해 퍼지면서 그 실수로 이어졌을 뉴런 사이의 연결 일부를 강화하거나 약화시킬 수 있다.

이런 새로운 모형을 병렬 분산 처리 "연결주의 모형connectionism model"이라고 부르는데, 뇌에서 뉴런들을 나타내는 "단위들" 사이에 이루어진 연결의 망이기 때문이다. 이 연결망은 기존의 계층 체계와 전혀 다른 방식으로 개념을 표상한다. 연결주의 모형에서 카나리아 같은 개념은 계층 구조 내의 단지 한 교점交點을 통해서가 아니라, 연결망 전체에 걸친 활동 양상을 통해서 표상된다. 처음에 신경망은 카나리아를 타조는커녕 다른 생물들과 구별하는 일조차 그다지 잘하지 못할 수 있다. 그러나 자신의 실수로부터 피드백을 받는("역전파back propagation" 과정) 연결망 영역이 반복 학습을 통해서 계속 훈련받으면, 연결망의 단위들 사이의 연결에 서서히 변화가 일어난다. 더 튼튼해지는 것도 있고 더 약해지는 것도 있다. 이윽고 연결망은 카나리아 같은 개념과 그에 딸린 모든 속성들을 분류하는 일을 아주 잘하게 된다. 그뿐 아니라 다른 연관된 개념들도 일반화할 수 있다. 서로 유사한 개념들은 연결망 전체에 걸쳐서 매우 유사한 활성 양상을 보일 것이므로, 찌르레기 같은 새로운 개념도 아주 빠르게 배우게 될 것이다.

이런 연결주의 접근법은 사람의 의미 지식의 몇몇 측면들을 설명하는 데에 아주 탁월하다는 것이 드러났다. 예를 들면, 신경망 내의 분산된 활동 패턴은 아이가 발달할 때 일어나는 개념 학습이 어떻게 가능한지를 보여주었고, 마찬가지로 중요한 질문인 뇌 질환에 걸렸을 때 이 지식이 어떻게 퇴화되는지도 보여주었다.[6] 의미에 대한 이러한 접근 방식은 인공지능 혁명으로 이어졌다. 인공지능은 신경망과 역전파를 다양한 문제를 푸는 핵심 도구로 삼는다. 의미적 지식의 구성 체계가 마이클이 겪는 문제를 이해하는 일과도 관련이 있을까?

* * *

2주일 뒤 마이클은 나의 신경심리학자 동료에게 상세한 인지 검사를 받으러 왔다. 동료도 그의 더 장기적인 기억이나 일화 기억은 멀쩡하다고 동의했다. 사람들은 대개 기억이라는 말을 사건의 회상이라는 의미로 쓴다. 즉, 이전에 겪은 일화를 떠올리는 것을 가리킨다. 신경심리학자는 이를 일화 기억episodic memory이라고 말하는데, 내가 앞에서 간결한 검사를 통해서 판단했듯이 동료도 마이클의 이 인지 기능이 아주 잘 작동한다고 결론지었다. 또한 동료도 나와 마찬가지로 마이클이 사진을 보고 이름을 잘 떠올리지 못할 뿐 아니라 실제 물건들을 보여주었을 때에도 그렇다는 것을 확인했다. 대상을 보거나 듣거나 만지거나 할 때 모두 그러했다. 예를 들면, 그에게 열쇠 뭉치를 보여주자 그는 이름을 말하지 못했을 뿐 아니라, 열쇠들이 찰랑거리는 소리를 들려주거나 눈을 감고 열쇠를 만지게 해도 이름을 대지 못했다.

검사 결과를 보니, 마이클이 단어와 사진을 연결하는 데에도 문제가 있음을 알 수 있었다. "휘젓다"나 "손목시계" 같은 단어를 보여주었을 때, 그는 사진들 중에서 그 단어에 적합한 대상을 고르지 못했다. 따라서 그는 사물의 이름을 떠올리지 못하는 것뿐 아니라 다른 문제도 있음이 분명했다. 동료는 그가 유사한 정도에 따라서 대상들을 분류하는 데에 몹시 애를 먹는다는 것을 알아냈다. 이 점은 나에게 시사하는 바가 컸다. 예를 들면, 대다수는 등받이 없는 의자가 등받이가 있는 의자나 소파와 비슷하다고 생각한다. 반면에 쓰레기통과 램프는 전혀 다르다고 본다. 마이클은 이 가정용품들이 모두 비슷하다고 보았고, 유사한 정도에 전혀 차이가 없다고 생각했다.

또한 그는 동료가 보여준 여러 사물들의 적절한 쓰임새를 시연하는 것도 어려워했다. 예를 들면, 드라이버를 보여주었을 때 그는 그것을 숟가락처럼 썼고, 망치를 내놓자 톱처럼 썼다. 그는 열쇠의 용도도 알지 못하는 듯했다. 따라서 그는 단지 사물의 이름을 떠올리지 못하는 문제만 겪는 것이 아니었다. 이런 대상들과 관련된 개념을 이해하지 못하는, 즉 의미를 이해하지 못하는 문제도 있었다. 동료는 마이클이 세계와 그 안에 있는 것들에 관한 지식을 잃어가고 있다고 결론지었다. 즉 그는 "의미 기억semantic memory"을 잃고 있었다.[7]

의미 기억이란 심리학자들이 우리 지식의 토대를 가리킬 때 사용하는 용어이다. 1년은 몇 달일까? 어류는 무엇일까? 상어는 어류일까? 문어는? 칼은 몇 가지 용도로 사용할 수 있을까? 여기에서 주목할 점이 있다. 답이 맥락에 따라 달라진다는 것이다. 칼은 빵을 자르는 용도로 쓰일 수 있다. 그러나 칼로 토스트에 버터를 바를 때에는 칼을 다르게 다루어야 한다. 또 병에서 칼로 잼을 퍼내고자 할 때에는 또다른 기술이 필요하다. 그리고 물론 누군가를 해치고 싶을 때에는 칼이 전혀 다른 방식으로 쓰인다. 이 모든 정보는 어떻게든 간에 "칼"이라는 단어를 수반한다. 우리는 칼의 용도를 배웠기 때문에 그런 정보를 가지고 있다. 더 나아가서 우리는 칼의 종류가 다양하다는 것도 안다. 치즈 칼, 스테이크 칼, 과도, 빵칼이 따로 있다. 이런 유형의 지식을 의미 기억이라고 한다. 이는 우리의 개념적 이해를 가리킨다. 우리가 자신이 사는 세계를 배우면서, 이 기억은 늘어나며 드넓은 영역에 걸치게 된다.

따라서 마이클은 일화 기억은 멀쩡한 반면, 의미 기억을 잃어가는 듯했다. 대화할 때 적절한 단어를 떠올리지 못하는 이유가 바로 그 때문이었다. 이는 진료실에서 내가 받았던 인상과도 부합했다. 대화할 때 드러난 그의 문제가 알맞은 단어를 떠올리지 못하는 것보다 더 깊은 차원의 문제였다는 점이 다를 뿐이었다. 그는 "스크럼"이나 "잔디깎이" 같은 단어의 의미, 즉 그 꼬리표와 연관된 개념을 이해하는 데에 어려움을 겪고 있었다. 우리가 어떤 단어를 이해하는 일은 제목이나 꼬리표—단어 자체—에만 결부되어 있는 것이 아니라, 그 단어에 얽힌 개념과도 밀접한 관련이 있다.

콜롬비아의 작가 가브리엘 가르시아 마르케스는 이 점을 잘 인식했다.[8] 그의 기념비적 저서 『백년의 고독_Cien Años de Soledad_』에 등장하는 허구의 도시 마콘도에 사는 주민들은 불면증이라는 감염병에 시달린다. 아주 특이한 이 불면증은 "만물의 이름과 개념의 상실"을 초래한다. 한 주민은 이 점을 너무나 의식한 나머지, 어떻게 불렸는지 기억할 수 있도록 모든 물건(탁자, 의자, 시계, 문 등)에 꼬리표를 붙였다. 그러나 "그는 적힌 이름을 보고 사물을 알아보겠지만, 그 용도를 아무도 기억하지 못하는 날이 오리라는 것을 깨달았다." 다시 말해서 꼬리표—물건의 이름—가 붙어 있다고 해도, 주민들은 그 이름과 들어맞는 개념을 알지 못하게 될 것이다. 탁자나 의자를 어떻게 사용할지, 소의 젖을 어떻게 짤지, 주변의 사물이나 동물을 어떻게 할지 모르게 될 것이다.

개념은 대상과만 연결되는 것이 아니다. 진리, 사랑, 민주주의 같은 추상적인 단어와도 연결된다. 그리고 우리는 개념들을 조합하여 무한에 가까울 정도로 엄청나게 많은 착상과 생각을 빚어낼 수 있다. 이런 생각들은 새롭거나 매우 창의적일 수도 있는데, 우리가 단어들에 붙여서 수월하게 구성하는 더욱 단순한 생각들을 토대로 구성된다. 꼬리표는 단지 풍부한 정보들을 간단히 줄인 요약문과도 같다. 개념에 관한 지식이 꼬리표로 저장되는 것이다.

"잉글리시_english_"라는 영어 단어를 생각해보자. 이 단어는 '영어'라는 뜻 외에도 훨씬 많은 것을 의미한다. 일부는 역사적이고, 일부는 사회적이며, 많은 부분은 우리가 "잉글리시"라고 할 때 떠올릴 만한 사람의 유형을 가리키는 등 아주 다양한 특성과 특징을 담는 단어이다. 이런 것들을 전혀 몰랐음에도 불구하고 1960년대 런던의 길을 걷던 갈색 피부의 아이인 나는 내가 명백히 "잉글리시"가 아님을 금세 깨달을 수 있었다. 사람들이 나를 부르는 명칭들은 그 개념을 나에게 아주 생생하게 이해시켰다. 내가 아홉 살때 우리 가족은 런던에서 버밍엄으로 이사했는데 처음의 설렘은 잠시였고, 곧 몹시 실망했던 일이 기억난다. 나는 동네 사람들이 하는 말을 도저히 알아들을 수가 없었다. 억양이 너무나 낯설었다. 나는 일기에 명확히 썼다. "아주 좋은 사람들이지만, 말을 알아듣지 못하겠다."

그러나 곧 나는 "잉글리시"에도 다양한 유형의 사람들이 있음을 깨닫기 시작했다. 도시 사람, 시골 사람, 북부 사람, 버밍엄 사람, 런던 사람 등 아주 다양했고, 저마다 말하는 방식이 달랐다. 사실 북부만 해도 억양이 여러 가지였다. 요크셔나 랭커셔 억양, 리버풀이나 맨체스터 억양, 뉴캐슬이나 컴브리아 억양이 서로 달랐다. 이 각각의 독특한 영국다움에 딸린 개념들 사이에도 아주 많은 미묘한 차이들이 있었는데, 그것들은 오랜 세월 경험이 쌓이면서 비로소 나의 의미 지식에 들어왔다. 따라서 나는 의미 기억이 시간이 흐르면서 늘어난다는 것을 이해했다. 그러니 시간이 흐르면서 퇴화할 수도 있지 않을까?

＊　＊　＊

마이클의 뇌 영상은 며칠 뒤에 나왔다. 살펴보니 결과가 명백했다. 그의 뇌 대부분은 꽤 정상으로 보였지만, 왼쪽 관자엽(측두엽)이 확연히 비정상적이었다. 구체적으로는 관자엽의 끝인 관자극이 쪼그라들어서 위축되어 있었다.[9] 이는 의미 치매라는 비교적 드문 질환에서 나타나는 특징이었다. 의미 기억을 서서히 잃어가는 질병이다(그림 3).[10] 사실 놀랍게도, 이 의미 기억 상실은 가르시아 마르케스의 소설 속 마콘도 주민들에게 일어나는 일과 똑같다.

의미 지식이 뇌에서 정확히 어떻게 표상되든 간에(즉 계층 분류 체계에 가깝든, 아니면 신경망 연결주의 모형에 더 가깝든 간에) 이 표상의 주요 부분이 왼쪽 관자엽의 끝에 들어 있다는 데에 오늘날 이 분야 연구자들의 의견이 일치한다.[11] 이 의미 저장소는 다감각적이다. 시각, 청각, 촉각, 심지어 관련이 있다면 그 항목의 후각과 미각 정보까지 저장한다. 따라서 의미 치매 환자가 "열쇠"라는 단어의 이해 능력을 잃기 시작하면, 열쇠와 관련된 모든 속성들—재료, 크기와 모양, 무게와 느낌, 열쇠 뭉치가 짤랑거리는 소리—뿐 아니라 열쇠가 무엇인지, 그리고 가장 중요하게는 어떻게 쓰이는지를 판단하는 쪽으로도 어려움을 겪게 된다.

의미 치매 등 신경학적 질환을 앓는 사람들을 자세히 검사해보자, 흥미롭게도 뇌 안에서 생물의 표상이 무생물의 표상과 따로

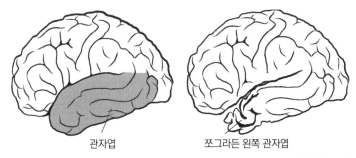

관자엽   쪼그라든 왼쪽 관자엽

그림 3. **의미 치매에 걸린 뇌.** 왼쪽은 정상적인 건강한 뇌이며, 회색으로 표시한 부위는 왼쪽 관자엽이다. 의미 치매 환자는 오른쪽 그림에서처럼 관자극이라는 왼쪽 관자엽 앞쪽 부위가 쪼그라들면서 의미 기억을 잃는다.

저장될 가능성이 있음이 드러났다.[12] 생물(특히 동물, 과일과 채소)의 지식에 문제가 생겼지만 무생물(도구 같은 대상들)의 지식은 비교적 멀쩡한 환자도 있는 반면, 정반대 양상을 드러내는 환자도 있다. 이런 발견들이 이어지면서 사람의 뇌에서 의미 지식의 표상이 어떻게 구축되는지 과학자들이 모형을 구축할 때 고려해야 할 증거들이 늘어나고 있다.[13]

그다음 방문 때 마이클과 세라는 뇌 영상 결과를 빨리 알고 싶어했다.

"정상이 아닌 듯이 보입니다." 나는 말했다.

"네? 정상이 아니라고요? 어떻게요?"

"뇌의 한 부분이 정상 상태보다 작습니다. 쪼그라들었어요."

"맙소사!"

세라는 남편의 손을 꽉 움켜쥐었다.

"그렇습니다. 그리고 바로 그 부위가 단어의 의미를 저장할 때 관여한다고 알려져 있는데요. 영상 분석 결과가 때때로 알맞은 단어를 떠올리지 못하는 이유를 설명합니다."

마이클은 자신의 증상을 설명해줄 원인이 발견되었다는 소식에 한편으로는 안도한 듯하면서도, 한편으로는 걱정하는 기색이 역력했다. "그렇군요. 그런데 뇌의 어느 부위가 그런가요?"

"보여드릴게요." 나는 그가 볼 수 있도록 컴퓨터 화면을 돌려놓고서 비정상적인 부위를 가리켰다. "여기 왼쪽 부위 보이십니까? 이 부분이 관자엽인데요. 뇌의 오른쪽 부위보다 훨씬 작습니다."

"그러면 중요한 쪽이 왼쪽인가요?" 그가 물었다.

"네. 우리 대다수는 언어 기능이 좌반구에 있습니다. 언어의 구성요소는 다양해요. 우리가 단어와 그 의미를 이해하도록 해주는 기능들은 바로 여기, 왼쪽 관자엽의 끝에 들어 있다고 봅니다."[14]

"그리고 제 문제가 바로 그 때문에 생기는 거고요?"

"그럴 겁니다."

마이클은 눈을 감았다. 다시 눈을 뜬 그는 나의 시선을 피하면서 환자라면 누구나 알고 싶어하는 질문을 했다.

"더 나빠질까요?"

"그럴 가능성이 높다고 봅니다. 하지만 아주 느리게 진행될 수도 있어요."

"그렇다면 결국 단어를 다 잊게 되겠군요?"

나는 대답하지 않았다. 마이클은 단어만 점점 떠올리지 못하는 것이 아니었다. 세계에 관한 지식, 즉 단어에 따라붙는 개념도 마찬가지였다. 이런 이야기까지 그에게 하기는 어려웠다. 이제 막 그에게 진단을 내렸을 뿐인데, 그 이야기까지 한꺼번에 한다면 그의 마음이 너무 비참해질 터였다.

"사람마다 달라요. 아주 느리게 진행되는 사람도 있습니다."

*　*　*

의미 치매는 의사가 포착해내기 어려울 수 있다. 그런 병이 존재한다는 사실조차 모르는 의사가 대부분이다. 그 질병을 염두에 두고서 환자 개인의 역사를 꼼꼼하게 살피고 평가하지 않는 한, 환자의 언어에서 특이한 점을 찾아내지 못할 수도 있다. 가족과 친구는 때로 중요한 단서를 집어내는 데에 너무나도 소중한 역할을 한다. 환자는 종종 말할 때 구체적인 사례(예컨대 "개") 대신에 일반 용어("동물")를 쓰는 경향을 보인다. 세라가 알아차렸듯이, 마이클은 단어를 떠올릴 수 없을 때 "그것" 같은 표현을 써왔다. 의미 치매 환자는 그림을 그릴 때에도 일반적인 형태로 그림으로써, 구체적이고 상세한 것을 모른다는 사실을 드러내기도 한다. 환자에게 다양한 동물을 묘사해달라고 하면, 물고기를 새나 개와 구별하는 세세한 특징들이 거의 없는 '기본' 형태만 그릴 수 있다(그림 4).

마이클이 유머 감각을 잃어간다는 세라의 관찰도 매우 통찰력

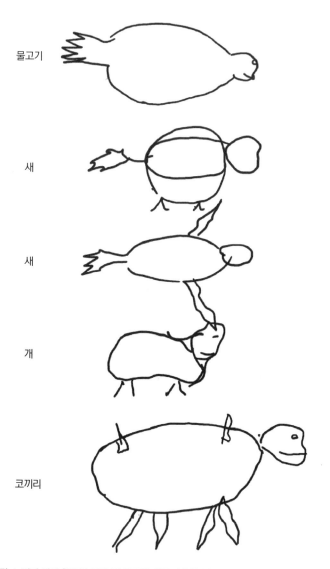

그림 4. 의미 치매 환자의 그림. 각 동물이 아주 비슷한 일반적인 형태라는 점에 주목하자. 물고기는 지느러미가 없고, 새 두 마리 중에 위쪽 그림에는 날개가 없다. 또 코끼리는 코끼리코가 없다. Rascovsky et al (2009).[8]

이 있었다. 농담을 이해하려면 들은 말을 알아들을 어휘뿐 아니라 들은 단어와 연관된 복잡한 개념도 알고 있어야 한다. 정반대의 의미를 담은 표현을 내놓기로 유명한 마크 트웨인은 한 지인을 "최악의 의미에서의 좋은 사람"이라고 표현한 적이 있다.[15] 곧이곧대로 들으면, 이 말은 곤혹스럽게 느껴진다. 트웨인이 "좋은"이라는 단어를 우리에게 친숙한 의미로 쓴 것 같지 않기 때문이다. 우리의 개념적 이해가 "좋은"의 평범한 의미를 넘어설 때에야 비로소 유머가 등장한다. 트웨인이 묘사한 방식에 따르면, 그 지인은 아마 독선적이고, 아마 위선적일 사람일 것이다. 확실히 전혀 "좋은" 사람이 아니다. 여기에서 부정적인 의미가 전달될 수 있는 것은 트웨인의 말을 듣는 사람들이 그 단어의 단순한 정의보다 더 미묘하면서 다양한 뜻을 이해한 결과이다.

언어학자 빅토르 라스킨이 발전시킨 농담의 의미론을 살펴보면, 들은 사람이 농담의 핵심 어구를 더 명백한 1차적인 의미와는 종종 반대되는, 그 농담에 쓰인 2차적인 의미로 불쑥 옮겨갈 때 농담이 작동한다.[16] 그러나 이 전환을 이해하려면 단어와 관련된 정보의 더 풍성한 의미를 이해해야 한다. 역설적이게도, 마크 트웨인의 신랄한 표현에서처럼 "좋은"은 "나쁜"이라는 의미로도 쓰일 수 있다.

마이클에게는 단어의 피상적인 정의를 넘어서는 복잡한 개념을 이해하는 것 자체가 첫 번째 난관인 듯했다. 단지 사전적 정의

뿐 아니라 관련된 모든 정보들까지 확장된 의미들을 이해하지 못하게 되면서, 그는 어떤 농담이 왜 웃긴지를 이해하기 어려워졌다. 친구들과의 상호 작용은 서서히 줄어들었고 인간관계도 훨씬 더 좁아졌지만, 그의 대화 능력이 떨어졌기 때문이 아니었다. 내가 처음 만났을 때 보았듯이 그는 듣는 사람을 압도적으로 몰입시키는 이야기를 꺼낼 수 있었다.

그러나 사람들과의 관계를 유지하는 일에는 단순한 정보 교환 이상이 필요하다. 관계가 즐거워야 하며, 즐겁게 어울리려면 서로가 무엇에 재미를 느끼는지 이해하는 것이 매우 중요하다. 깔깔거리는 웃음은 사회적 유대에 필수적이며, 더 나아가 우리의 집단 소속감에 영향을 미치는 중요한 진화적 구조일 수도 있다.[17] 유머의 공유는 우리에게 사람들과 계속 접촉하도록 동기를 부여한다. 그러나 그런 유머는 우리가 쓰는 표현들과 관련된 더 폭넓은 의미론을 공통적으로 이해하고 있어야 가능하다. 마이클이 이제 확실히 느끼듯이, 그런 유머를 상실하면 우정을 유지하기가 힘들어질 수 있다.

버밍엄에서 자란 이민자 아이였던 나는 그 지역의 억양에 익숙해지고 동네에서 쓰이는 속어의 미묘한 의미에 익숙해졌음에도 불구하고 여전히 영국 유머에 당혹감을 느끼고는 했다. 어쩌면 그렇게 심란해할 필요는 없었을지도 모른다. 전 세계가 영국식 유머를 이해하기 어렵다고 여긴다는 사실을 이제는 알고 있으니까 말이다. 때로 무례하거나 더 나아가 불쾌하다고 느껴지는, 영국식 유머 감각의 두 가지 특징인 비꼼이나 아이러니를 왜 영국에서는 아주 웃기다고 보는지 외부인이라면 이해하기 어려울 수 있다.

한 예로 1970년대 텔레비전 드라마 「폴티 타워스」에는 호텔 운영자인 배질 폴티에게 미국인이 이렇게 묻는 장면이 나온다. "프랑스 음식 파는 곳이 있나요?" 폴티는 대답한다. "그럼요, 프랑스에 있을 겁니다. 그자들은 그런 음식을 좋아하는 것 같아요. 그리고 헤엄쳐 건너가면 확실히 식욕도 돋을 겁니다." 있는 그대로 받아들이자면 이 말은 기껏해야 괴팍하고, 아주 나쁘게는 극도로 무례하게 들릴 수 있다. 그러나 자신이 선택한 직업에 대해서 인간 혐오적이고 속물적인 태도를 드러내는 배질 폴티라는 인물의 맥락을 읽는 영국인들은 이 장면이 아주 웃기다고 생각한다.

오늘날 유머의 이해는 의미 지식이 개인의 사회 정체성에 얼마나 중요한지를 보여주는 중요한 사례로 간주된다. 유머는 사회 집단의 구성원 자격을 유지하는 방식으로서만이 아니라, 그 집단에 들어갈 자격을 얻는 방식으로서도 중요하다. 효과적이고 지속적인 관계를 맺으려면, 즉 집단의 일부가 되고 그 집단에 계속 남아 있으려면 무엇이 웃긴지를 비롯해서 그 집단의 구성원들이 어떻게 세계를 개념화하는지를 이해해야 한다. 그런 이해 없이는 모든 관계가 피상적으로 변할 가능성이 높다. 현재 마이클이 바로 그런 곤경에 빠져 있었다.

* * *

세라는 의미 치매를 더 깊이 알고자 했다. 할 수 있는 일에는 무엇이 있는지, 새로운 치료법의 임상시험이 있는지 알고 싶어했다. 나는 그녀의 질문에 하나하나 다 대답했다. 아니, 마이클의 병은 알츠하이머병이 아니었다. 의미 치매 환자에게 일어나는 왼쪽 관자극의 위축은 알츠하이머병 환자에게 일어나는 증상과 전혀 다르다. 알츠하이머병에 걸리면, 뇌의 다른 부위인 해마가 위축되며 일화 기억에 문제가 생기지만 의미 기억은 온전히 남아 있기도 한다. 반면에 의미 치매에 걸리면, 해마가 멀쩡할 수 있다. 이는 마이클이 개인적으로 겪은 일들을 온전히 기억한다는 사실과 들어맞는다. 의미 치매 환자는 대부분 TDP-43(TAR DNA 결합 단백질 43)이라는 비정상적인 단백질이 뇌에 쌓인다.[18] 반면에 알츠하이머병 환자의 뇌에서는 전혀 다른 단백질이 쌓인다. 의미 치매와 알츠하이머병은 서로 다른 병이다.

아이가 사물의 그림을 보고 이름을 따라 하면서 새로운 단어를 처음 배우듯이, 어휘 재학습을 포함한 집중 치료를 내세우는 이들이 일부 있기는 했지만, 안타깝게도 이 병에 대한 신약 임상시험은 아직 전혀 이루어지지 않았다. 게다가 식단 변화 등 그 어떤 방법도 이 질병의 진행을 늦춘다는 증거가 전혀 없었다. 그리고 유감스럽게도 왜 누구는 이 병에 걸리고 누구는 걸리지 않는지에 대해서도 우리는 아는 것이 전혀 없다.

마이클은 아무 말이 없었다.

"지난번에 오신 뒤로는 어떻게 지냈습니까? 혹시 더 궁금하신 점이 있습니까?" 내가 묻자 그는 말했다.

"잘 지냈어요, 감사합니다. 그저 좀……좀 창피하네요."

"창피요? 왜 그렇게 생각하시죠?"

"이런 일을 겪고 또 온갖……음……그게……음……."

그는 알맞은 단어를 찾으려고 애썼다. "불편이요! 모두에게 온갖 불편을 끼치고 있으니까요. 당혹스럽고……정말로……제가 모든 사람들과……잘 어울리지 못하는……것 같아요."

세라는 다시 손을 뻗으면서, 다정하게 말했다. "여보, 우리는 언제나 함께일 거야."

그러나 안타깝게도 그럴 수가 없었다.

* * *

대기실은 부산했다. 신경과 진료를 보러 온 예약 환자가 너무 많았고, 응급 환자도 많았다. 사실 우리 병원이 국립 보건 서비스가 요구하는 수준을 맞추지 못할 만큼 의료진이 부족하기 때문이기도 했다. 사람들에게 분명히 울화가 치밀고 있었다. 게다가 밖에는 세차게 비가 내리고 있어서, 병원에 들어오는 사람마다 흠뻑 젖어 있었다.

"제가 왔다는 거 의사 선생님이 아시나요?"

"얼마나 오래 기다려야 하나요?"

간호사들은 조바심을 내는 사람들에게 미지근한 밀크티를 제공하면서 달래기 위해 최선을 다하고 있었다. 아무튼 영국답다고 생각하면서 나는 빙긋 웃었다.

한쪽 구석에 마이클이 보였다. 그는 여전히 아주 우아한 차림이었는데, 앉아 있지 않았다. 나는 더 자세히 살펴보았다. 그는 대기실에 있는 고무나무의 잎을 아주 부드럽게 어루만지고 있었다. 가까이 다가가니, 그의 말소리가 들렸다. "괜찮아, 두려워하지 마. 차는 마시지 않아도 돼."

다른 사람들은 그에게서 멀찌감치 떨어져 거리를 두고 있었다. 나는 그의 어깨를 두드렸다.

"아, 변호사 선생님, 뵈어서 반가워요."

옆의 의자에 앉아 있던 세라가 움찔했다. 그녀가 그의 말을 바로잡으려 할 때, 나는 괜찮다고 손짓하면서 마이클을 향해 웃음을 지었다.

마이클은 나의 손을 꽉 쥐었다. "아주 반가워요!"

"저도 뵙게 되어 반갑습니다."

"뵈어서 정말 정말 반가워요." 그는 계속 인사했다.

이윽고 진료실로 들어설 때 마이클은 환하게 웃고 있었다.

"선생님을 보니까 정말로 기뻐하네요." 세라가 말했다. "남편은 본인이 왜 이런지 선생님이 설명해주셔서, 선생님이 대단하다고 생각해요."

마이클은 세차게 고개를 끄덕였다.

"어떻게 지내셨나요?"

"잘 지냈죠, 아주 잘 지냈어요."

"무엇을 하고 지냈습니까?"

"럭비를 많이 했죠."

"럭비요?"

"네, 맞아요, 럭비."

"남편이 주말에 트위커넘에서 열리는 잉글랜드 팀 경기를 보러 갔는데, 정말로 즐거워했어요." 세라가 설명했다.

"맞아요, 트위커스! 정말 신났어요. 맞아요, 트위커스!" 마이클은 히죽 웃었지만, 더 이상 말을 이어가지는 않았다.

진단이 내려진 지 3년이 지났는데, 그 사이에 마이클의 말하기는 상당한 변화를 겪었다. 그의 언어는 이제 훨씬 더 한정되었고, 사용 어휘도 훨씬 줄어들었다. 마이클을 대기실로 내보낸 뒤 세라와 이야기를 나눌 때, 그녀는 남편이 이제 제대로 의사소통을 할 수 없는 수준이라고 확인해주었다. 그는 말을 할 수 있고, 단어와 문장을 따라 할 수도 있었지만, 단어의 의미를 제대로 이해하지 못하기 때문에 심한 어려움을 겪고 있었다. 그는 사람들이 하는 말을 이해하지 못할 때가 많았다.

이제 그는 농담이나 유머만 이해하지 못하는 것이 아니었다. 처음에는 자주 쓰지 않는 단어들을 잘 떠올리지 못했는데, 지금은 더 심해졌다. 나와 전에 대화할 때 썼던 "당혹스럽다"라는 단어는 뜻 모를 개념이 되었고, 그의 당혹스러움은 이제 흔한 단어들에까지 영향을 미치고 있었다. 그의 일상 어휘는 더욱 줄어들어서 "집", "차", "음식" 같은 명사 집합에 불과해졌다. 세라는 그가 나에게 "럭비"라는 단어를 썼다는 사실에 놀랐다.

"너무 힘들어요. 제가 결혼한 남자가 사라졌어요." 그녀는 그렇게 씁쓸해하면서 눈물을 삼켰다.

세라는 자신과 자녀들이 처음에는 몹시 동정하는 마음으로 그를 돌보았지만, 단순한 말조차도 그가 이해하지 못하게 되면서 점점 절망을 느꼈다고 토로했다. 그러자 마이클도 가족들의 반응에 점점 짜증을 내게 되었고, 결국 성의 없이 고개를 끄덕이거나 젓는 것만으로 의사를 표현하게 되었다. 친구들도 거의 그를 찾지 않게 되었다.

그는 예전에는 차를 몰고 멀리 돌아다니고는 했지만, 이제 더는 그럴 수가 없어서 면허증도 반납했다. 운전하는 데에 어려움이 있어서가 아니라, 도로 표지판과 기호가 무슨 의미인지 더 이상 이해할 수 없어서였다. 한번은 "진입 금지" 표지판이 있는 도로로 들어갔다가 역주행을 했다. 사고가 나지 않은 것이 다행이었다.

집에서의 행동도 마찬가지로 기이해졌다. 그는 종종 옷을 벗기에 넣고 내리려고 했다. 변기를 세탁기라고 생각한 듯했다. 또 그는 화분을 변기로 착각하고서 화분에 소변을 보고는 했다. 더욱 큰 문제는 쓰레기통에 버린 상한 음식을 먹으려고 한다는 것이었다. 세라는 대기실의 고무나무를 어루만지는 행동은 아무것도 아니라고 했다.

병원 창밖으로 비가 그치지 않고 광장 위로 주룩주룩 내리는 광경이 보였다. 도로와 차를 빗줄기들이 두드리고 있었고, 우산을 높이 치켜든 사람까지 비에 흠뻑 젖고 있었다. 우울한 날씨였다. 실내의 분위기도 무겁게 가라앉았다.

"그렇게 나빠졌다니 정말 유감입니다."

세라는 어깨를 으쓱했다. "새로운 치료법에 관한 이야기는 전혀 없나요?"

"없는 것 같습니다."

점잖게 문을 두드리는 소리가 들렸다. 내가 천천히 문을 열자 마이클이 컵을 들고 서 있었다.

"차 드실래요?" 그는 웃음을 머금은 채 아내에게 다가왔다. 그는 컵을 조심스레 나의 책상에 내려놓고는 양팔로 그녀의 어깨를 감싸면서 꽉 껴안고 양쪽 뺨에 입을 맞추었다. 한 가지는 확실했다. 그는 아내의 고통을 확실히 이해하고 있었다.

세라는 눈을 감았다. "지금도 제 남편이네요."

"고마워." 마이클은 아내를 향해 고개를 끄덕이면서 말했다. 그는 우아한 사파이어색 눈으로 나를 바라보면서 자신의 입을 가리키며 설명했다. "단어를 잃어버리기는 했지만, 감사합니다." 그리고 아내와 팔짱을 끼고 나갔다. 그들은 말없이 비가 내리는 병원 밖으로 걸어 나갔다.

3

기억을 잃어가고 있다고요?

그녀는 자신만만한 태도로 성큼성큼 진료실로 들어왔다. 반면에 그는 포기한 듯한 모습으로 그 뒤를 따랐다. 트리시는 작고 말랐고, 그 모습에서 화려한 새가 연상되었다. 그녀는 우아한 양털 후드가 달린 커다란 검은 코트를 입고 있었는데, 거의 그녀를 짓누를 것처럼 위압적인 크림색 깃털 칼라가 달려 있었다. 그렇기는 해도 그녀가 당당하게 상황을 주도하고 있음이 은연중에 드러났다. 아마 들어올 때의 힘찬 발걸음, 구두 뒤축이 일정한 박자로 날카롭게 바닥을 두드리는 소리 때문이었을 것이다. 어쩌면 그녀가 의아하다는 양 눈을 살짝 찌푸리면서 자신이 만나러 온 전문의를 향해 명백히 경멸하는 듯한 표정을 지으며 나를 줄곧 뚫어지게 응시하고 있었기 때문이었을지도 모른다. 이유가 무엇이었든 간에 트리시는 뒤따라 들어온 남성보다 훨씬 더 당당해 보였다.

"만나서 반가워요, 의사 선생님." 그녀는 나의 손을 잡고 흔들면서 자신만만하게 말했다.

"반갑습니다. 그리고 같이 오신 분은 성함이?" 나도 인사하면서 물었다.

"스티브입니다. 트리시의 남편이죠." 그는 차분하게 설명했다. 그때 그녀가 끼어들었다.

"글쎄, 계속 여기에 가자는 거예요. 아마 선생님은 말하시겠죠. 우리가 온 게 큰 실수이며 올 이유가 전혀 없으니, 그냥 돌아가도 된다고요. 확실해요. 괜히 선생님 시간을 낭비할 게 뻔하지만, 남편은 늘 걱정이 가득하니 어쩔 수가 없죠." 그녀는 빙긋 웃으면서 덧붙였다.

"남편이 그러셨습니까? 그럼 남편분께 무엇이 걱정인지 먼저 물어봐야겠습니다."

"남편은 제가 기억을 잃어가고 있대요. 하지만 진짜로 전혀 걱정할 필요가 없다니까요. 그냥 예전만큼 기억을 잘 떠올리지 못하는 것뿐이에요. 세상에 안 그런 사람이 어디 있어요?"

나는 고개를 끄덕였다. 그녀의 말에는 아일랜드 억양이 약간 섞여 있었다.

"문제가 있다고 생각한 지는 얼마나 되셨습니까?"

"아니, 문제 따위는 없다니까요!" 그녀는 과장되게 어깨를 으쓱하면서 환하게 웃었다. 스티브는 눈을 감았다. 똑같은 소리를 여러 번 들은 것이 분명했다.

"그렇군요. 그런데 남편분의 걱정은 무엇입니까?"

"진짜 걱정을 사서 한다니까요. 물론 가끔 이것저것 까먹고, 실

수도 좀 하기는 하지만, 누구나 다 그렇잖아요. 선생님도 그러시 겠죠? 아니라고 하실 건가요?" 그녀는 웃음을 띤 채 나를 똑바로 쳐다보면서 캐물었다.

"음, 기억 말고 다른 문제는 없나요?" 나는 그녀의 질문을 회피 하면서 물었다.

"전혀요. 저는 아주 똑똑하다고요." 그녀는 아주 즐거운 표정으로 말했다.

나는 그녀의 삶에 관한 질문들을 이어갔지만, 그다지 드러나는 문제점은 없었다. 50대 중반의 트리시는 법무 법인의 접수 담당자로 일했다. 그녀는 영국으로 이주한 아일랜드인 부모에게서 태어났다. 대화할 때 몇 차례 뚜렷이 드러났듯이, 그녀가 아일랜드 혈통임은 분명했다. 트리시는 젊은 나이에 결혼했는데, 후회하는 점이기도 하다. 그녀는 두 명의 자녀를 낳았고, 10년 전에 이혼했다. 그 직후에 스티브를 만났다. 자녀들은 현재 집을 떠나 직장에 다니고 있었다. 그녀에게는 참고할 만한 병력이 전혀 없었다. 처방약을 받은 일도 없었고, 흡연이나 음주도 조금 할 뿐이었다. 집안의 병력도 별것 없었다. 그녀가 아는 한, 기억 문제를 겪은 친족은 한 명도 없었다.

"남편분과 이야기를 나눠도 되겠습니까?"

"그럼요. 하세요. 여보, 나에 관한 안 좋은 이야기는 하지 않을 거지?" 그녀는 남편 쪽으로 고개를 돌리면서 장난스럽게 물었다.

"우리 둘만 있는 상태에서 이야기한다는 뜻입니다. 환자분을 잘 아는 사람의 관점에서 하는 이야기를 들어보는 일이 도움이 될 때가 많거든요." 나는 설명했다.

"아, 알겠어요." 그녀는 살짝 당황한 기색을 드러내면서 말했다. 조금 걱정이 되는지 입술이 살짝 벌어졌다. "음, 그럼요."

나는 트리시를 대기실로 안내했다. 진료실로 돌아오니, 스티브는 몸을 앞으로 숙인 채 고개를 숙이고 두 손으로 머리를 감싸고 있었다. 어떤 기분인지를 한눈에 보여주는 자세였다.

"둘만 이야기해도 괜찮겠습니까?" 내가 물었다.

"괜찮아요. 아니, 사실 아주 감사하죠. 아내가 없는 자리에서 상황을 설명할 기회가 한 번도 없었거든요. 정말 감사합니다."

"남편분이 보기에 주된 문제가 무엇이라고 생각하십니까?"

"어디에서부터 말해야 할지 모르겠어요. 아내의 기억력이 정말 엉망일 때가 있습니다. 때로는 믿어지지 않을 정도라서 미칠 지경이에요."

"마지막으로 완전히 정상이라고 생각한 것은 언제인지요?"

스티브는 아내의 회상 능력이 지난 4년간 지속적으로 나빠지고 있음을 어떻게 깨닫게 되었는지를 이야기했다. 처음에는 알아차리기 어려울 만큼 아주 가벼운 양상이었는데, 지금은 일할 때 실수가 잦다고 했다. 회사 일정표에 일정을 입력하는 것을 잊고, 이중으로 예약을 하고, 회의를 하러 온 중요한 고객을 알아보지 못하는 매우 심각한 실수도 저질렀다. 집에서는 대화가 사라졌다. 종종 카드값을 제때 내지 못하거나 중요한 약속을 놓치기도 했다. 성격은 바뀌지 않았지만, 때로 기이한 행동을 했다.

"기이하다는 말이 무슨 뜻입니까?"

내가 묻자, 그는 잠시 침묵했다. 설명하기를 꺼려하는 기색이 역력했지만, 결국 입을 열었다.

"가끔 저를 알아보지 못하기까지 했어요. 몇 달 전 콘월에 잠깐 들른 적이 있었어요. 멋진 휴가를 보냈죠. 작은 어촌에서 즐겁게, 정말로 기분 좋게 지냈는데, 떠날 때가 되자 제가 누구인지 아내가 모른다는 사실이 명확해졌죠."

"어떻게요? 어떻게 명확해졌습니까?"

"아내에게 차가 준비되었으니 타고서 런던으로 돌아가자고 했더니, 몹시 초조해하는 거예요. 안절부절못하는 모습이었죠. 정말로 걱정하고 있었어요. 저는 처음에는 왜 그러는지 짐작도 못 했어요. 그런데 아내가 뭐라고 했는지 아세요?"

나는 고개를 저었다.

"글쎄, 저와 함께 집에 갈 수 없다는 거예요. 자기 남편인 스티브가 집에 있어서 저랑 같이 가면 스티브가 화낼 거라고요. 믿어지세요? 기가 막혔죠. 아내는 멋진 시간을 보냈지만, 너무 슬프다고 했어요. 스티브에게 너무 심한 짓을 했다고요. 스티브가 질투가 많다고 했어요. 아내는 저랑 계속 연락을 하겠지만, 저를 집으로 데려갈 수는 없다고 했죠. 자기가 혼자 차를 몰고 가겠다고 했어요. 저를 태워줄 수 없다는 거였어요."

"그래서 어떻게 하셨습니까?"

"아내가 함께 가지 않겠다고 완강한 태도를 보여서 재빨리 수를 내야 했죠. 아내는 벌써 자기 짐을 싣고서 차에 탔어요. 제 짐은 그냥 놔두고요. 저는 아내에게, 내가 스티브의 친구이니 스티브한테 전화해서 나를 태워도 되는지 확인해보라고 했어요. 전화를 걸라고 간신히 설득했고, 아내가 차 안에서 전화를 걸 때 조금 떨어진 곳으로 걸어가서 전화를 받았죠. 아내에게는 당연히 친구를 태우고 와도 괜찮다고 했어요. 아주 좋은 친구이고 걱정할 필요가 전혀 없다고 말했죠. 얼마든지 태워도 된다고요. 결국 아내는 저를 집까지 태워주기로 했고요. 정말 미친 짓이었어요."

"한 가지 물어볼게요." 나는 이 놀라운 이야기를 이해하려고 애쓰면서 말했다. "스티브의 친구라고 말하기 전에는 부인이 선생님을 누구라고 생각했습니까?"

다시 긴 침묵이 이어졌다. "저를 애인으로 생각한 모양이에요."

"선생님을 또다른 스티브라고 본 건 아니죠?"

"음, 말하기 어렵네요. 아내가 하는 말이 계속 달라질 수 있어서요. 2주일 전에는 집에 있는데, 아내가 저한테 말하는 거예요. 스티브가 오기 전에 가는 게 좋겠다고요. 저는 내가 바로 스티브라고 말했어요. 그러자 아내는 못 믿겠다는 양 웃음을 터뜨렸어요.

저는 벽난로 위에 놓인, 함께 찍은 사진을 아내에게 보여주었어요. 그러자 아내는 그냥 농담한 거라고 얼버무렸어요. 하지만 저는 농담이 아니었다는 것을 알죠."

"그렇군요. 선생님이 누구인지 아내분이 몰랐던 것 같습니다."

"제 생각도 그랬는데, 더 심각한 것 같아요. 지난주 저녁에는 아내가 이렇게 말하는 거예요. '당신 스티브들이 알아서 정리를 해서 오늘 밤 누가 나와 지낼지 결정했으면 좋겠어.' 때로는 제가 여러 명이라고 아내가 정말로 믿는다는 생각이 들어요. 그럴 가능성이 있기는 합니까?" 그는 혼란스러운 표정으로 물었다.

나는 고개를 끄덕였다. "때로는 가능합니다."

스티브가 처음에 설명해준 이야기를 들을 때에는 트리시가 사람들을 알아보는 데에 어려움이 있는 것이 아닐까 하는 생각을 했지만, 그녀는 때때로 스티브의 사본이 있다는 생각을 하는 듯도 했다.

1923년에 프랑스의 정신과 의사 조제프 카프그라는 편집증에 걸린 50대 여성의 사례를 보고했다. 그녀는 자녀와 남편을 비롯한 가족들이 어떻게인지 "사본"으로 대체되었다고 믿었다. 환자인 M 부인은 자신이 아는 사람들이 사기꾼들로 대체되었다고 믿는 망상증을 앓고 있었다. 그 뒤로 이 현상은 카프그라 증후군(캡그래스 증후군)이라고 불린다.[1] 트리시는 때때로 스티브의 도플갱어들이 있다고 확신하는 듯했다.

카프그라의 그 유명한 사례가 알려진 지 겨우 3년 뒤, 동료 의사들은 마찬가지로 비슷한, 파리에 사는 한 여성의 사례를 보고했다. 그녀는 당시의 유명한 여배우였던 사라 베르나르와 로빈이 자신을 뒤쫓고 있다고 믿었는데, 그 배우들이 자신이 아는 사람들의 모습을 취할 수 있다고도 믿었다. 즉 그들이 자신의 친구들을 비롯한 다른 사람들의 몸에 들어갈 수 있고, 그런 모습을 취해서 자신을 괴롭힌다고 확신했다. 이 편집증, 즉 누군가가 다른 사람으로 위장할 수 있다는 믿음을 프레골리 망상증이라고 부른다. 베르디, 바그너, 로시니 같은 저명인사들을 흉내 내면서 이 인물 저 인물로 빠르게 바꾸는 재주로 유럽 전역에서 유명해진 이탈리아의 배우 레오폴드 프레골리에게서 따온 이름이다. 지금은 카프그라와 프레골리 망상증 둘 다를 망상 착오 증후군 스펙트럼의 일부라고 본다. 이 증후군은 조현병 환자처럼 편집적 사고에 빠지는 일부 사람들에게서 관찰되는데, 다른 뇌 질환 환자들에게서도 나타나고는 한다.

스티브는 말을 계속했다. "아내는 같은 행동을 반복하기도 해요. 제가 어떤 질문에 대답을 했는데도, 몇 분 뒤에 같은 질문을 다시 하고 몇 분 뒤에 또 하고요. 때로는 일어난 적이 없는 일을 그냥 지어내는데, 그 일이 진짜로 일어났다고 확신해요. 정말 미쳐버리겠어요. 선생님, 왜 이러는지 분명히 이유가 있을 거잖아요."

나는 트리시를 진료실로 다시 데려온 뒤, 스티브에게는 잠시 대기실로 나가달라고 했다.

"남편이 저에 관해서 안 좋은 말은 하지 않았겠죠?" 그녀는 웃으면서 물었지만, 무슨 말을 했을지 걱정되어 알고 싶어하는 기색이 역력했다.

"안 했습니다. 전혀요. 아내분을 정말로 걱정하는 것 같아요. 자, 혹시 뉴스에 관심이 있습니까? 세상이 어떻게 돌아가는지요."

"그렇기도 하고 아니기도 하죠." 트리시는 대답했다. 확연히 방어적인 태도였다.

"지난 몇 주일 동안은요? 관심이 가는 뉴스가 있었습니까?"

"음, 미국이 탄핵 문제로 시끄럽죠."

"탄핵이요?" 나는 의아해서 물었다.

"네, 아시잖아요. 닉슨이요! 워터게이트 사건으로 미국인들이 망연자실해하잖아요. 참 안됐어요. 물론 대통령이 그런 거짓말쟁인 걸 알게 되면 그럴 수밖에 없겠죠."

트리시는 더 나아가 워터게이트 사건 때 어떤 일이 일어났는지도 설명했지만, 자신이 말하는 일이 수십 년 전에 벌어졌다는 사실은 알아차리지 못한 듯했다.

"또 생각나는 중요한 사건이 있나요?"

"음, 중동에서 일어난 일이요. 그곳에는 늘 문제가 있으니까요!" 그녀는 빙긋 웃었다. "이번 사건은 끔찍했어요. 글쎄 시리아에서 아이들이 화학물질 공격을 받았대요. 정말 끔찍해요."

그녀는 시리아의 구타에서 일어난 화학 무기 공격을 다소 생생하게 묘사했다. 그 일은 정말로 최근의 사건이었다. 시리아 내전이 발발한 지 2년 남짓 지난 뒤였다. 그런데 그녀의 기억은 다음 문장을 내놓았다.

"닉슨이 뭔가 조치를 취해야 해요. 캄보디아에 폭탄을 투하할 수 있다면, 시리아에도 똑같이 할 수 있지 않겠어요?"

트리시는 닉슨이 아직 미국 대통령이라고 착각하고서 이야기하고 있었다. 트리시가 이야기를 꾸며내면서도 자신이 옳다고 믿는다던 스티브의 말이 바로 이런 의미가 아닐까 하고 나는 생각했다.

"버락 오바마가 누구인지 아십니까?" 나는 그녀가 어떻게 대답할지 궁금해서 물었다.

"당연히 알죠. 다음 선거 때 닉슨을 이기려고 하잖아요. 멋진 사람이에요. 그를 찍을 거예요."

나중에 스티브에게 들었는데, 바로 전날 밤에 그들은 텔레비전에서 베트남 전쟁과 닉슨을 다룬 다큐멘터리를 시청했다고 한다. 즉 수십 년 전에 일어난 사건이 어떤 식으로든 간에 현재 사건과 뒤섞인 것이었다.

"올해 휴가를 떠난 적이 있나요?"

"네, 콘월로 갔어요."

"어땠습니까?"

"정말로 좋았어요. 꿈같은 시간을 보냈죠. 지금도 생생히 떠올릴 수 있어요. 그곳에 가본 적 있으신가요?"

"그럼요. 어디에서 머물렀습니까?"

그녀는 꽤 오랫동안 답하지 못했다.

"트루로(영국 콘월 주의 주도/역주)라고 말하고 싶지만, 거기가 맞는지 긴가민가해요."

스티브가 묘사한 콘월 마을의 모습을 생각해보면, 트루로일 리는 없었다. "누구와 함께 있었습니까?"

"무슨 뜻이죠?" 그녀는 의심스럽다는 듯이 물었다.

"음, 누구랑 함께 가지 않았나요?"

"아니요, 혼자 갔어요." 그녀는 수줍게 말했다.

"정말이에요?"

"선생님을 믿고 말해도 될까요?" 그녀는 다시 나를 뚫어지게 응시하면서 물었다.

"네, 그럼요."

다시 긴 침묵이 이어진 뒤, 그녀는 입을 열었다.

"최근에 만난 남자와 갔어요. 하지만 스티브가 알면 안 돼요. 알면 무척 화를 낼 테니까요. 새로운 남자친구 이야기를 선생님에게 해도 좋을지 확신이 안 서요. 그 사람은 기분이 오락가락해요. 그런데 이상하게도 그 사람도 이름이 스티브예요. 믿어져요?"

* * *

나는 트리시의 기억력을 더 알아보고자 했다. 그녀는 먼 과거의 사건들을 아주 잘 회상했다. 어느 학교에 다녔는지, 첫 직장이 어디였는지, 전 남편과 살던 집의 주소가 무엇이었는지도 금방 떠올렸다. 그러나 새로운 정보들은 잘 떠올리지 못했다. 예를 들면, 내가 이름과 주소를 주고 암기하라고 한 지 10분 뒤 물어보았을 때, 그녀는 전혀 떠올리지 못했다. 이는 일화 기억, 즉 최근 일화의 정보를 시간에 따라 회상하는 능력을 검사하는 단순한 방법이다. 이 인지 기능에는 해마가 필요하다. 해마는 관자엽 깊숙한 곳에 들어 있는, 해마와 비슷하게 생긴 멋진 뇌 구조이다(그림 5). 그래서 그리스어에서 유래한 이름이 붙었다. 영어로 해마를 뜻하는 hippocampus는 '말'을 뜻하는 히포스hippos와 '바다 괴물'을 뜻하는 캄포스kampos를 합친 말이다.

다양한 종의 뇌를 조사했더니 해마가 척추동물이 기원했을 때부터 진화해온 오래된 구조임이 드러났다. 포유류의 뇌에서 해마는 최근의 특정한 일화에 속한 정보들을 통합하는 중요한 역할을 한다. 즉, 일화를 경험한 순간의 "무엇", "어디", "누구"에 관한 정보들이다.[2] 무슨 일이 일어났을까? 어디에서 일어났을까? 거기에 누가 있었을까? 해마가 없다면, 사람들은 심각한 기억 상실증에 시달릴 것이다. 해마에 문제가 있는 사람들은 새로운 정보를 기억하기가 거의 불가능한데, 흥미롭게도 먼 과거에 일어난 사건은 잘 떠올릴 때가 많다. 이들은 가장 최근의 일을 떠올리기가 가장 어렵

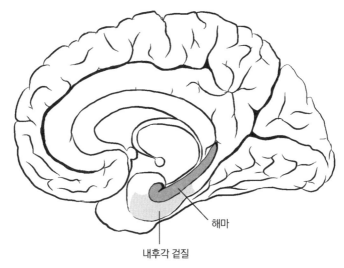

해마

내후각 겉질

그림 5. 해마. 오른쪽의 해마, 그리고 인접한 내후각 겉질이 보인다. 내후각 겉질은 해마로 신경 섬유가 들어가는 "관문"이자 통로로 여겨진다.

고, 더 오래된 일들은 훨씬 더 확실하게 회상할 수 있는 식으로 뚜렷한 기억 "기울기"를 보여준다.

해마의 손상이 일화 기억의 결핍을 낳는다는 사실은 1950년대에 HM이라는 환자의 놀라운 사례를 통해서 처음으로 밝혀졌다. 그는 젊었을 때 뇌전증을 치료하고자 과격한 수술을 받았다. 당시 신경과 의사들이 쓰던 약물들이 전부 효과가 없었기 때문이다. 몬트리올 신경학 연구소에서 그를 치료한 신경외과 의사 윌리엄 스코빌은 뇌의 양쪽 해마를 떼어내자는 새로운 대안을 제시했다. 수술은 성공적이었다. 그의 뇌전증 발작 빈도가 줄어들었던 것이다.

그러나 예기치 않았던 결과도 나타났다.

수술을 받은 뒤 그는 새로운 기억을 생성할 수 없는 듯했다. 예를 들면, 그는 몇 분 전에 자신이 의사에게 한 말도 기억하지 못했다. 수잰 코킨은 브렌다 밀너와 함께 수십 년에 걸쳐서 HM의 기억을 상세히 연구했는데, 코킨이 누구인지를 그가 결코 기억하지 못했다고 언급했다. 만날 때마다 자신을 다시 소개했음에도 그랬다.[3] 그런데 마찬가지로 놀라운 점은 HM(수십 년 뒤 그가 세상을 떠난 뒤에야 실명이 밝혀졌는데, 헨리 몰레이슨이었다)이 수술 이전의 몇 년 사이에 있었던 일도 거의 기억하지 못했다는 점이다. 마치 그는 영구히 현재를 살아가는 듯했다.[3]

HM 환자와 같은 사례는 많은 사람들이 결코 생각도 하지 못했을 의문을 제기한다. 기억은 어떻게 형성될까? 우리는 정보를 아주 수월하게 기억하지만, 어떻게 그렇게 할까? 신경과학자들은 뇌의 뉴런이 어떻게 평생에 걸쳐 한없이 많아 보이는 경험들을 저장할 수 있는지 궁금해했다. 신경세포는 어떻게 기억을 생성할까? 새로운 기억이 형성될 때 뇌에 어떤 변화가 일어나야 한다는 데에는 누구나 동의하지만, 과연 어떤 변화일까? 세포는 우리 일상생활의 풍성함—시각, 청각, 후각 등 감각 현상뿐 아니라 대화나 사건의 기분이나 중요성까지—을 어떻게 포착할까? 뇌에서 기억 흔적(엔그램engram)은 정확히 어떤 특성을 가질까?

일부 연구자는 기억을 담은 신경 표상을 가리키기 위해서 "기억 흔적"이라는 용어를 만들어냈다. 그러나 최근까지도 기억 흔적 세포를 찾아내는 일은 극도로 어려웠다. 하나의 기억이 뉴런 집단 전체에 걸쳐서 분산되어 저장될 수 있기 때문이기도 하다.[4] 초기의 과학 연구는 단순한 생물에 초점을 맞출 수밖에 없었다. 단순한 생물을 이용하면 뉴런의 전기 신호를 기록하기가 더 쉬워서였다. 어릴 때 나치 치하의 오스트리아에서 탈출하여 미국으로 피신한 유대인 에릭 캔들은 이 분야에 선구적인 공헌을 했다. 그는 단순한 해양동물인 군소를 주로 연구했다.[5] 군소는 대다수 포유동물보다 훨씬 단순하지만, 캔들은 군소의 신경계가 새로운 기억이 어떻게 형성되는지를 연구하는 데에 이상적이라는 사실을 알아차렸다. 예를 들면, 위협적인 자극 같은 기억 말이다. 여러 해에 걸쳐 고생스럽게 일련의 실험을 수행한 끝에, 그는 군소의 단기 기억이 뉴런들 사이의 연결 강도 변화, 즉 시냅스synapse가 얼마나 튼튼하게 연결되느냐와 관련이 있음을 발견했다.

시냅스는 뉴런들이 서로 만나서 소통하는 지점을 가리키는 학술 용어이다(그림 6). 시냅스의 한쪽은 시냅스이전 뉴런이다. 전기 충격은 이 신경세포를 따라 흘러서 시냅스에 다다른다. 시냅스를 자세히 보면 두 뉴런 사이에 틈새가 있다. 정보는 이 틈새를 건너 맞은편 뉴런, 즉 시냅스이후 뉴런으로 전달되는데, 이 틈새를 건널 때 전기 충격이 화학 신호로 전환된다. 구체적으로 말하자면, 시냅스이전 뉴런은 이 틈새로 신경전달물질 분자를 분비하고, 이 분자

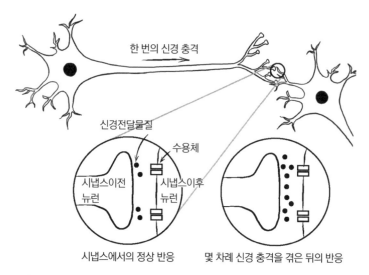

한 번의 신경 충격

신경전달물질

수용체

시냅스이전
뉴런

시냅스이후
뉴런

시냅스에서의 정상 반응

몇 차례 신경 충격을 겪은 뒤의 반응

그림 6. 단기 기억과 장기 기억은 뉴런 사이 시냅스의 강도나 수가 변화함으로써 형성되는 것일 수도 있다. 신경세포들은 시냅스를 통해서 의사소통을 한다. 시냅스이전 뉴런은 활성을 띠면 시냅스로 신경전달물질(화학물질) 분자를 분비한다. 이 분자는 시냅스이후 뉴런의 수용체에 결합하며, 그러면 그 뉴런도 활성을 띤다. 단기 기억은 시냅스를 지나는 신호의 세기 증가와 관련이 있다. 한 번의 전기 충격을 통해서라도 시냅스이전 뉴런이 재활성화되면 시냅스이후 뉴런도 더 쉽게 활성을 띤다. 이런 일은 신경전달물질 분자가 더 많이 방출되거나 시냅스이후 뉴런의 반응 양상이 변함으로써 일어날 수 있다.

는 틈새를 건너서 시냅스이후 뉴런에 있는 수용체에 결합한다. 그러면 시냅스이후 뉴런에 전기 충격이 촉발된다. 신경세포들은 이런 방법을 써서 서로 신호를 주고받는다.

캔들은 군소가 새 기억을 배울 때 특정 뉴런들 사이의 시냅스 강도가 달라진다는 것을 발견했다. 실제로 특정한 연결을 통해서 전달되는 정보 신호가 늘어났는데, 이는 전기 회로의 입출력 비율이 증가하거나 오디오의 음량이 증가하는 것과 비슷했다. 그 시냅스로 신호가 반복해서 지나가면, 시냅스이전 뉴런의 전기 충격은 시냅스이후 뉴런에 전기 충격을 훨씬 더 쉽게 일으킨다.

이 발견은 캐나다의 심리학자 도널드 헵이 1940년대에 제시한 그대로였다. 시냅스의 강도 변화는 "함께 배선된 뉴런들은 함께 발화한다"라는 말로 표현되었다. 다시 말해서, 어떤 사건 때 신경 세포 집단들이 함께 활성을 띠면 그 세포들 사이의 연결이 강화되고, 이것이 뒤에 남는 기억 흔적이다. 이 구조는 현재 "헵" 시냅스라고 불리며, 뇌의 "가소성plasticity"에 매우 중요하다고도 생각된다. 캔들은 군소의 더욱 장기적인 학습 과정도 조사했는데, 이때 위협 자극의 기억을 생성하는 데에 관여하는 뉴런들 사이의 시냅스 수도 증가한다는 것을 발견했다. 뉴런에 기억이 저장되는 양상을 밝힌 이 획기적인 연구로 그는 2000년에 노벨 생리의학상을 받았다.[6]

군소에서 생쥐로 실험 대상을 바꾼 후속 연구들은 캔들이 발견한 일반 원리들이 옳았음을 확인했다. 일본의 저명한 과학자 도네가와 스스무는 1987년에 면역학 연구로 노벨상을 받은 뒤 매사추세츠 공과대학교에서 신경과학이라는 완전히 다른 분야로 뛰어들어서는, 기억이 어떻게 재활성화할 수 있는지를 생쥐 실험을 통해서 밝혔다. 그는 자신이 "기억 흔적 세포"라고 추측하는 해마의 특정한 뉴런을 자극함으로써 재활성화를 일으킬 수 있었다.[4] 이는 경험이 뉴런 집합을 활성화하여 영구 변화를 일으키고, 활성을 띤 이 뉴런 집합이 사실상 기억 흔적 세포를 간직한다는 이론을 뒷받침했다. 나중에 이 뉴런들을 재활성화하면 그 기억이 떠오르게 되는 것이다.

HM 같은 환자들을 꼼꼼하게 살펴본 연구들은 해마의 뉴런이 새로운 정보를 저장하고 비교적 최근의 정보를 떠올리는 데에 핵심적인 역할을 한다는 견해를 제시했다. 그러나 기억 중에서 더 먼 과거의 일화는 대뇌 겉질 등 다른 뇌 영역들에 통합되어 저장될 수 있다. 그래서 심지어 해마가 없다고 해도 회상할 수 있다.[7] 해마가 손상된 환자의 가족들은 환자가 오래 전의 일은 놀랍도록 생생하게 기억하는 반면, 며칠이나 몇 시간, 심지어 몇 분 전에 들은 말은 사실상 기억하지 못하는 사례를 흔히 경험하는데, 아마 이 때문일 것이다. 따라서 트리시가 일화 기억, 특히 최근 정보를 기억하는 데에 어려움을 겪는다는 것은 해마의 기능에 문제가 생겼음을 의미했다.

트리시의 이야기에는 그녀가 정보를 잊을 뿐 아니라 시간대가 서로 다른 기억들을 뒤섞는다는 흥미로운 특징이 있었다. 그녀는 이야기를 꾸며내고는 했다. 그녀는 자신의 기억이 거짓임을 의식적으로 알지 못한 채 가짜 기억을 이야기했다. 당연히 과학자들은 환자들이 왜 이야기를 꾸며내는지에 흥미를 느꼈다. 그러자 기억이라는 것이 일어난 일을 충실하게 담은 사진이나 영상 기록과는 다르다는 사실이 명확히 드러났다. 케임브리지 대학교 최초의 실험심리학 교수인 프레더릭 바틀릿은 많은 실험들을 통해서 이 문제를 탐구했고, 그는 우리의 기억이 사실상 사건의 재현이 아니라 재구성이라고 결론지었다.[8]

20세기 초반에 이루어진 실험에서 그는 학생 20명에게 북아메리카 민속 설화인 "유령들의 전쟁"을 읽도록 했다. 그런 뒤에 몇 분에서 몇 주일, 몇 달, 몇 년 간격으로 읽은 내용을 얼마나 잘 회상하는지를 검사했다. 당연히 실험 참가자들은 시간이 흐를수록 이야기의 세세한 사항들을 잊었지만, 자신들이 살고 있는 에드워드 왕조 시대 영국의 문화적 배경에 들어맞도록 정보를 왜곡해서 기억한다는 것을 바틀릿은 알아냈다. 예를 들면 실제 설화는 강에서 카누를 타고 물범을 사냥한다는 내용이었으나, 어느 참가자는 돛단배를 타고 바다로 물고기를 잡으러 가는 이야기라고 말했다. 바틀릿은 그들이 아는 사실들을 토대로 구축된 기존의 "도식(스키마schema)"에 기억이 통합되고 있다고 보았다. 그들은 읽은 내용을 자신에게 친숙한 도식에 끼워넣음으로써 기억을 사실상 재창조하고 있었다.

도널드 헵은 이를 산뜻하게 요약했다. 그는 기억이란 고생물학자가 한 구덩이에서 발견한 불완전한 화석 조각들을 토대로 공룡을 재구성하는 것과 비슷하다고 주장했다. 고생물학자는 다른 공룡 뼈대에 관한 기존 지식을 토대로 뼈와 이빨을 재구성한다. 기억

회상도 비슷한 과정이다. 과거의 지식 혹은 그 사건이 아마 어떠했으리라는 도식에 단편적인 정보들을 끼워넣어서 이야기를 엮는다. 따라서 누군가에게 어떤 사무실에 잠시 앉아 있으라고 한 뒤에 나중에 그 방에 무엇이 있었는지 묻는다면, 많은 사람들은 책이나 펜처럼 사무실에 으레 있는 것들의 도식에 들어맞는 물품들을 보았다고 떠올린다. 자신이 있던 그 "사무실"에 그런 물품들이 전혀 없었음에도 그렇다.[9]

심리학자들은 기억이 또다른 이유로 허술할 수 있다는 것을 알아차렸다. 우리의 회상은 암시에 취약하기 때문이다. 기억은 질문이 어떤 식으로 제시되느냐에 따라 다르게 재구성될 수 있다. 엘리자베스 로프터스와 존 파머의 유명한 실험이 있는데, 그들은 학생들에게 차량 두 대가 충돌하는 영상을 보여준 뒤 곧바로 무엇을 보았는지 질문했다.[10] 참가자에게 차량들의 속도를 추정하라는 질문이었다. 이때 일부 참가자들에게는 이렇게 물었다. "박살 날 때 차들이 얼마나 빨리 달렸을까요?" 다른 참가자들에게는 "박살 날"이라는 동사를 "충돌할", "부딪칠", "접촉할"이라는 단어로 바꾸어서 물었다.

질문에 쓰인 동사에 따라서 떠올리는 차량의 속도가 달라졌다. "박살 날"이라는 단어를 썼을 때가 시속 65.2킬로미터로 가장 빨랐고, "접촉할"이라는 단어를 썼을 때가 51.2킬로미터로 가장 느렸다. 1주일 뒤 참가자들에게 그 영상에서 부서진 유리를 보았는지 물었다. 처음에 "박살 날"이라는 동사로 질문을 받았던 참가자들은 그 질문에 "네"라고 답하는 비율이 훨씬 높았다. 그 영상에 유리가 부서지는 장면이 없었음에도 그랬다. 사건을 접한 지 1주일 뒤에 재구성된 기억이 사건 직후에 받은 질문에 따라서 더욱 왜곡된 것이었다.

이런 왜곡은 실생활에서 심각한 결과를 빚어낼 수 있다. 질문을 제기하는 방식에 따라서 거짓 기억이 형성될 수 있기 때문이다. 목격자 증언은 법정에서 신뢰할 수 없다는 것이 드러날 때가 많은데, 그런 신뢰 불가능은 심리학 실험을 통해서도 볼 수 있다. 한 연구에서는 사람들에게 보안 카메라 영상을 8초 동안 보여준 뒤 총기 소지자가 누구였는지 여러 사진들을 보여주면서 고르라고 했다. 그러자 모두가 누군가를 지목했지만, 사실 총기 소지자의 사진은 아예 없었다.[11]

이 모든 사례는 정상적인 인간 기억의 허술함을 잘 보여주며, 우리 모두가 잘못 기억할 수 있음을 드러낸다. 환자들이 이야기를 꾸며내는 행동은 건강한 사람들에게서 기억이 왜곡될 수 있는 방식의 극단적인 형태라고 볼 수 있을 것이다. 트리시처럼 이야기를 자발적으로 꾸며내는 경우에 환자는 자기 이야기가 진짜라고 확신한다. 실제로 그 이야기의 내용을 추적하면, 자기 삶에서 일어난 사건이나 텔레비전 같은 곳에서 본 장면으로 거슬러올라가는 경우가 많다. 이야기를 꾸며내는 환자들을 조사한 일부 연구들을 보면, 환자들이 경험과 상관없이 그들이 현재 일어나는 일과 관련된 기억을 예전의 기억과 구별하는 데에 상당한 어려움을 겪는다는 것을 시사한다.[12] 더 일반적으로 이야기하자면, 그런 환자들은 기억의 출처를 잘 구별하지 못한다. 예컨대 그들은 각 기억이 시간적으로 언제 생겼는지 잘 알지 못한다. 이것을 "출처 감찰" 결함이라고 부른다. 예를 들면, 트리시는 먼 과거에 일어난 사건(닉슨 대통령과 워터게이트 사건)과 지금 일어나고 있는 사건(시리아에서의 사건)을 뒤섞었다. 또다른 연구는 환자가 이야기를 꾸며낼 때, 회상한 기억의 질을 평가하는 데에 관여하는 정상적인 과정에 문제가 있음을 시사한다. 환자는 일련의 사건들이 실제로 일어났을 가능성이 낮다는 것을 알아차리는 대신에 충분히 믿을 만하다고 여기고서 말한다. 이 두 가지 원리로 트리시가 왜 이야기를 꾸며내는지를 설명할 수 있었다.

*　*　*

트리시에게서 해마 이외의 다른 뇌 영역들에도 문제가 생겼는지, 아니면 정상적인지를 알려줄 다른 단서들이 더 있었을까? 이전 장에서 다룬 마이클과 달리, 그녀의 의미 기억은 대체로 온전한 듯했다. 그녀는 단어들의 의미를 알았고, 사물의 이름을 말하는 데에도 전혀 어려움이 없었다.

심리학자들이 말하는 세 번째 유형의 기억도 있는데, 바로 단기

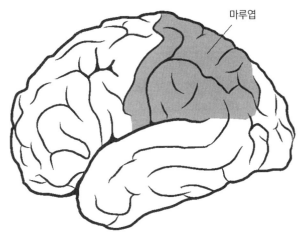

마루엽

그림 7. 마루엽. 사람은 좌우 뇌 반구의 마루엽의 기능이 서로 다르다. 왼쪽 마루엽은 구어 (verbal) 단기 기억, 계산과 실행 등을 담당하고, 오른쪽 마루엽은 시공간과 주의 기능을 전담한다.

기억short-term memory이다. 일화 기억과 달리, 단기 기억은 그 정보가 반복되지 않는다면 몇 초 사이에 사라진다. 누군가가 전화번호를 알려줄 때 적거나 녹음하지 않은 채 암기하려고 애쓸 때처럼, 반복해서 떠올리지 않으면 잊는다. 트리시는 숫자의 단기 기억(구어 단기 기억 검사)뿐 아니라 공간적 위치의 단기 기억(시공간 단기 기억 검사)에도 문제가 있었다. 한 예로, 그녀는 세 자릿수를 넘는 숫자를 거의 기억하지 못했다. 마찬가지로, 내가 펜으로 책상의 이곳저곳을 차례로 가리켰을 때, 그녀는 그 순서를 제대로 따라 할 수 있었지만, 두세 군데 이상을 가리키면 제대로 기억하지 못했다.

이런 다양한 유형의 단기 기억 장애는 마루엽(두정엽) 기능 이상

그림 8. 팔다리 행위 상실증과 구성 행위 상실증. 왼쪽 사진은 의미 없는 손짓을 모방하는 데에 문제가 있음을 보여준다. 바로 팔다리 행위 상실증이다. 환자는 의사(사진의 왼쪽)가 보여준 손가락 모양을 모방하려고 하지만 잘 되지 않는다. 오른쪽 그림은 정육면체 그림을 따라 그린 그림이다. 구성 행위 상실증임을 보여준다. Tabi & Husain (2023).[13]

의 지표일 때가 많다.[13] 구어 단기 기억 장애는 **왼쪽** 마루엽 손상의 결과로 생기는 반면, 시공간 단기 기억 장애는 **오른쪽** 마루엽 기능 손상으로 나타날 때가 많다(그림 7).

그러나 트리시는 단기 기억과 일화 기억에만 문제가 있는 것이 아님이 드러났다. 그녀는 예전에는 계산을 아주 잘했을 텐데, 이제는 단순한 덧셈 외의 다른 계산들을 하기 어려워했다. 구어 단기 기억 장애처럼 그런 계산 장애도 왼쪽 마루엽 기능 이상의 지표라고 본다. 이어서 나는 트리시의 실행 능력을 검사할 목적으로, 손으로 의미 없는 손짓을 하면서 그녀에게 따라 해보라고 했다. 그녀는 내가 어느 쪽 손으로든 간에 보여준 손가락 모양을 따라 하지 못했다. 팔다리 행위 상실증이 있음을 의미했다(그림 8). 이 역시 왼쪽 마루엽 기능을 파악하는 검사이다.

마지막으로 트리시에게 단순한 선 그림을 따라 그려보라고 하자 그녀는 매우 혼란스러워했다. 따라 그리려고 몇 번 시도했지만, 결국 한 번도 성공하지 못했다. 이러한 현상을 구성 행위 상실증이라고 부르는데(그림 8), 오른쪽 마루엽 장애와 관련이 있다. 대조적으로 트리시는 이마엽의 기능을 평가하는 검사들은 비교적 잘 했다.

우리 조상들의 머리뼈 화석 연구는 진화 과정에서 마루엽이 대폭 커졌음을 암시한다. 일부 연구자는 마루엽의 확장이 현생 인류가 습득한 두 가지의 중요한 기술과 관련이 있다고 주장했다.[14] 첫 번째 기술은 우리의 손이 여러 관절로 이루어지도록 모양을 바꾸어서 도구를 만들고 쓰는 능력이다. 인류가 개발한 도구들은 시간이 흐를수록 점점 작아졌고, 제대로 조작하려면 완전히 새로운 행동들을 해야 하는 경우가 늘어났다. 석기시대에 고기를 자르는 용도인 뗀석기 조각에서부터 손가락을 섬세하게 놀려야 하는 현대 시계 장인의 드라이버와 현미경 수술용 정밀 도구에 이르기까지, 우리가 도구를 만들고 사용하는 방식은 기나긴 변화를 거쳐왔다. **왼쪽** 마루 겉질은 우리가 도구들을 솜씨 좋게 만들고 쓰는 데에 모두 필요한 손을 제어하기 위해서 고도로 전문화되었다는 주장이 제기되어왔다. 이러한 문화적 발전은 우리 종種의 성공에 결정적인 역할을 했다.

인류가 발전시킨 두 번째 중요한 기술은 주거지와 건물뿐 아니라 옷, 교통수단(수레에서 로켓까지), 도구를 비롯한 다양한 사물들을 설계하는, 즉 새로운 인공물을 만들 계획을 짜는 능력이다. 우리는 계획을 구상하거나 정확한 청사진을 그릴 수 있을 뿐 아니라 종이나 디지털로 또는 축척 모형을 이용하여 시각적 형태로 남들에게 전달할 수도 있다. 2차원이나 3차원으로 그런 계획을 세우려면 "시각적 구성" 능력이 필요하며, 이 능력은 **오른쪽** 마루 겉질의 중요한 기능이라고 알려져 있다.

구어 단기 기억과 시공간 단기 기억은 계산하는 능력과 함께, 인류 진화에 일어난 문화적 변천에서 중추적인 역할을 했다고 여겨진다. 실행, 시각적 구성, 계산, 구어와 시공간 단기 기억 등 마루 겉질의 중요한 기능에 의존하는 이 모든 인지 과정들은 현실 세계 및 추상적 사고 양쪽으로 우리가 복잡한 문제를 풀 수 있게 해준다. 우리는 도구뿐 아니라 고층건물, 크루즈선, 우주선 같은 거대한 구조물과 기계도 만들 수 있는, 새로우면서 더욱 복잡한 방법을 어떻게 개발할지 상상할 능력을 가지고 있다. 또한 세부 계획을 작성해서 어떻게 할지 남들에게 전달할 수 있다. 따라서 인류 물질 문화의 중요한 수많은 측면들이 마루 겉질의 발달에, 즉 뇌의 좌우에서 이루어진 다양한 유형의 기능 전문화에 달려 있다고 해도 놀랍지는 않을 것이다.[14]

병원에서 트리시의 인지 기능을 검사해본 결과, 해마의 기능에 이상이 있을 뿐 아니라(일화 기억 장애), 좌우 마루 겉질에도 문제가 있었다(단기 기억 결함, 계산 장애, 팔다리 행위 상실증, 구성 행위 상실증). 신경과 의사는 이런 검사를 진행하여 뇌의 어느 부위가 제 기능을 하지 못하는지, 또 손상이 뇌의 어느 부위에 일어났는지 "위치를 찾아내려고" 하고, 찾은 후에는 그 일이 왜 일어나는지 원인을 알아내고자 한다. 트리시의 뇌 기능 이상은 어떤 유형의 병리학적 과정에서 비롯되는 것일까?

신경과 의사가 볼 때, 해마와 양쪽 마루엽의 기능 이상이 4년에 걸쳐서 서서히 동시에 진행된다는 것은 신경 퇴행 증상이 이 특정한 뇌 영역들에 편향되어 나타난다는 것을 시사했다. 노인에게 일어나는 이러한 장애들의 목록에서는 알츠하이머병이 맨 위에 놓인다. 이 병의 병리학적 증상은 해마 바로 바깥의 내후각 겉질에서 시작될 때가 많은 듯하다. 내후각 겉질은 해마 바로 옆에 있으며 해마로 들어가는 "관문"으로 간주된다. 겉질 전체에서 오는 신경 섬유들이 이곳으로 모이기 때문이다(그림 5). 내후각 겉질은 알츠하이머병에 걸렸을 때 일어나는 뇌 변화에 특히 취약한 것 같다. 이 병은 곧 해마로 퍼지며, 손상이 일정 부분 진행되면 일화 기억에 문제가 생긴다. 이어서 병이 좌우 마루 겉질까지 퍼지면, 단기 기억 장애, 계산 장애, 팔다리 행위 상실증, 구성 행위 상실증이 생긴다.

그런데 트리시는 50대 중반이었다. 알츠하이머병이 그렇게 일찍 발병할 수 있을까? 그렇다면, 왜? 내가 신경학적 검사를 끝내면서 스스로에게 물은 질문들이 바로 그것이었다. 나는 다른 병임을 암시할 만한 단서들을 찾아보았지만, 전혀 없었다.

＊　＊　＊

아우구스테 데터는 트리시와 거의 같은 나이에 의학계의 주목을 받았다. 때는 1901년이었다. 철도원이었던 남편 카를은 아내의 기억이 예전보다 못하다는 사실을 몇 년 동안 감지하고 있었는데, 어느 순간 갑자기 증상이 악화되었다. 아우구스테는 매우 의심이 많아지고 질투심이 강해졌다. 남편이 바람을 피운다는 망상에 사로잡혔으나 아무런 근거도 없었다. 망상은 이웃 사람들에게까지 확대되어 그녀는 이웃들이 자신을 죽이려고 한다고 의심했다. 기억력도 빠르게 나빠지는 듯했다. 절실해진 남편은 프랑크푸르트 정신질환 및 뇌전증 병원으로 아내를 데려갔고, 신경병리학에 특히 관심이 많았던 서른일곱 살의 정신과 의사 알로이스 알츠하이머는 그녀를 입원시켰다(그림 9).

　데터 부인을 진료한 알츠하이머의 임상 기록은 수십 년 동안 사라졌다가 놀랍게도 1990년대에 다시 발견되었다. 기록에는 삶의 세세한 사항들을 회상하는 그녀의 능력이 얼마나 떨어졌는지 잘 나와 있었다. 알츠하이머는 아우구스테가 그렇게 비교적 젊은 나이에 치매에 걸렸다는 사실에 관심을 가졌다. 1903년에 그는 당대의 가장 저명한 정신과 의사이자 종종 현대 과학적 정신의학의 창시자라고 일컬어지는 에밀 크레펠린이 제안한 일자리를 받아들여

그림 9. 알로이스 알츠하이머와 그의 유명한 환자 아우구스테 데터.

서 프랑크푸르트에서 뮌헨으로 자리를 옮기기로 결정했다. 떠나면서 그는 데터 부인이 사망하면 알려달라고 요청했다. 부검 기록과 뇌를 받고 싶어서였다.

아우구스테가 사망한 뒤 1906년에 알츠하이머는 독일 튀빙겐에서 열린 정신의학자 학술대회에서 자신의 신경병리학 연구 결과를 발표했다. 거의 주목을 받지 못했지만, 그 발표에서는 현미경으로 관찰한 두 가지의 아주 특이한 점이 언급되었다(그림 10). 첫째, 그는 신경세포, 즉 뉴런의 바깥에 특정한 물질이 쌓여 있음을 발견했다. 지금은 "신경반(플라크plaque)"이라고 부르는 이 물질은 아밀로이드amyloid라는 단백질로 이루어졌다고 알려져 있다. 둘째, 뉴런 상당수에 미세한 섬유처럼 보이는 뒤엉킨 다발들이 있었다. 지금은 "다발"이라고 하는데, 또다른 단백질 타우tau로 이루어진다.[15]

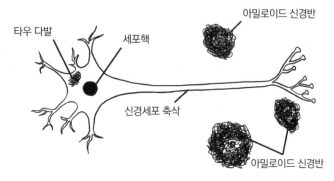

그림 10. 알츠하이머병 환자의 뇌에 생기는 신경반과 다발. 알츠하이머병 환자의 뇌를 현미경으로 보면 뉴런 바깥에 아밀로이드 신경반, 뉴런 안에 타우 다발이 보인다.

상사인 크레펠린이 없었다면 알츠하이머의 발견은 결코 인정받지 못했을 수도 있다. 크레펠린은 관대하게도 1910년 『정신의학편람Handbook of Psychiatry』에서 아우구스테 데터가 앓은 병에 알츠하이머의 성을 따서 "알츠하이머병"이라는 이름을 붙였다. 알츠하이머 자신은 안타깝게도 1912년에 브레슬라우 대학교의 정신의학교수로 임용되어 이동하던 중에 병에 걸렸다. 그는 그 병에서 회복되지 못했고 1915년에 사망했다. 그러나 그의 유산은 사라지지 않았다. 그가 묘사한 세부적인 특징들이 그의 이름을 딴 그 병의 주된 특징임이 확인되었기 때문이다. 게다가 아우구스테 데터가 앓은 병과 같은, 일찍 발병하는(조발성) 알츠하이머병은 집안에 대물림되는 아주 드문 유형이라는 것이 1990년대 초에 밝혀지면서 특히 더 과학적 관심을 끌었다. 이들의 불운한 증상은 40−50대에 나타나기 시작하며, 이 과정에는 뇌에 아밀로이드 신경반이 쌓이도록 하는 유전자 돌연변이가 관여한다.

이 점이 밝혀지자 아밀로이드 축적이 뇌에 일련의 분자molecular 사건들을 촉발함으로써, 결국 뉴런이 사멸하고 시간이 지나면서 치매로 이어진다는 가설이 태어났다.[16] 이 새로운 가설에 힘입어서 알츠하이머병 연구도 다시 활기를 띠었고, 아밀로이드와 그 공범인 타우를 측정하는 기술들도 개발되었다. 먼저, 뇌가 잠겨 있는 액체인 뇌척수액으로부터 이 두 분자를 검출하는 기술이 개발되었다. 뇌척수액은 허리 천자穿刺를 통해 채취할 수 있다. 허리 천자는 등 아래쪽에 주삿바늘을 찔러넣어서 등뼈 안의 뇌척수액을 일부 빼내는 검사법이다. 최근에는 이 병의 의심 환자의 혈액으로부터 아밀로이드와 타우를 측정하는 것도 가능해졌다. 몇몇 전문 기관에서는 아밀로이드나 타우에 결합하는 방사성 물질을 주입해서, 이런 분자들이 지나치게 많이 들어 있는지 여부를 살아 있는 뇌에서 더욱 직접적으로 측정하기까지 한다.

이런 방법들은 조발성 유형뿐 아니라 노년층에서 나타나는 더 흔한 유형까지, 알츠하이머병의 진단 방식을 혁신시켰다. 노년층의 경우 어느 특정한 유전자가 원인이라고 볼 수는 없지만, 노인들에게서도 뇌에 아밀로이드가 쌓이는 현상이 나타나며 이 현상이 뉴런 사멸과 치매로 이어지는 공통적인 방아쇠라는 가설이 등장했다. 현재는 알츠하이머병 환자의 질병 진행 양상을 추적하는 기술도 나와 있다. 이 병은 대개 내후각 겉질에서부터 해마로, 이어서 마루 겉질로 진행된다.

* * *

나는 뇌 구조를 보여주는 MRI 촬영과 뇌척수액을 검사할 허리 천자를 포함해서 몇몇 검사가 필요하다고 트리시에게 설명했다. 그녀는 허리 천자는 조금 꺼려하는 듯했지만 받기로 했다. MRI 영상은 3주일 뒤에 나왔다. 컴퓨터 화면으로 살펴보니 비정상임이 확연히 보였다. 인지 평가 결과가 시사했듯이, 트리시의 뇌 좌우에 있는 해마와 마루엽은 다른 뇌 영역들에 비해서 크기가 작았다. 쪼그라든 듯했는데, 이는 알츠하이머병 환자들에게서 관찰되는 특징이다. 그녀의 뇌척수액 분석 결과도 나의 짐작이 옳았음을 확인해주었다. 알로이스 알츠하이머가 자신의 유명한 환자 아우구스테 데터의 뇌에서 관찰한 바로 그 특징인 아밀로이드와 타우의 농도가 비정상적으로 높게 나왔다.

이런 결과들을 토대로 나는 불화탈산소포도당 PET 촬영(양전자 방출 단층 촬영)까지 했다. 뉴런이 제 기능을 하는 데에 필요한 연료인 포도당을 사용하지 않는 뇌 영역이 있는지를 알려주는 영상이다. 트리시의 영상은 MRI 영상에서 쪼그라든 것으로 나온 영역들 외에, 관자엽과 마루엽 겉질에 포도당을 정상적으로 흡수하지 않는 영역들이 있음을 보여주었다. 이는 그 영역들이 MRI 영상에서 정상적으로 보인다고 해도 제 기능을 하지 못한다는 것을 의미한다. 이 모든 검사는 나의 임상 판단이 옳음을 뒷받침했으며, 알츠하이머병이 맞다고 일관적으로 가리켰다.

그 나쁜 소식을 전했을 때 나의 예상과 다른 상황이 벌어졌다. 트리시는 내가 뇌 영상을 보여주었을 때에도 낙관적인 태도를 유지했다.

"저는 이런 일로 기죽지 않을 거예요. 앞으로 살아갈 인생이 많이 남아 있고, 지금으로서는 제가 알츠하이머병에 걸린 게 확실하지는 않잖아요?" 그녀는 나름 결론을 내렸다.

"100퍼센트 확신할 수 없다는 것은 맞습니다. 확진하려면 뇌 조각을 떼어내서 현미경으로 살펴봐야 하는데, 뇌 생검은 하지 않을 겁니다. 얻는 것보다 위험이 더 클 수 있으니까요. 하지만 지금까지 한 검사와 영상 모두 알츠하이머병이라는 진단이 맞을 가능성이 가장 높다고 말합니다."

내가 설명하자, 스티브는 화를 내는 동시에 안도하는 듯한 표정을 지었다.

"오래 전부터 그게 원인이 아닐까 겁이 났어요……. 적어도 이제는 설명이 되었네요." 그의 얼굴에 눈물이 흘러내렸다. "치료법은 뭔가요? 있기는 한가요? 뇌에서 아밀로이드 단백질을 제거하는 약이 있다는 뉴스를 본 적이 있어요. 아내도 써볼 수 있을까요?"

스티브는 내가 진단을 내리기 전부터 이미 아내가 알츠하이머병일 가능성이 높다고 생각하던 것이 틀림없었다. 그는 항체를 아밀로이드에 결합해서 뇌에서 제거되도록 촉진하는, 실험적인 새 치료법 소식도 알고 있었다. 그러나 앞서서 이루어진 몇 건의 임상시험은 그런 아밀로이드 "청소" 방법이 알츠하이머병 환자의 인지 기능 개선에 도움이 된다는 증거를 보여주지 못했다. 그런 약물이 아밀로이드를 제거했어도, 환자의 기억력이나 인지 능력에는 실질적으로 아무런 효과가 보이지 않았다. 거의 10년 뒤에 같은 접근법을 취한 다른 약물들이 임상시험에서 좀더 유망한 결과를 내놓기는 했지만, 그 효과가 맞는지는 아직 논란거리이다. 그러나 내가 트리시를 만날 당시에는 알츠하이머병의 진행 양상에 영향을 미치는 약물이 있다는 증거도 전혀 없었고, 그런 방향으로 사용하도록 승인받은 약물도 전혀 없었다.

"승인이 난 아밀로이드 청소 약물은 아직 없습니다. 하지만 기억력 증진에 좀 효과가 있는 약물부터 시작할 수 있어요."

나는 병의 진행 양상은 바꾸지 못하지만 뇌의 신경전달물질(신경세포가 신호를 전달하는 데에 쓰는 화학물질)인 아세틸콜린 수치를 높여주는 처방약인 도네페질을 언급했다. 이 약은 임상시험에서 인지 능력을 증진시킬 수 있음을 보여주었지만, 알츠하이머병 환자에게는 효과가 그리 크지 않았다.

"유전자 검사도 해봐야겠습니다. 왜 이렇게 일찍 알츠하이머병이 발병했는지 알려면요."

나는 유전자 검사 결과가 어떤 혜택을 수반할지도 설명했다. 트리시의 질병을 설명할 뿐 아니라 자녀들을 비롯한 가족에게도 의미가 있을 것이었다. 그 유전자를 지니고 있다면, 후손 역시 그 병에 걸릴 것이라는 의미가 될 수도 있기 때문이다. 콜롬비아의 안티오키아 주에 사는 한 대가족의 사례가 그 점을 잘 보여주었다. 이 대가족의 인원은 약 5,000명에 이르는데, 그중 약 1,500명이 PSEN1(Presenilin-1) 유전자에 돌연변이가 있었다. 이 돌연변이는 상염색체 우성 방식으로 유전된다. 이 돌연변이 유전자 사본이 하나라도 있는 사람은 알츠하이머병에 걸릴 확률이 100퍼센트라는 뜻이다.

이 유전자가 만드는 단백질은 세포가 아밀로이드를 다루는 방식에 영향을 미친다. 그런데 이 유전자의 돌연변이는 아밀로이드 농도를 높여서 뇌에 신경반이 쌓이게 함으로써 결국 치매를 일으킨다. 매사추세츠 공과대학교의 도네가와가 이끄는 연구진은 해마의 기억 흔적 뉴런을 활성화함으로써 바로 그 유전자 돌연변이를 지닌 생쥐의 기억력을 개선할 수 있음을 보여주었다.[17] 게다가 그들의 실험은 아주 놀랍게도 이런 뉴런을 자극해서 가짜 기억을 이식할 수도 있음을 보여주었다.[18] 아마도 환자들이 이야기를 꾸며내는 현상과 비슷할 것이다. 유전자 검사가 등장한 덕분에 그 콜롬비아 집안에서 누가 알츠하이머병에 걸리고 걸리지 않을지를 실제로 증상이 나타나기 여러 해 전에 정확히 판별하는 것이 가능해졌다. 나는 트리시의 자녀들에게도 같은 검사법을 쓸 수 있지 않을까 생각했다.

"하지만 부모님은 알츠하이머병을 앓지 않았어요. 그런데 어떻게 제가 유전병을 앓을 수 있는 거죠?" 그녀가 물었다.

"유전자 돌연변이가 있는지 여부는 아직 모릅니다." 나는 한발 물러섰다.

트리시의 부친은 40대에 교통사고로 사망했기 때문에, 현재 트리시의 나이만큼 살아 있었다면 같은 병에 걸렸을 가능성도 배제할 수 없었다. 한 연구는 그 콜롬비아 집안의 돌연변이가 1600년대에 스페인 정복자를 통해서 남아메리카로 들어왔을 수도 있다고 주장했다. 그러나 그 나라에서 조발성 알츠하이머병을 일으키는 유전적 원인은 처음에 짐작했던 것보다 더 복잡하다는 사실이 드러났다. PSEN1 유전자의 한 돌연변이는 아프리카에서 콜롬비아로 들어왔다. 아마 노예를 통해서였을 것이다.

"제가 정말 알츠하이머병이라면……아이들에게 너희도 이 병에 걸릴 거라고 알리고 싶지는 않아요." 트리시는 회의적인 태도로 대답했다. "유전자 검사는 받지 않을래요. 감사합니다."

우리의 이야기는 거기에서 멈추었다. 트리시는 자신의 진단 병명을 받아들이지 않으려는 태도를 보였다. 그녀를 더 압박하는 것은 무의미했다. 나는 그녀에게 젊은 치매 환자를 돌보는 상담 기관을 비롯해서 믿을 만한 정보를 찾을 수 있는 기관을 소개하는 알츠하이머병 소책자를 건넸다.

"일은 어떠십니까?" 내가 물었다.

"무슨 뜻인가요?" 트리시는 방어적인 태도를 뚜렷이 드러내면서 반문했다.

"고용주와 이야기를 나누는 것이 중요할 듯합니다. 특히 실수를 해왔다면요. 조만간 심각한 실수를 하게 될 수도 있으니까……."

"사소한 실수를 몇 번 하기는 했어요. 생각해볼게요." 트리시는 나의 말을 끊었다. 그리 큰 문제가 아니라고 치부하면서 그 방향으로 대화를 더 이어가고 싶지 않음을 명확히 드러냈다.

"운전면허 담당 기관과 자동차 보험사에도 진단명을 알려야 한다는 말을 드려야겠습니다. 해당 기관에서 저에게 더 자세한 정보를 요청할 수도 있고요."

"그렇게까지 해야 한다고요?"

"안타깝지만, 법으로 그렇게 정해져 있습니다."

나는 트리시에게 도네페질을 처방하고 몇 달 뒤로 다시 진료 예약을 잡았다. 언제 다시 검사를 할지 설명이 채 끝나기도 전에, 그녀가 물었다. "그런데요, 제 뇌 영상 촬영 결과는 언제 나오나요?"

아내가 새로운 정보를 몇 분 사이에 잊고 질문을 되풀이한다는 스티브의 말 그대로였다. 나는 검사 결과를 다시 훑어보았다. 트리시는 떠날 때 나와 악수를 했지만, 내가 내린 진단도, 자신에게 문제가 있다는 점도 받아들이지 않고 있음이 분명했다. 나는 그녀가 내가 한 말의 의미를 제대로 이해하지 못했다고 확신했다.

"더 궁금하신 점이 있으면 두 분 모두 언제든지 이메일을 보내주세요. 기꺼이 답하겠습니다. 통화 약속을 잡을 수도 있어요."

"감사합니다, 선생님." 스티브는 나에게 인사한 뒤, 아내에게 말했다. "여보, 가서 커피나 한잔하면서 이야기하자." 그는 아내를 다독이려고 애썼다.

"핫초콜릿이겠지, 록펠러." 그녀는 장난스럽게 웃으면서 말했다. "절대로 안 바꿔."

나는 의아해서 그들을 쳐다보았다.

"소호에 있는 가게에서 파는 핫초콜릿에 트리시가 무척 약하거든요."

스티브가 설명했다.

"그건 약점이 아니라 강점이야." 트리시는 받아넘겼다. "남편은 핫초콜릿이 몸에 좋다는 걸 정말 몰라요. 약효가 있는데요. 그게 저를 치료해줄 거예요. 확실해요." 그녀는 킬킬거렸다.

*　*　*

그날 저녁 병원을 나서면서 나는 소호의 핫초콜릿 가게에서 트리시와 스티브의 대화가 어떻게 진행되었을지 궁금해졌다. 또한 더욱 중요한 문제에 대해서 그들이 앞으로 몇 달 동안 어떻게 대처할지도 궁금했다. 그녀는 내가 내린 진단을 받아들이지 않고 아주 쾌활해 보였지만, 스티브는 울컥하는 기색이 확연하면서도 아내를 배려하려고 노력하지 않았던가? 내가 탄 버스는 피직 가든을 지나서 첼시의 슬론 광장으로 향하고 있었다. 2층에 앉아 있으니 주변 풍경이 자세히 보이지 않았다. 조금 떨어진 거리에 있는 흐릿하고 어두운 나뭇가지들을 어둠이 짙은 남색으로 덮고 있었다. 피직 가든은 원래 약종상 협회가 약초를 기르기 위해서 조성한 곳이었다. 지금은 런던에서 한적한 곳이 되었지만, 예전에는 전 세계에서 영국으로 들어오는 식물들이 거쳐가는 아주 부산스러운 곳이었다.

갑자기 든 생각에 나는 절로 미소가 지어졌다. 트리시와 핫초콜릿을 떠올리고 있는데, 지금 나는 18세기 런던의 가장 유명한 의사이자 첼시 피직 가든의 중요한 후원자였던 한스 슬론과 연관된 장소를 지나고 있었으니까 말이다. 그는 영국인의 입맛에 맞는 형태로 자메이카에서 초콜릿을 들여온 인물로도 유명하다. 슬론은 코코아를 뜨거운 우유 및 설탕과 섞은 핫초콜릿을 런던에 들여왔다고 하며, 당시 사람들은 트리시가 생각했듯이 그 음료에 치료 효과가 있다고 믿었다. 확실히 당시의 약종상들은 그 음료의 약효를 염두에 두고 창고에 다량 보관했고, 영국 전역에서는 핫초콜릿 판매량이 급증했다.

슬론 자신은 핫초콜릿보다 훨씬 더 원대한 것들을 향한 야심으로 훨씬 바쁜 사람이었다. 지금의 북아일랜드에 속한 지역에서 매우 가난한 징세원의 집안에서 태어난 그는 놀랍게도 영국의 세 군주—앤 여왕, 조지 1세와 조지 2세—를 진료하는 주치의가 되었을 뿐 아니라, 왕립 내과의 협회와 왕립 학회의 회장 자리에도 올랐다. 또한 자메이카의 수익 높은 설탕 농장을 물려받은 엘리자베스 랭글리 로즈와 혼인한 덕분에 부유해졌고, 그 돈으로 전 세계에서 온갖 식물과 물건을 수집했다. 명백히 노예제를 통해서 벌어들인 돈 위에 쌓인 그의 유산은 이윽고 영국박물관의 탄생으로 이어졌고, 런던의 많은 거리와 장소에 그의 이름이 붙게 되었다. 그의 이름을 딴 슬론 광장도 그중 한 곳이다.

돈을 어떻게 벌었든 간에 슬론은 경이로운 경력의 소유자였다. 아일랜드의 가난한 집안 출신인 그는 런던 사회의 중심부로 진출해서 주요 인물로 부상했다. 일부 역사가는 그의 아일랜드 지방 방언이 정중한 런던 사회에서 매우 야만적이라고 여겨졌을 테니, 신분 상승을 바랐던 그가 그 억양을 아주 재빨리 버렸을 것이 틀림없다고 결론지었다. 그는 외부인이었지만 상황이 어떻게 돌아가는지 잘 파악하는 인물이었기 때문에 사실상 집단 내부의 지도자가 되기에 이르렀다. 아이작 뉴턴이 "아주 교활한 녀석"이라고 빈정댈 정도였다.[19]

버스는 템스 강 강변 도로에 도착했다. 장엄한 앨버트 다리 위의 가로등 불빛들이 우아하게 호를 그리면서 뻗어나가 거무스름한 템스 강을 비추어 수면이 반짝거리고 있었다. 내릴 시간이었다. 나는 트리시가 소호에서 핫초콜릿을 얼마나 마시고 있을지 궁금해졌다.

*　*　*

트리시를 다시 만난 것은 4개월 뒤였다. 스티브와 이야기를 나눠보니, 그는 도네페질을 복용하기 시작한 뒤로 다소 나아진 것 같기는 하지만 많이는 아니라고 생각한다고 했다. 트리시는 여전히 중요한 정보를 기억하는 것을 어려워했고, 직장에서는 더욱 그러했다. 그래서 그는 아내의 상사들이 과연 그녀가 계속 직장에 다녀도 될지 몹시 우려하고 있다고 전했다. 사직하라는 압박도 받고 있었다. 직장 바깥의 생활도 달라지고 있었다.

　가까운 친구들과 활달하게 모임을 가지던 트리시는 친구들과 만나는 일이 줄어들었다. 친구들이 아니라 그녀 자신의 결정이었다. 스티브는 아내가 친구들의 대화를 따라가기가 점점 힘겹다는 사실을 느꼈기 때문이라고 생각했다. 그는 친구들이 집을 방문했을 때 그들이 언급하는 사건이나 사람을 종종 아내가 전혀 떠올리지 못한다는 것을 알아차렸다. 아내는 예전에는 대개 대화를 경청하면서 틈틈이 농담을 던지는 사람이었는데, 이제는 당혹스럽게도 빠르게 흘러가는 수다를 따라잡지 못하고 소외되는 기분을 느끼는 것이 분명했다. 또한 그녀는 친구들에게도 이야기를 꾸며내는 듯했다. 아내의 말을 들은 친구들은 때로 의아하다는 표정을 지었다. 그러나 트리시는 동정심을 바라지 않았고, 자신의 가능성 높은 진단 병명은 아예 말도 꺼내지 않기로 결심했다. 스티브는 친구들이 모임 약속을 잡을 때면 아내가 다른 약속이 있다고 핑계를 대며, 친구들과의 관계가 서서히 멀어지고 있음을 알아차렸다.

설상가상으로 트리시는 스페인에 있는 부동산의 지분을 팔겠다는 사기 전화에 속아 넘어갔다. 은행 계좌가 털리면서 8,000파운드가 넘는 돈이 빠져나갔다. 스티브는 돈을 되찾기 위해서 분투 중이었지만, 자녀들은 몹시 화가 났다. 자녀들은 트리시에게 어떻게 그런 사기에 속아 넘어가느냐며 격렬한 말싸움을 벌였다. 지금 자녀들은 트리시에게 말조차 걸지 않지만, 그녀는 자신이 알츠하이머병 진단을 받았다는 이야기를 아직 하지 않았다. 그녀는 독립적인 존재로 남아 있고자 했다. 설령 가족과 소원해진다고 해도 말이다. 스티브는 이런 상황에 대처하기가 점점 더 힘들어지고 있었다.

"솔직히요, 이런 식으로 계속 갈 수 있을지 잘 모르겠어요. 사람들이 이해할 수 있도록 주변에 알려야 한다고 말을 해도, 제 말을 아예 듣지도 않아요. 아내가 계속 고집을 피우면 정말 함께 지내기가 어려울 것 같아요."

분명히 스티브의 인내심은 바닥나기 일보 직전이었다. 남편까지 잃는다면, 트리시는 더욱 고립될 것이었다. 나는 남편을 내보내고 진료실로 트리시만 불렀다. 그녀와 이야기를 나누자, 여전히 그 병을 부정하고 있다는 사실이 명확해졌다.

"솔직히 사람들이 왜 이렇게 난리를 피우는지 이해가 가지 않아요. 누구나 다 까먹고는 하잖아요, 안 그래요?"

"그렇기는 하죠." 그러자 그녀가 나의 말을 끊고 말했다.

"동의하셨네요. 그러면 제가 선생님 시간을 빼앗고 있는 거죠, 맞죠?"

"아닙니다. 결코 그렇지 않습니다." 나는 재빨리 덧붙였다. "제 시간을 빼앗고 있는 건 결코 아닙니다. 누구나 까먹기는 하지만, 환자분은 보통 사람들보다 훨씬 더 많은 것을 잊어가고 있습니다. 게다가 기억력만 약해지고 있는 게 아니에요."

직설적으로 말하는 것은 쉬운 일이 아니지만, 자신에게 문제가 있다는 사실 자체를 인정하지 않으려는 환자에게는 꼭 필요한 과정이다. 트리시의 표정이 굳었다.

"무슨 말이에요?" 그녀는 비난하듯이 물었다. 남편이 말하지 말았으면 하는 것들을 나에게 말했는지 걱정하는 기색이 역력했다. 나는 그 주제를 피하지 않기로 했다.

나는 최대한 차분한 어조로 말했다. "최근에 사기를 당해서 돈을 잃은 일도 있고, 판단을 잘못한 일들도 있다고 들었습니다."

"누구에게나 일어날 수 있는 일이잖아요!" 그녀가 반박했다.

"그렇죠. 하지만 환자분은 원래 그런 적이 없었잖아요." 나는 부드럽게 말했다.

"그렇기는 하지만, 누구에게나 처음은 있잖아요. 안 그래요?" 그녀는 여전히 긍정적인 태도였다.

"저는 환자분에게 일어난 일들, 직장에서의 일이나 친구들과의 모임에서나 다른 사람들과의 관계에서 생긴 많은 일들이 알츠하이머병에 걸렸다는 사실과 관련이 있다고 보는 게 맞다고 생각합니다." 나는 천천히 말했다.

방 안에 침묵이 깔렸다. 트리시는 고개를 돌렸다. 나는 그녀가 분노를 한바탕 쏟아내지 않을까 하는 생각도 잠시 했다. 그러나 그녀가 다시 나에게 시선을 돌렸을 때, 그녀의 눈은 젖어 있었다. 그녀의 입술이 살짝 열렸다. 그리고 말없이 울먹이기 시작했다.

"알아요, 그냥 너무 두려워서요." 그녀가 간신히 입을 열었다. 홀쭉해지고 창백한 두 뺨으로 눈물이 흘러내리고 있었다.

나는 휴지를 건넸지만, 그녀는 대신에 나의 손을 꽉 움켜쥐었다. 우리는 몇 분 동안 아무 말 없이 그러고 있었다.

이윽고 그녀가 입을 열었다. "사실은 오래 전부터 뭔가 잘못되었다는 걸 알고 있었어요. 하지만 너무……너무 겁이 났어요. 제가 치매에 걸렸다고 하면 남편만이 아니라 모두가 저를 버릴 것 같아서요."

그녀의 설명에 나는 깜짝 놀랐다. 나는 그녀가 왜 그렇게 진단을 부정하려는 강한 의지를 보이는지를 이해하지 못했다. 이제야 깨달았다. 두려움 때문이었는데, 나는 그 사실을 전혀 몰랐던 것이다. 나는 트리시가 자신의 진정한 감정을 그토록 숨기고 있었다는 사실에 경외심과 감동을 느끼는 한편으로, 나 자신의 한계를 실감했다.

"가족들은 문제가 무엇인지 알고 나면, 환자분을 떠나지 않을 거예요."

"정말이에요?"

"정말입니다. 환자분이 잘못해서 병에 걸린 게 아니니까요. 하지만 사랑하는 이들에게 솔직해야 해요. 그분들은 환자분을 돌보겠지만, 어떤 병을 앓고 있는지를 알아야 합니다. 그리고 그들이 하는 말을 귀담아들어야 하겠죠. 특히 남편분이 하는 말을요. 남편분은 최선을 다하고 있지만, 환자분이 문제를 인정하지 않는 듯한 모습에 무척 힘들어하고 있습니다."

"말씀해주셔서 감사해요." 그녀는 고개를 끄덕였다. "정말로 은혜를 모른다고 생각하셨을지도 모르겠지만, 선생님이 애써주셨다는 걸 잘 알아요. 진실을 알려주셔서 감사합니다." 그녀는 다시 나의 손을 꽉 움켜쥔 뒤, 눈물을 닦아냈다.

트리시는 자신의 진단 병명을 들었을 때 부정하는 반응을 보였지만, 바로 그 행위 자체가 자신을 가장 사랑하는 이들과의 관계를 악화시킬 위험을 초래했다.

진료실로 들어온 스티브는 몹시 심란한 아내의 표정을 보고 놀랐다. 그러나 그녀는 괜찮다는 듯이 웃음을 지으면서 일어나 남편을 껴안았다. 꽤 오랫동안 껴안고 있었다.

"괜찮아. 나도 내가 알츠하이머병에 걸린 거 알고, 당신이 나를 위해서 너무나도 애쓰고 있다는 것도 잘 알아." 그녀의 말에 스티브는 놀라움을 감출 수 없었다.

"우리 핫초콜릿 마시러 가자." 그녀는 빙긋 웃으면서 말했다.

* * *

트리시처럼 문제가 있음을 인정하는 것이 모두에게 도움이 된다. 그녀는 사직서를 냈다. 실제로 업무 자체가 이미 그녀에게 극심한 스트레스를 주고 있었다. 그녀가 자녀들에게 자신이 어떤 병에 걸렸는지 설명하자, 자녀들은 충격을 받은 동시에 엄마에게 했던 행동을 부끄러워했다. 그들은 훨씬 더 연민 어린 태도로 엄마를 돌보게 되었다. 친구들도 그녀가 왜 그렇게 달라졌는지를 알아차리자 이해심을 가지고 그녀를 대했다. 그들은 대화할 때 그녀가 말할 수 있도록 여유를 두었고, 시간이 충분하다면 그녀가 여전히 아주 웃긴 농담을 던질 수 있다는 사실을 알게 되었다. 나도 한 가지 교훈을 얻었다. 진단의 부정, 특히 자신의 삶을 바꾸게 될 진단명을 부정하는 태도가 단지 고집이 세서 그런 것이 아니라는 사실을 말이다. 그 진단을 받아들일 때 자신이 가장 사랑하는 이들과의 관계가 파탄날까 봐 몹시 겁이 나서 그런 태도를 보일 수도 있다.

4

한밤의 불청객들

"정말 무서우셨겠습니다."

"뭐가요?" 와히드는 짧게 끊기는 듯한 펀자브 지방의 억양으로 물었다.

"일반의가 보낸 진료 의뢰서를 보면, 환자분이 한밤중에 침실에 누군가가 있는 모습을 보았다고 생각한다고 적혀 있거든요."

그는 시선을 딴 곳으로 돌리면서 말을 할까 말까 망설였다. "그 의사 선생님에게 말할 때 좀 혼란스러웠던 것 같아요." 그는 불쑥 내뱉었다.

"혼란스러웠다고요?" 나는 그를 유심히 살피면서 물었다. 와히드 라자크는 키가 크고 마른 편이었고, 50대 후반임에도 운동선수처럼 보였다. 콧수염과 턱수염을 기르고 있었는데, 군데군데 희끗했지만 잘 다듬어져 있어서 세심하게 공들여 가꾸는 것이 분명했다. 그는 정장 차림으로 파란 상의에 빨간 배지가 달린 넥타이를 매고 있었는데, 무슨 배지인지는 불분명했다.

"네, 왜 그런 말을 했는지 잘 모르겠어요. 아마 꿈을 꾸고 있었던 모양이에요." 그는 그다지 확신하지 못하는 태도로 말했다.

"그렇군요. 그러면 왜 여기에 오셨나요, 라자크 씨?" 나는 직설적으로 물었다.

"예약을 했으니까요." 그는 오라는데 달리 어떻게 하겠느냐고 묻는 것처럼 양손을 펼치면서 설명했다.

나는 화제를 바꾸기로 했다.

"그렇다면 사실 굳이 오실 필요는 없었겠네요. 그런데 출생지는 어디인가요?"

"태어난 곳이요? 음, 라호르요. 가본 적 있으세요?"

"아니요. 가본 적은 없을 겁니다. 그런데 부모님이 젊을 적에 그곳에서 사신 적이 있다고 하셨죠. 아름다운 도시죠." 사실 나는 그 도시에서 내가 잉태되었다고 생각했다.

"무굴 황제들이 살던 도시죠. 아주 자랑스러운 곳이에요." 그는 좀더 편안해진 태도로 웃었다. "가끔은 괜히 떠났다 싶은 생각이 들 때도 있어요."

무굴 제국의 수도였던 라호르는 16−17세기에 문학, 미술, 건축의 중심지로 번창했다. 세월이 흐른 뒤에는 대영제국의 인도 행정 중심지가 되었다.

"그런데 질문해도 괜찮을지 모르겠는데, 의사 선생님은 어디 출신이세요?"

"동파키스탄 출신입니다. 태어날 때 지명이 그렇고요, 물론 지금은 방글라데시지만요."

"뭐, 그렇게 불러도 되죠. 굳이 따질 것 있나요! 한번 파키스탄 사람이면 언제나 파키스탄 사람이죠." 그는 히죽 웃으며 덧붙였다.

아마 진심에서 우러나온 농담이었겠지만, 그래도 와히드는 한 때 파키스탄 사람이었다고 해도 언제나 파키스탄 사람으로 남아 있으리라는 의미는 될 수 없음을 현실적으로 명확히 이해하고 있었을 것이다. 1947년에 영국의 식민 통치가 끝나자 서둘러 파키스 탄 국가가 수립되었다. 성급하게 수립되었다고 이야기하는 사람 도 있을 것이다. 당시 영국령 인도였던 곳이 분할될 때, 동쪽과 서 쪽의 무슬림 공동체 지역들은 합쳐져서 하나의 국가가 되었다. 그 러나 이 나라의 두 지역―동파키스탄과 서파키스탄―은 서로 거 의 1,600킬로미터나 떨어져 있었고, 그 사이에 인도(힌두교도가 다 수를 이룬다)가 낀 형국이었다. 이 분할 과정은 종교적 폭력을 촉 발했고 이는 비극적인 결과로 이어졌다. 그 뒤에 이어진 혼란 속에 서 최대 1,000만 명이 인도 아대륙에서 이주했다. 많은 무슬림은 새로 생겨난 파키스탄 국가로 피신했고, 수백만 명의 힌두교도들 은 인도로 이동했다.

나의 아버지는 대영제국 시대에 벵골에서 태어나 동파키스탄이 된 지역에서 자랐다. 그 뒤에 방사선과 의사 교육을 받기 위해서 어머니와 함께 거의 1,600킬로미터 떨어진 서파키스탄의 라호르로 이사했다. 와히드가 자란 바로 그 도시였다. 동파키스탄과 서파키스탄은 무슬림이 대부분일지라도, 품고 있는 문화적 배경이 전혀 달랐다. 동파키스탄의 벵골 사람들은 전혀 다른 언어를 썼다. 서파키스탄 사람들과 사회, 문화, 음악, 문학 전통도 달랐다. 필연적으로 1971년 독립 전쟁이 벌어졌고, 동파키스탄은 서파키스탄과 갈라져서 지금의 방글라데시가 되었다.

대영제국은 예전 식민지들에서 영국으로 이주한 사람들을 유산으로 남겼다. 파키스탄 출신인 사람만 해도 현재 100만 명 이상이 영국에서 살고 있다. 파키스탄의 한 민족인 펀자브인들 가운데 많은 이들이 1960년대에 일자리를 찾아서 런던으로 이주했고, 와히드도 거기에 속했다. 그에게 영국 생활은 결코 녹록치 않았다.

"우리를 반기는 사람이 아무도 없었어요. 냄새 나는 커리 들고 너네 나라로 꺼지라는 말을 으레 들었죠. 그래도 간신히 거리의 청소부 일자리를 구했는데, 안전하지 않았어요. 사람들이 침을 뱉거나 때리곤 했죠. 자기 일자리를 뺏어간다고요. '하지만 당신들 누구도 이 일을 하고 싶어하지 않잖아! 그래서 내가 하는 거라고.' 그런데 그렇게 말할 수는 없었어요. 상황만 더 악화시킬 테니까요." 결국 30여 년 전에 그는 버스 운전사가 되었고, 그 일을 계속했다.

"그 일은 좋았습니까?"

그는 한숨을 내쉬었다. "그 일은 저에게 아주 중요해요."

"다행이군요."

"당연하죠, 생계가 달렸으니까요. 그 일이 없다면 끝장나겠죠."

그는 그 점을 강조하고자 과장되게 손바닥을 맞대고 비벼댔다.

그때 갑자기 와히드가 머리를 한쪽으로 기울였고, 마치 못 믿겠다는 양 짙은 갈색 눈이 커지면서 천장 구석을 향했다. 그리고 그는 이를 꽉 악물었다.

"괜찮습니까?" 나는 책상을 돌아서 그가 앉은 의자를 향해 다가가 물었다.

"아주 멀쩡합니다." 그는 나를 향해 시선을 돌렸는데, 아주 퀭한 얼굴이었다.

와히드는 멀쩡하지 않았다. 그는 주기적으로 천장 구석을 쳐다보았다.

"걱정스러워 보여요. 저곳에 뭔가가 보입니까?"

와히드는 고개를 저었다. "아무것도 안 보여요." 그는 잠시 침묵하다가 물었다. "선생님은 저곳에 뭔가가 보이시나요?"

"저는 여기에 라자크 씨를 도우려고 있습니다. 제 눈에는 저 구석에 아무것도 안 보이는데, 선생님은 겁먹은 것처럼 보여요."

와히드는 양손을 뺨 위쪽까지 올렸다가 천천히 내리면서 희끗한 수염을 쓸었다. 그런 뒤 다시 고개를 홱 움직였다. 이제 이마에 땀까지 몇 방울 배어나왔다.

"아니, 말 못하겠어요."

"라자크 씨, 여기에서 한 말은 오직 우리 둘만의 비밀이에요." 나는 그를 안심시키려고 시도하면서 설명했다.

그는 다시 오른손으로 수염을 쓸었다.

"정말입니까?" 와히드는 윗입술을 앞으로 내밀었다. 그래도 그는 여전히 망설였다.

"그럼요. 그리고 제가 도울 수 있지만, 문제가 뭔지 알아야만 도울 수 있습니다."

와히드는 내가 한 말을 오랫동안 생각했다. 그러다가 다시 한숨을 내쉬고 속을 털어놓았다.

"사람들이 보여요. 때로 동물도 보이는데, 나타났다가 사라지곤 해요. 몇 초 동안 나타났다가 사라지기도 하고요. 몇 분 동안 보인 적도 있어요. 날이 저문 저녁부터는 더 나빠져요. 자다가 후드를 쓴 사람들이 저를 내려다보는 모습에 깜짝 놀라 깨곤 해요. 그들은 그냥 쳐다보고만 있어요. 처음에는 아주 섬뜩했어요. 대체 무슨 일이 벌어지는 건지 모르겠어요."

"정확히 뭐가 보입니까?"

"그림자나 검은 형체 같지만, 더 자세히 살펴보면 사람이에요."

"그들이 말을 한 적이 있나요?"

"네? 아니에요. 다행이죠. 아무 말도 하지 않아요."

"그들이 라자크 씨 마음속에 생각을 주입합니까?"

"아니요. 그렇지 않아요. 그냥 쳐다보고만 있어요."

그는 잠시 말을 멈추었다가 입을 열었다. "생쥐나 커다란 거미 같은 게 바닥에서 달려가는 걸 보기도 해요."

"얼마나 자주 봅니까?"

"아마 하루에 한 번? 지금도 저 구석에서 얼굴을 본 것 같아요."
그는 천장 구석을 가리켰다.

"정말이요?"

"네, 그렇다고 생각해요. 하지만 금방 사라졌어요."

"누구인지 알아본 적은 있습니까?"

"딱히요. 똑같은 사람들이 계속 나타나기 때문에 이제는 친숙해
진 것도 같지만, 모르는 사람들이에요."

"그들이 진짜라고는 생각하지 않으시죠?"

"그럼요. 당연히 진짜가 아니죠."

"버스 운전을 할 때도 나타난 적이 있습니까?"

와히드의 윗입술이 다시 삐죽 튀어나왔다. "네, 한 번요. 제가 걱
정하는 게 바로 그거예요. 어떤 남자의 검은 그림자가 제 왼쪽에서
달리는 걸 봤어요. 하지만 진짜가 아니란 걸 알았죠. 몇 초 있다가
사라졌지만, 그래도 걱정이 돼요."

"무엇이 가장 걱정되십니까?"

그는 양손을 머리에 가져다댔다. "제가 미쳐가고 있다는 거요."

나는 와히드가 밤에 찾아오는 이상한 방문객들의 이야기를 하
지 않으려고 한 이유를 이해할 수 있었다. 의학역사가인 로이 포
터가 간파했듯이 광증은 인류만큼 오래된 질병일 것이다.[1] 광증은
수 세기 동안 다양한 방식으로 정의되었지만, 한 가지 일관된 주제

가 있다. 사회의 다른 이들이 미쳤다고 여기는 사람을 "타자화한다"는 것이다. 미친 사람은 다르게, 때로는 눈에 띄게 다르게 행동하며 그 때문에 주변 사람들로부터 배척될 수 있다. 그러나 와히드가 지금까지 묘사한 것은 환시幻視, 즉 시각적 환영뿐이었다. 다시 말해서 외부 자극이 없는 상태에서 겪는 지각이었다. 환시 자체만으로는 누군가를 미쳤다고 보기에 부족하다. 적어도 서양 의학 문화에서는 그렇다.

와히드가 한 말에는 생각이 병적이거나 무너졌음을 시사하는 징후는 전혀 없었다. 그는 망상적 사고, 즉 부적절한 근거에 기반하여 문화적 배경이나 교육에 비추어볼 때 의외라고 여겨질 만한 잘못된 믿음을 고수하는 기미는 전혀 보이지 않았다.[2] 또한 그는 자신이 어떤 증상을 겪는지 인식하고 있었고, 환영을 본다는 사실을 남들이 알아차렸을 때 어떤 일이 벌어질지도 자각하고 있었다. 그가 어떤 심각한 정신질환을 앓고 있다고 가리키는 것은 전혀 없었다. 나는 와히드의 걱정거리가 무엇인지 물었다. 그의 말에 귀를 기울이고 있자니, 광증이 무엇을 의미하는지가 사람들의 배경에 따라 다르다는 사실이 명확해졌다.

"우리 공동체에서는 광증을 이해하지 못해요. 용납할 수가 없는 거죠. 당사자가 끔찍한 일을 저질러서 이런 일을 당한다고 생각해요. 정령에 사로잡혔다고 보는 사람들도 있어요." 그가 설명했다.

세계의 일부 문화에서는 환시를 당사자와 그 정신이 일종의 악마에 사로잡혔다는 의미로 받아들인다. 파키스탄인뿐 아니라 세계의 많은 무슬림은 정령을 믿는다(서양 문학에 등장하는 지니라는 이름이 더 친숙할 것이다). 정령은 눈에 보이지 않은 채(아랍어로 정령을 뜻하는 진jinn은 '숨다'라는 뜻이다) 뱀 같은 동물의 모습으로 사람들 곁에서 살아간다고 하는데, 원하는 대로 모습을 바꿀 뿐 아니라 사람에게 깃들 수도 있는 존재이다. 사람의 몸으로 들어가서 몸을 조종하거나 행동을 바꿀 수 있고, 심지어 정체성까지 바꿀 수 있다.[3] 일부 무슬림은 그런 사로잡힘을 신이 내리는 처벌이라고 본다. 영국의 남아시아 공동체에서는 많은 이들이 정령을 믿을 뿐 아니라(80퍼센트에 달한다는 설문 조사 결과도 있다), 정령이 정신질환을 일으킨다고 생각한다(58퍼센트).[4] 치료하려면 몸에서 정령을 몰아내야 한다.

이런 공동체에서는 정신질환을 악령에 사로잡힌 것이라고 보기 때문에 엄청난 사회적 낙인도 따라붙는다. 그러니 파키스탄에서, 그리고 파키스탄 출신인 사람들이 정신질환을 앓고 있다는 사실을 노골적으로 부정하고 의학의 도움을 받으려고 하지 않는 것도 놀랄 일은 아니다. 대신에 그들은 기도에 의지하거나 악령을 퇴치하고자 신앙 치료사를 찾는다. 아마도 이런 믿음이 2020년 기준으로 인구가 2억 명인 파키스탄에 정신질환자를 치료할 정신과 의사가 500명에 불과한 상황을 낳는 데에 한몫했을 것이다.[5] 영국에서도 남아시아 출신인 사람들은 토착민 집단보다 정신건강 서비스

를 이용하는 빈도가 훨씬 더 낮다.[6]

　정령 같은 외부의 힘에 사로잡힌다는 개념이 일부 공동체에서 정신질환의 설명으로 받아들여진다는 것은 다소 역설적이다. 무슬림이 아닌 서양 정신의학자에게 그런 견해를 드러내면, 망상적 사고에 빠져 있다고 생각할 수도 있다. 따라서 진단을 내릴 때 환자의 문화적 배경을 중요하게 고려해야 한다. 일부 문화에서는 환시 같은 증상을 부정적인 종교적 또는 영적 요인 탓으로 돌릴 수 있다. 이런 질환을 뇌졸중처럼 뇌에 영향을 미치는 신체질환이라고 보는 사회와는 달리, 그런 공동체들은 정신질환자에게 연민을 보일 가능성이 더 낮을 수 있다.

　대화를 이어가자, 와히드의 아내가 수년 전에 세상을 떠났다는 사실을 알게 되었다. 현재 그는 혼자 살고 있었다. 자녀가 세 명이었지만, 모두 자라서 각자 가정을 꾸린 상태였다. 자녀들은 이따금 그를 찾아왔다. 그는 자녀들에게, 자다가 깼는데 주변에 자신을 지켜보는 사람들이 있는 모습을 본 적이 있다고 짧게 언급하기도 했지만, 자녀들은 그런 "환영"을 그냥 별난 꿈이라고 치부했다. 와히드는 취미도 없었고, 남는 시간에 동네 무슬림 자원봉사 단체에서 일손을 거들었다. 그는 점점 늘어나는 시리아 난민을 위해서 텐트와 침낭을 준비하는 일을 해왔다. 시리아 내전이 터진 지 2년 반이 지나는 동안 발생한 수십만 명의 난민들은 처음에 튀르키예와 요르단의 난민촌으로 향했지만, 지금은 중동을 아예 떠나려는 이들도 늘고 있다. 목숨을 무릅쓰고 작은 배를 타고 지중해 너머의 그리스로 향하는 이들이 많았다.

"실제로는 없는 사람과 동물을 보는 것 말고, 다른 이상한 일들은 일어나지 않습니까?"

"딱히 없어요." 와히드는 다시 머뭇거렸다. "그런데 방에서 제 옆이나 뒤에 누군가가 있다는 생각이 든 적은 있어요. 돌아보면 아무도 없고요. 뭐, 별로 중요한 건 아니에요. 겁나지도 않으니까요."

와히드가 말하는 것은 신경과 의사가 "현존 현상"이라고 부르는 증상이다. 가까이에 다른 사람이 없는데도 있다고 느끼는 것이다. 때로는 역외 환각(시야의 지각 한계 너머에 있는 무엇인가를 지각하는 현상)이라고도 한다.[7] 이런 유형의 경험은 근본적인 질병이 무엇인지 알려주는 중요한 단서가 되고는 한다.

그다음으로 신경학 검사를 했다. 나는 와히드가 진료실 바깥과 복도에서 걷는 모습을 지켜보았다. 그의 보폭은 정상이었지만, 대다수 사람들보다 팔을 덜 흔든다는 사실이 매우 뚜렷이 보였다. 그것 외에 걸음걸이나 방향 바꾸기에는 아무런 문제가 없었다. 이어서 그에게 가만히 서 있으라고 한 다음에 뒤에서 잡아당겨봤는데, 그는 어렵지 않게 균형을 유지할 수 있었다. 팔과 다리의 반사 등 다른 신경학 검사도 모두 정상이었다. 다음의 두 가지 사소한 특징만 예외였다.

첫째, 그에게 최대한 빨리 검지와 엄지를 맞대는 행동을 반복하라고 했는데, 그는 느리게 움직였고 움직이는 폭도 불규칙해서 몇 번 맞대고 끝냈다. 왼손이 더 그랬다. 둘째, 내가 그의 손목을 움직였더니 약간의 경직이 느껴졌다. 마찬가지로 왼쪽이 더 그랬다. 걸을 때 팔 흔들림이 적고, 검지와 엄지를 맞대는 움직임도 약간 어색하고, 손목이 다소 굳어 있다는 것은 모두 파킨슨증의 특징이었다. 파킨슨병 환자들에게서 보이는 특징적인 증상들인데, 와히드의 증상은 파킨슨병이라고 진단을 내릴 정도로 심하지는 않았다.

그렇기는 해도 무엇이 와히드의 환시와 역외 환각을 일으키는지를 알려줄 중요한 단서가 될 수도 있었다. 파킨슨병 환자는 움직임이 느리고, 경직되어 있고, 몸을 떤다. 걸을 때 팔을 흔들지 않으며, 균형 감각을 잃고, 구부정한 자세를 취하기도 한다. 그러나 현재는 이런 파킨슨병의 특징들 일부를 띠지만 파킨슨병이 아닌 신경계 질환이 몇 가지 있음이 알려져 있다. 나는 와히드가 그런 병에 걸린 것이 아닐까 생각하기 시작했다.

나는 와히드의 주의력과 기억력—단기 기억, 장기 기억—등 몇 가지 선별 인지 검사도 했고 언어, 시공간 능력(따라 그리기 등), 팔다리 실행 능력(손짓 따라 하기)도 검사했다. 그는 모방 검사 두 가지만 어려워했다. 둘 다 어렵다고 느꼈고, 입체를 따라 그린 그림은 아무렇게나 그린 것 같았으며 부정확했다. 나는 그의 눈과 시력을 검사했는데, 정상이었다.

"그래서 어떻게 생각하세요? 제가 정신병원에 갇힐까요?" 그는 걱정하면서 느릿느릿 물었다.

"아니요. 저는 환자분이 미쳤다고 보지 않습니다. 이런 환시가 미쳤다는 의미가 아니라는 것은 확실해요."

"정말요?"

"그럼요. 정말로요." 나는 그를 안심시켰다. "하지만 뇌 영상을 찍어야 합니다. 그런 뒤에야 환자분을 도울 수 있는지 논의할 수 있어요."

"치료할 수 있을까요?"

"물론입니다. 정말로 그렇게 생각해요. 하지만 먼저 검사를 해야죠. 결과가 나오자마자 연락을 드리겠습니다."

* * *

그날 저녁 병원을 나설 때, 광증에 관해서 와히드와 나눈 대화가 계속 머릿속을 맴돌았다. 그는 자신의 환시가 미쳤다는 징후이며, 그래서 정신병원에 갇힐지도 모른다고 생각했다. 정신의학자는 환각(거짓 지각)과 망상(거짓 믿음)을 구분하지만, 양쪽 증상이 함께 나타나는 질환도 있다. 예를 들면, 많은 조현병 환자는 다양한 유형의 환각에 시달리며(목소리가 들리는 환청도 흔하다), 망상도 겪는다(예컨대 외부의 힘이나 사람이 자신을 통제한다는 망상). 그러나 건강한 사람도 특정한 조건에서는 환각을 겪을 수 있다.

예를 살펴보면 최근에 사별을 경험한 사람들 중의 약 절반은 환각을 겪었다고 하며, 또 한편으로는 정상적인 사람들의 최대 10퍼센트가 평소에 으레 사소한 환각을 겪는다는 설문 조사 결과도 있다. 실제로는 울리지 않는 전화벨 소리를 듣거나, 아무도 없는 복도에서 발자국 소리를 듣는 것과 같은 사례들이다. 왜 감각 자극이 없는 상태에서 무엇인가를 지각하는 것일까? 이 질문에 답하려면, 지각이 감각 기관들에 닿는 정보를 그저 수동적으로 "받아들이는" 것이 아니라는 사실을 이해하는 일이 중요하다. 대다수의 신경과학자는 지각이 주변 세계를 능동적으로 "재구성하는" 과정을 수반한다고 본다. 주변 세계를 뇌 안에 재현하기 위해서이다.

19세기 독일의 물리학자이자 심리학자인 헤르만 폰 헬름홀츠는 열역학을 비롯한 몇몇 분야에서 큰 업적을 남겼는데, 시지각의 한 주요 문제에 흥미를 느꼈다. 우리는 눈으로 들어오는 것을 어떻게 지각할까? 그가 보기에는 답이 불분명했다. 2차원인 망막에 닿는 빛의 패턴이 어떻게 세계의 풍부한 3차원 표상으로 전환되는 것일까? 게다가 그는 공간에서의 방향과 위치에 따라서 서로 다른 사물이 망막에 비슷한 자극 패턴을 형성할 수 있다는 점을 알고 있었기 때문에 더욱 의아해했다. 그는 망막에 맺히는 "상像"이 본질적으로 모호하다고 올바르게 추정했다. 또한 하나의 사물을 어느쪽에서 보느냐에 따라서 전혀 다르게 볼 수 있으므로 지각은 더욱 복잡해진다. 의자를 위나 옆, 아래에서 본다고 생각해보라. 보는 위치에 따라서 망막에 닿는 빛의 패턴은 서로 완전히 달라지지만,

그럼에도 우리는 같은 의자를 보고 있다고 지각한다.

주변 세계를 어떻게 지각할까 하는 난제를 우리가 어떻게 푸는지를 설명하기 위해서, 헬름홀츠는 어떤 대상이 망막에 시감각 상을 맺을 가능성이 가장 높은지에 대한 판단을 실제로 우리 뇌가 내린다는 답을 내놓았다. 그는 이런 유형의 판단이 이른바 무의식적 추론이라는 과정을 통해서 일어난다고 주장했다.[8] 즉 우리의 지각이 사실상 우리가 주변 세계에 관해 자동적으로 생성하는 무의식적 가정들의 결과라는 뜻이다. 헬름홀츠는 지각이 감각 정보의 수동적인 수용이 아니며, 관찰자는 특정한 감각 입력 패턴을 일으키는 것이 무엇인가의 문제를 환경에 대한 지식을 활용하여 해결한다고 보았다.

바깥 세계가 규칙성을 띠므로 우리는 기존 지식을 사용해서 주변 세계로부터 받는 감각 정보에 관한 가장 나은 해석을 도출할 수 있다. 예를 들면, 어떤 대상들은 대개 수평이나 수직 방향으로 놓여 있으며, 그 사실로부터 우리는 주변에 있는 대상들이 어떤 것들일지 종류를 한정할 수 있다. 또 환경을 비추는 햇빛이 위에서 온다는 사실을 토대로, 그림자를 보았을 때 움푹 들어간 대상과 튀어나온 대상을 구분할 수 있다. 뇌 모형을 개발해온 몇몇 현대 신경과학자들은 헬름홀츠의 무의식적 추론 개념으로부터 영감을 얻었다. 그들은 뇌가 감각 입력의 문제를 바깥 세계의 "생성 모형"을 이용해서 해결한다고 주장한다. 이 견해에 따르면, 지각 체계는 일종의 통계적 추론 엔진 역할을 한다. 이 신경과학자들은 여기에 "헬름홀츠 기계"라는 딱 맞는 이름을 붙였다. 이 "기계"는 우리가 자신이 있는 환경에 관해서 아는 것을 토대로, 감각 입력의 원천일 가능성이 가장 높은 것을 추론하는 기능을 한다.[9]

이 견해에 따르면, 우리의 지각은 어느 정도는 사전 기대에, 또 어느 정도는 더 직접적인 감각 입력에 의존한다. 그러나 이는 무엇인가의 출현 확률을 사전에 잘못 추정할 가능성이 아주 높다면, 지각이 잘못될 수 있다는 의미도 된다. 예를 들면 한 실험에서는 사람들에게 "화이트 크리스마스" 같은 특정한 노래를 곧 듣게 되리라고 알려준 뒤, 노래 대신에 백색 소음을 들려주었다. 그런데 몇몇은 "화이트 크리스마스"의 가수 빙 크로스비의 목소리를 들었다고 했다. 흥미롭게도, 목소리가 들린다는 조현병 환자들은 그렇지 않은 이들보다 그 잘못된 결론을 내릴 가능성이 더 높았다.[10]

이런 점들을 고려하면, 정상적인 시지각視知覺이란 사진을 찍는 식이 아니라, 바깥 세계의 모형을 생성하는 능동적 과정이라는 놀라운 결론에 다다른다. 따라서 본다는 것 자체는 대체로 무엇을 보게 될 것이라는 우리의 기대를 반영한다. 이는 환각을 그저 환경에 관한 **잘못된 추론**이라고 볼 수도 있음을 의미한다. 눈병 등으로 시력이 나빠진 사람은 환시를 겪을 수 있는데, 이를 샤를 보네 증후군이라고 한다. 이러한 일이 생기는 이유는 좋지 않거나 "잡음이 낀" 시각 감각의 입력을 토대로 부정확한 세계 모형을 구축하기 때문이다. 그러니 의사들은 오로지 그런 환각을 겪는다고 해서 미쳤다고 생각하지 않는다.

마찬가지로 설령 눈 자체에는 아무 문제가 없다고 해도 시각 정보를 분석하는 뇌 영역이 제 기능을 못한다면, 시각 입력이 제대로 처리되지 못할 수 있다. 그리고 감각 정보가 부정확하게 처리되는 가운데에 사전 기대가 강하다면, 바깥 환경에 관한 잘못된 추론이 이루어질 수 있으며 그 결과 환시가 일어날 수 있다.[10]

신경과학자들은 들어오는 감각 입력이나 뇌가 그 입력을 처리하는 과정을 "상향上向" 처리라고 부른다. 반대로 기존 지식이나 기억을 토대로 한 사전 예측은 "하향下向" 처리라고 한다. 환시는 하향 처리의 영향이 커질 때, 즉 사전 기대가 강하고 상향 처리가 약해질 때 일어날 수 있다. 이런 맥락에서 보면, 와히드가 밤에 보는 방문자들은 중요한 단서였다. 그의 환각은 컴컴할 때, 다시 말해서 감각 입력이 가장 저하될 때 더 심해지는 듯했다. 그러나 그의 눈과 시력은 정상으로 평가되므로, 그의 환각을 눈 장애 탓으로 돌릴 수는 없었다.

따라서 그의 증후군은 뇌가 시각 입력을 처리하는 데에 문제가 있다는 말로 설명이 가능할 것이다. 이런 환시를 겪는다고 해서 와히드가 미쳤다고 결론을 내릴 필요는 없었다. 게다가 이런 증후군 때문에 정신병원에 갇힐지도 모른다고 걱정할 필요도 없었다.

*　*　*

와히드는 몇 주일 뒤에 뇌 MRI 영상을 찍었다. 영상에서는 어떤 질병도 드러나지 않았다. 그러나 나는 DaT(도파민 전달체) 영상도 찍자고 했는데, 뇌에서 도파민을 가진 뉴런을 살펴보는 방식이었다. 이 영상에서 그의 뇌는 명백히 비정상적인 특징을 보여주었다. 바닥핵의 도파민 뉴런(도파민 수용체에 결합하고 뇌의 다른 곳으로 도파민을 방출하는 뉴런/역주) 일부가 사라진 것이다. 이런 특징을 보이는 뇌 질환으로는 두 종류가 있는데, 서로 밀접한 관련이 있다. 하나는 파킨슨병이고 다른 하나는 레비 소체Lewy body 치매이다. 레비 소체 치매는 알츠하이머병과 혈관성 치매에 이어, 노년층의 인지 장애를 일으키는 흔한 원인이다.

파킨슨병과 레비 소체 치매는 뉴런에 레비 소체가 쌓인다는 공통점이 있다. 레비 소체란 신경세포 안에 단백질들이 엉켜서 생기는 비정상적인 덩어리이다. 현미경으로 볼 수 있으며, 1910년 프리츠 레비가 파킨슨병, 당시에는 "진전 마비"라고 일컫던 병에 걸린 환자들의 뇌를 연구하다가 처음으로 관찰했다.[11] 놀랍게도 레비는 당시에 뮌헨의 알츠하이머 연구실에서 일하고 있었다. 따라서 신경 퇴행 질환들—파킨슨병, 레비 소체 치매, 알츠하이머병—의 토대를 이루는 두 가지 매우 중요한 병리 현상을 같은 연구실에서 일하던 동일한 연구진이 5년 사이에 발견한 것이다.

현재 우리는 레비 소체가 알파-시누클레인alpha-synuclein이라는 단백질을 포함하고 있음을 안다. 아밀로이드와 타우 단백질이 알츠하이머병 환자의 뇌에 쌓이는 반면, 레비 소체를 생성하는 알파-시누클레인 덩어리는 파킨슨병과 레비 소체 치매의 특징적인 병리 현상이다.[12] 이 두 질환에서는 환시, 주의 산만, 어느 정도의 인지 장애가 나타날 수 있는데, 여기에는 그림을 제대로 따라 그리지 못하는 것(구성 행위 상실증)이 포함된다. 한편 파킨슨병은 움직임 둔화, 경직과 떨림 같은 운동 증후군과 관련이 있는데, 이런 증상들은 레비 소체 치매 진단에서는 나타나지 않는다. 그렇기는 해도 레비 소체 치매 환자는 대개 가벼운 형태의 파킨슨증을 보이며, 시간이 흐르면 증상이 더 뚜렷해질 수도 있다. 여러 신경학자들은 파킨슨병과 레비 소체 치매가 뇌의 레비 소체 축적과 관련된 질환 스펙트럼의 양쪽 끝에 해당한다고 본다.[13]

검진을 했을 때 와히드는 아주 가벼운 파킨슨증에 들어맞는 임상 징후들을 몇 가지 보여주었다(걸을 때 팔을 적게 흔들고, 손가락 움직임이 느리고, 손목이 약간 경직된 것). 이런 특징들과 환시 및 가벼운 인지 장애는 모두 레비 소체 치매라는 임상 진단을 가리키고 있었다. 이제 와히드의 증상들을 설명할 수 있게 되었다.

* * *

몇 주일 뒤에 와히드가 진료실로 들어섰다. 그는 완전히 달라 보였다. 얼굴은 퀭해졌고, 눈가의 피부도 거무죽죽하게 변했고, 시선은 멍하니 바닥을 향하고 있었다.

"괜찮으세요?"

"별로요. 요즘은 더 자주 보여요. 주로 밤에 나타나요. 잠을 잘 못 자요. 아이들은 몹시 심란해하고요." 그는 느릿느릿 말했다.

"정말 유감입니다. 자녀분들과 무슨 일이 있었습니까? 자녀분들이 별로 걱정하지 않는다고 했잖아요."

"저녁에 몇 번 아이들이 와 있을 때 환영을 봤거든요. 제가 뭔가가 보인다고 하자 처음에는 못 믿다가, 몹시 불안에 떠는 제 모습을 본 거예요. 제가 뇌 영상 촬영을 했고 MRI 분석 결과가 정상이라는 진단서를 보여줬어요. 그랬더니 아이들의 얼굴에 '아버지가 미쳐가고 있구나' 하는 표정이 뚜렷해졌죠."

"혹시 너무 성급하게 단정하신 건 아닐까요?"

"그렇지는 않을 거예요. 대개 동네 행사나 모임이 있으면 아이들이 저를 데려가곤 해요. 그런데 지난 몇 주일 동안 한 번도 저한테 가자고 한 적이 없어요. 이제 내가 창피한가 봐요."

"제 말 잘 들으세요. 와히드 씨는 미쳐가고 있는 게 아닙니다. 환각이 왜 생기는지 설명할 수 있습니다." 나는 그를 안심시켰다.

"정말요?" 그는 긴가민가하면서도 호기심이 섞인 흥분한 어조로 물었다.

"그럼요. 두 번째로 찍은 DaT 영상에서 정상이 아니라고 나왔어요. 레비 소체병에 걸렸을 수 있다는 뜻입니다." 나는 일부러 레비 소체 치매라는 말을 쓰지 않았다. 그 병에 치매라는 말이 붙어 있기는 하지만, 그렇게 말하면 더 불안해할 테니까 말이다. 와히드는 치매에 걸리지 않았다. 일부 가벼운 인지 변화를 보이지만, 치매의 임상적 기준에는 이르지 않은 상태였다. 치매라는 진단을 내리려면, 일상생활에 문제가 생길 만큼 인지 장애가 심각한 수준에 이르러야 한다. 그는 다른 사람의 도움 없이도 잘 생활하고 있었다.

"레비 소체병이라니, 한번도 들어본 적이 없어요. 그게 뭐죠?"

나는 그 병을 조금 설명한 뒤, 치료 쪽으로 이야기를 돌렸다.

"좋은 소식은 환각을 없애도록 도와주는 약이 있다는 것이죠."

"정말요? 그러면 환각이 사라질까요?"

"장담할 수는 없지만, 시도해볼 수 있어요."

나는 그에게 리바스티그민을 처방했다. 뇌의 아세틸콜린 농도를 높이는 약물이다. 도파민처럼 아세틸콜린 역시 뉴런 사이에 신호를 전달하는 데에 쓰이는 신경전달물질이다. 레비 소체 치매 환자의 뇌에서는 도파민뿐 아니라 아세틸콜린도 심각하게 줄어들 수 있다는 연구 결과가 있다.[14] 따라서 뇌에서 이 화학물질의 농도를 높이면 뉴런 사이의 소통이 개선되고, 따라서 감각적 지각도 개선될 수 있다. 현재 우리는 환시를 겪는 레비 소체 치매 환자들이 실제로 시야에 보이는 것보다 사전 기대에 더 의존한다는 것을 안다.[15] 또한 이런 환자들의 뇌 영상은 시각 정보, 특히 대상에 관한

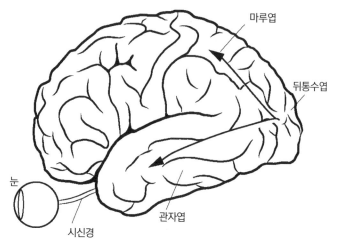

마루엽

뒤통수엽

눈

시신경

관자엽

그림 11. 시각 정보 처리에 관여하는 뇌 영역. 눈으로 들어온 정보는 시신경을 통해서 뇌 뒤쪽에 있는 뒤통수엽으로 전달된다. 시각 정보는 이곳의 두 주요 겉질 체계를 통해서 처리된다. 하나(위쪽 화살표)는 마루 겉질과 연결된 체계이다. 이 체계는 우리 주변의 대상들이 어디에 있는지 파악하는 데에 중요하다. 또다른 하나(아래쪽 화살표)는 시각 정보를 관자엽으로 보낸다. 관자엽은 대상 지각에 중요하다. 레비 소체 치매처럼 이 두 정보 흐름에 관여하는 겉질 영역들 사이의 연결이 약해지면, 눈에서 들어오는 입력을 시각적으로 처리하는 능력이 떨어진다. 그런 상향 처리 과정이 약해진 사람은 시야가 어두울 때 감각 입력 정보를 처리하는 능력이 더욱 떨어진다. 그들은 시야에 무엇이 있어야 한다는 사전 기대라는 하향 처리 과정에 더욱 의존하게 되지만, 그 추론은 틀릴 수 있으며 그 결과 환영을 보게 된다.

정보를 처리하는 데에 관여하는 겉질 영역들 사이의 연결이 약하다는 것도 보여주었다.[16]

눈에서 오는 시각 입력은 뇌 뒤쪽에 자리한 뒤통수엽(후두엽)의 겉질에 다다른다(그림 11). 이 시각 정보는 두 개의 주요 겉질 체계에서 처리된다. 하나는 마루엽과 연결되고(주변 대상들의 위치를 지각할 수 있도록 하는 시공간 기능에 중요하다), 다른 하나는 관자엽으로 이어진다(대상의 지각에 중요하다). 레비 소체 치매처럼 이 두 주요 체계에서 겉질 영역들 사이의 연결이 퇴화하면, 눈에서 오는 시각 정보를 처리하는 능력도 약해진다. 따라서 레비 소체 치매와 환각에 시달리는 환자는 사전 기대라는 하향 처리 과정에 더 의존하고, 입력되는 시각 정보의 상향 처리에 덜 의존할 가능성이 높다. 이런 환자의 뇌 아세틸콜린 농도를 높이면, 시각 정보의 처리에 관여하는 영역을 포함해서 뇌 영역들 사이의 연결을 강화하는 것이 가능할지 모른다.

"먼저 몇 주일 동안 저용량으로 투여하면서 어떻게 달라지는지 살펴보죠."

"감사합니다." 그의 얼굴에 웃음이 피어났다.

"직업과 운전 이야기도 해야 합니다."

와히드는 움찔했다. "일을 그만둬야 하나요?"

"꼭 그런 것은 아니지만, 직장 보건 부서에 이런 진단을 받았다고 알려야 할 거예요. 그러면 그쪽에서 저에게 연락을 하겠죠. 또 운전면허 담당 관청과 보험사에도 알려야 합니다."

"하지만 그러면 제 운전면허를 뺏어갈 텐데요." 그는 인상을 썼다. 이제 몹시 심란한 표정이었다.

"아니요. 그럴 일은 없습니다. 증상이 심각하지 않으니까요. 하지만 적성 검사를 다시 받아야 할 수도 있습니다. 그리고 약이 효과가 있고 증상이 개선되는지도 알려야 해요. 만일 관련 기관들에 알리지 않는다면, 심각한 문제가 생길 수도 있습니다."

"아, 안 돼요. 운전을 못 하면 전 끝장날 거예요."

"말했지만, 운전을 반드시 그만둬야 하는 건 아닙니다. 그리고 도울 일이 있으면 제가 설명을 해드릴 거예요."

와히드는 망설였다. "그러면 정말로 제가 미쳐가는 게 아니라는 거죠? 선생님, 솔직히 말해줘요. 정신병원에 갇힐까 봐 너무 걱정이에요."

"그런 일은 일어나지 않을 겁니다. 그리고 미치지 않았다고 솔직히 말할 수 있어요." 나는 최대한 믿음직스럽게 말하면서 안심시키려고 애썼다.

와히드는 오랫동안 말없이 나의 말을 곱씹는 듯했다. "감사합니다. 지금까지 해주신 것들 모두 다요."

와히드는 진료실를 떠났다. 걱정하는 표정이면서도 희망을 한 가닥 안은 채였다.

* * *

문이 닫히자 나는 와히드의 진료를 의뢰한 일반의에게 보낼 편지를 쓰려고 했다. 그러다가 문득 그가 정신병원에 갇히지 않을까 걱정이라며 사용한 "정신병원"이라는 표현이 떠올랐다. 몇 년 전 런던의 금융 중심지인 시티 지역의 유적지를 관광할 때에 접했던 놀라운 일이 머릿속을 스쳤다. 그때 처음으로 베들렘이 있던 곳을 가

봤는데, 수백 년간 런던에서 가장 큰 "정신병원", 미친 사람들을 모아놓은 곳으로 굉장히 악명이 높았다.

관광 가이드는 당시 런던 사람들이 미쳤다고 판단한 사람들을 어떻게 대했는지 그리고 광기의 원인을 무엇이라고 생각했는지를 설명해주었는데, 그 생생한 이미지가 충격적으로 나의 뇌리에 꽂혔다. 원래 1247년에 설립되었을 때의 이름은 베들레헴 병원이었는데, 곧 줄여서 베들렘이 되었다고 한다. 처음에는 비숍스게이트에 위치해 있었고, 일찍이 14세기부터 런던에서 쫓겨난 광인들이 수용되는 곳으로 알려졌다. 즉 사회에 속하지 않는 이들이 수용되는 곳이었고, 그저 사회의 기대에 부응하지 못한 행동을 하는 바람에 수용되는 이들도 종종 있었다. 베들렘은 곧 "베들럼bedlam(지옥)"이라고도 불리게 되었는데, 이 단어는 그곳의 담장 안 지옥 같은 환경을 가리키는 말과 동의어가 되었다. 수용해야 할 "미치광이"가 점점 늘어나 원래의 공간이 부족할 정도가 되자, 병원은 1676년에 옛 도시 장벽이 있던 곳을 나타내는 거리인, 런던 월의 옆에 있는 무어필즈에 새로 지은 위압적인 건물로 옮겨갔다. 가이드는 그곳이 바로 현재의 핀스버리 가든스 옆이라고 했다.

가이드는 조지 왕조 시대의 베들렘 원장들이 방문객을 모아서 환자를 "구경시키는" 일에 열성이었다고 설명했다. 그들은 수용자들과 아무런 관계가 없는 사람들까지 구경하러 오라고 꼬드겼다. 불행한 이들을 관람시키는 이런 행사는 기부를 이끌어내는 중요한 수단으로, 일종의 모금 활동인 셈이었다. 그 광경은 대중에게 도덕적인 교훈도 안겨줄 수 있었다. 베들렘에 갇힌 광인들은 악하고 타락한 행동이 어떤 결과로 이어질지를 경고하는 살아 있는 사례였다. 그러나 내가 나중에 읽은 글에 따르면, 사람들은 "괴인 쇼의 **짜릿함**"을 경험하기 위해서 불쌍한 수용자들을 보러 오기도 했다.[17] 조지 왕조 시대의 대중은 "지옥"이 제공하는 모든 것을 목격했다. 광인의 혼란스럽고 비참한 모습을 구경거리로 삼았다. 공연장 규모로 벌어지는 "타자화"였다.

가이드는 그들이 무엇을 구경했을지를 이야기하면서, 윌리엄 호가스의 풍자화 연작 「탕아의 편력」 중에서 마지막 작품에 묘사된 장면을 예로 들었다. 이 연작은 방탕한 인물인 톰 레이크웰의 생애 이야기를 담고 있는데, 그는 도박, 매춘, 유흥 등 방탕하게 생활하다가 파멸한 인물이다. 그는 처음에는 주로 채무자와 파산자가 갇히는 플리트 교도소에 구류되었다가, 이윽고 베들렘에 갇히는 신세가 되었다. 이 마지막 그림에서 그는 병원의 더러운 공간에 있는데, 이전의 멋쟁이 같은 모습은 거의 찾아볼 수 없다. 반쯤 벌거벗고 머리는 바짝 깎였으며 다리에는 족쇄가 채워져 있고 얼굴은 일그러져 있으며 주위에는 동료 재소자들이 있다. 선견지명을 보여주는 양 벌거벗고 왕관을 쓴 채 옆에서 오줌을 누고 있는 왕의 모습도 보인다(이 왕은 조지 2세를 조롱하는 의미라고도 하고, 나중에 실제로 광기에 시달릴 조지 3세를 예견했다고도 해석된다/역주).

가이드의 설명에 따르면, 베들렘에 오는 구경꾼의 수는 부활절, 성령강림절, 성탄절 같은 기념일에 특히 많았다고 한다. 동물원으로 구경을 가는 것과 거의 마찬가지였다. 군중은 구경하기 가장 좋은 자리를 차지하려고 서로 밀치고, 재소자들에게 소리치고 그들을 조롱하고 심지어 쿡쿡 찌르기까지 했다. "관람"은 125년 동안 베들렘을 관리한 "미친 의사들"(재소자를 돌보는 의사들을 그렇게 불렀다) 가문의 일원인 존 먼로가 병원을 운영하던 시기에 정점에 달했다.[18] 1788년 조지 3세의 상태가 심각해져서 많은 이들이 치료가 불가능할 정도로 미쳤다고 생각했을 때, 궁정 의사들은 먼로에게 편지로 의견을 구했다. 그는 지극히 우유부단한 태도를 보였다.[18] 대신에 먼로의 아들 토머스가 왕을 진찰하라는 요청을 받았다. 조지 3세는—역설적이게도 꽤 분별 있게—먼로도, 토머스도 거부했고, 악명 높은 베들렘 출신의 의사에게 치료받는 것을 극도로 꺼렸다.

그러나 그 무렵에 왕의 상태는 최악으로 악화되어 있었다. 때때로 그는 극도로 흥분해서 거의 정신착란을 일으킨 것처럼 빠르게 말을 쏟아냈고, 이성적인 대화 자체가 어려웠다. 때로는 차분해 보이다가도 곧이어 망상을 드러내기도 했다. 예를 들면, 런던이 침수된 적이 있는데 그 원인이 자신이라고 확신하기도 했다. 기이한 편지를 쓰고, 자신에게 접근하는 모든 이에게 영예를 수여해야 한다고 주장했다.[19] 그는 거의 잠을 이루지 못했고 환각과 착각에 시달렸다. 한번은 참나무에 말을 하면서 악수를 하려고 애쓰기도 했다. 마치 참나무를 프로이센의 국왕이라고 믿는 듯했다. 그러나 궁정 의사들은 불치병인지는커녕 왕이 미쳤는지 여부를 놓고서도 서로 의견이 갈렸다.[20]

왕의 이러한 행동은 그가 여생 동안 미쳐 있었으리라고 결론을 내리기에 충분할까? 아니면 시간이 지나면 낫거나 더 나아가 이 광증이 치료 가능할 수도 있을 어떤 신체질환으로부터 촉발된 것이었을까? 난해한 환자를 놓고 고심하는 의사들을 그린 호가스의 풍자 판화 「장의사들의 모임」은 조지 왕조 시대 의료의 상당 부분을 돌팔이나 다름없는 의사들이 맡았던 당시의 정서를 잘 보여 준다. 왕의 병이 나아지는 기미가 전혀 없는 상황이 지속되자, 궁정 의사들은 샤를로테 왕비를 비롯한 왕실과 왕의 생존 여부에 따라 정치적 운명이 결정되는 정부 요인들에게 매일같이 압박을 받았다. 왕의 정신병이 영구히 낫지 않을 테니 섭정 왕자에게 왕위를 이양해야 할까, 아니면 나을 희망이 있을까? 아무도 몰랐다.

이윽고 왕의 진료를 베들렘과 무관한 의사인 프랜시스 윌리스에게 맡기자는 결정이 내려졌고, 제1장에서 말했듯이 그의 치료를 받으면서 왕은 조금 나아졌다. 병세가 나아지자, 왕이 미쳤을 리가 없다는 의사들의 발언권이 세졌다. 그들은 왕의 증상이 신체질환 때문에 생긴 것이 틀림없다고 선언했다. 그리고 사실 정신질환이 신체적 원인에서 비롯되는지의 문제는 역사가 깊다. 현대 생물

학은 조현병이나 양극성 장애 같은 정신질환이 모두 궁극적으로
는 몸에서 비롯된다고 대답할 것이다. 바로 뉴런에서 말이다.[21] 어
떻게 그렇지 않을 수가 있겠는가? 따라서 신체질환과 정신질환의
구분은 어느 면에서는 인위적이다. 그러나 이는 한편으로는 지극
히 결정론적인 견해이기도 하다.

   철학자이자 역사학자인 미셸 푸코 같은 이들은 "광기"를 근본적
으로 다른 관점으로 바라본다. 광기란 단지 다른 사람들과 다르게
행동하는 이들에게 사회가 오랫동안 낙인찍은 구조에 불과하다는
시각이다.[22] 푸코는 그 사회에 적합하지 않은 사람들에게 미쳤다
는 꼬리표가 붙어왔다고 본다. 그는 중세부터 자신이 "대★감금"이
라고 이름을 붙인 시기까지 광기의 역사를 추적한다. 대감금이란
17세기 유럽에서 "광인"을 격리하는 수단으로서의 감금 행위를 부
랑자, 신성모독자, 매춘부 같은 이들을 격리하는 가장 좋은 방안
으로 발전시킨 제도를 가리킨다. 푸코의 견해에 따르면, 기독교 사
회는 이런 사람들 모두가 그런 생활방식을 스스로 택하는 도덕적
오류를 저질렀다고 여겼다. 사회는 그들을 추방해야 하지만, 보호
시설에서 갱생할 기회도 주어야 했다. 당시 유럽 전역에서 지어지
던 대형 병원들은 바로 그런 시설이었다.

   이것이 바로 현대의 "정신병원"이 출범한 과정이며, 「뻐꾸기 둥
지 위로 날아간 새」 같은 영화들에서 표현된 모습들도 정신병원에
대한 우리의 관점을 개선하는 데에 별 도움이 되지 않았다. 나는

와히드가 자신의 질환 때문에 어떤 형태로든 "감금되지" 않을까 몹시 걱정한 것도 이해할 수 있었다. 누구인들 그렇지 않겠는가?

*　*　*

몇 주일 뒤 와히드는 다시 병원을 찾았는데, 이번에는 자신을 쏙 빼닮은 멋진 차림의 젊은 여성과 함께였다. 그녀의 매우 도드라진 광대뼈와 윤기 나는 곧은 검은 머리에 대비되는 창백한 얼굴은 유달리 고집 세고 오만한 분위기를 풍겼다. 그녀는 황갈색 눈으로 나를 유심히 관찰했다.

"여기는 제 큰딸, 야스민이에요. 회계사죠." 그가 설명하며 흐뭇한 양 입가에 웃음을 지었다.

"만나서 반갑습니다. 라자크 씨, 어떻게 지내셨어요?"

그에게는 대답할 기회가 없었다.

"아빠는 전혀 잘 지내지 못했어요. 선생님, 제대로 진단을 내리신 거 맞아요?" 그녀가 퉁명스럽게 물었다. 이 대화가 잘 풀리지 않을 것 같다는 예감이 들었다.

"라자크 씨, 무슨 일 있으셨습니까?"

다시 야스민이 대답했다. "밤에 여전히 이 끔찍한 것들을 보신대요. 침대 주위로 사람들이 모여 있고, 쥐가 바닥을 돌아다니고요. 주신 약은 아무 효과가 없었어요." 말하면서 그녀의 목소리가 올라갔다.

와히드는 의기소침해 보였다.

"아빠는 직장에 병가를 냈고요, 식사도 제대로 못 하세요. 레비소체병에 걸린 거 정말 확실해요?" 야스민은 분명히 못 믿는 것 같았다. 나는 말을 더 천천히 하면서 와히드가 말할 기회를 주고자 했다.

"그러시다니 정말로 안타깝습니다, 라자크 씨. 무슨 일이 있었는지 말해주시겠어요?"

"딸 말이 맞아요. 전혀 나아진 게 없고요, 직장에서는 당분간 병가를 내라고 했어요. 그래서 원래 돕던 자선단체에서 좀더 시간을 보내려고 했는데, 거기에서도 제가 환영을 본다는 걸 알아차리고는 오지 말라더군요. 제가 마치 쓸모없는 사람 같아요." 그는 아주 풀 죽은 태도에 침울한 목소리로 말을 끝냈다. 야스민은 화가 나 보였다.

"더 나은 약은 없어요? 우리는 절실하다고요. 아빠는 자존감을 잃고 있어요. 더는 예전의 아빠가 아니에요. 사람들은 아빠를 피해요. 집안 친구들도 오지 않아요. 환영 같은 것에 사람들이 얼마나 미신적인지 아시죠? 아빠는 고립되었어요. 그래서 우리 집으로 모셔왔죠. 너무 걱정되어서 지금 우리 가족들과 지내고 있어요."

"가족 모두에게 몹시 힘든 상황이라는 건 잘 압니다. 약은 가장 저용량으로 이제 겨우 처방을 시작했을 뿐이에요. 라자크 씨, 부작용 같은 건 없었습니까?"

"부작용은 없었어요. 전혀요. 하지만 효과도 없어요."

"제 의료계 친구는 환각인데 정신병약을 처방하지 않았느냐고 놀라던데요. 그게 더 낫지 않나요?" 야스민이 덧붙였다.

"레비 소체병이 맞다고 95퍼센트 이상 확신합니다. 정신병약은 사실 이 병에 걸린 환자를 위험에 빠뜨릴 수 있어요. 그래서 가능한 한 처방하지 않습니다. 환자분이 복용한 약은 대다수의 환자들에게 효과가 있었습니다. 물론 모든 환자에게 그런 것은 아니지만, 저용량일 때에는 약효가 나타나지 않을 가능성이 더 높지요. 그러니 용량을 조금씩 늘리면서 알아봐야 합니다."

"그렇다면 레비 소체병이라고 100퍼센트 확신하지 못하시는 거네요." 야스민이 말을 끊었다.

뇌 질환을 진단할 때 절대적인 확신을 가지고 병명을 내린다는 것은 보통 불가능하지만, 이 사실을 환자와 가족에게 설명하기란 쉽지 않다.

"확실히 알려면 환자분의 뇌 시료를 현미경 아래에 놓고 레비 소체가 있는지 들여다봐야 합니다. 뇌 표본을 얻으려면 뇌를 생검해야 하죠. 위험한 수술이라 임상 평가와 검사에서 도무지 무슨 병인지 진단을 내릴 수 없는 환자에게만 씁니다. 그런데 환자분의 환시, 신경학 검사, DaT 영상 결과를 보면, 이 병이 맞을 가능성이 매우 높습니다."

"하지만 확실하지는 않잖아요?" 야스민이 우겼다.

"그 말은 맞습니다. 확실하지는 않습니다."

"그러면 두 번째 대안을 쓸 수도 있잖아요?" 야스민은 고집스럽게 물었다.

와히드는 당혹스러운 표정으로 딸을 쳐다보았다. 그의 눈에는 딸이 의사인 나의 권위에 도전하는 양 비쳤을 것이다.

"야스민, 의사 선생님께 그런 식으로 말하지 마라." 그가 한 소리 하자, 야스민이 곧바로 쏘아붙였다.

"왜요, 아빠? 의사 선생님께 어떤 생각인지 물어보는 일이 뭐가 잘못이에요?"

"그렇죠. 문제없습니다. 동료에게 예약을 잡아달라고 부탁할 수도 있습니다. 하지만 그전에 리바스티그민의 복용량을 늘려볼 수도 있어요. 해보시겠습니까?" 나는 와히드에게 물었다. "그 약이 도움이 될지 알려면, 용량을 조금씩 늘리는 방법밖에 없습니다."

와히드는 고개를 끄덕였다. "네, 해볼게요."

야스민은 못 믿겠다는 양 인상을 썼다. "얼마나 오래 복용해야 하죠?"

"인내심을 가져주세요. 몇 주일 또는 몇 달이 걸릴 수도 있지만, 환자분께 효과가 있는지 알려면 시간이 필요합니다. 지금 당장 약을 끊으면 나아질 수 있을지를 아예 알지 못할 겁니다."

야스민의 표정을 보니 나의 말을 믿지 못하는 것이 분명했다.

"다른 치료법은 없나요? 제 친구는 심층 뇌 자극법이 있다고 하던데요. 왜 아빠에게 그 치료법을 권하지 않는 거죠?"

나의 눈썹이 저절로 올라갔다. 야스민은 전극을 뇌 깊숙이, 바닥핵까지 찔러넣는 신경외과 치료술을 이야기하고 있었다. 이렇게 삽입한 전극을 통해서 전기 자극을 가하자, 일부 파킨슨병 환자의 증상이 호전되었다는 연구 결과가 있기는 했다. 환자들의 움직임이 더 빨라지고 경직도 완화되었다. 그런 수술이 환시를 치료할 수 있다는 설득력 있는 증거가 당시에는 전혀 없었다. 그러나 그 방법은 뇌 질환 치료 분야에 놀라운 새로운 진전을 이루었고, 그후로 레비 소체병과 파킨슨병의 운동 이외의 증상들을 개선할 수 있을지에 관한 연구도 이루어졌다.

"심층 뇌 자극이 환각 치료에는 효과가 없을 겁니다." 나는 설명했다. "설령 효과가 있다고 해도, 평가하고 계획을 짜는 데에만 몇 달이 걸릴 거예요. 우리가 지금 당장 환자분을 치료하려고 노력하는 것이 중요합니다. 그러니 복용량을 늘리고 몇 주일 뒤에 다시 보기로 하죠."

* * *

나는 리바스티그민의 복용량 증가가 와히드에게 변화를 일으키기를 진심으로 바랐다. 그는 심한 스트레스를 받고 있었고, 그의 가족도 명백히 그랬다. 그의 딸이 한 말이 그날 저녁 내내 머릿속을 맴돌았다. 나는 의대생들에게 이렇게 말하고는 한다. 환자의 문제를 집으로 가져가지 마라. 야스민은 몹시 좌절한 상태였지만, 나를 심란하게 만든 것은 대안을 달라는 그녀의 요구가 아니었다. 그녀는 다른 중요한 점을 지적했다. 자신의 아빠가 더는 이전과 같은 사람이 아니며, 지인들이 그의 증상에 관해서 "미신적인" 생각을 하는 바람에 그를 기피한다는 것이었다. 환시에 시달린다는 것만으로도 그는 고립된 상태에 놓이게 된 것 같았다. 일상생활에서 그에게 중요한 것들—직장, 자원봉사, 지역사회와의 연결—이 몇 달 만에 끊겼다. 영구히 그러지는 않을지 몰라도, 적어도 당분간은 그랬다. 이유가 무엇일까?

회사의 우려는 이해할 수 있었다. 버스 회사는 시간을 들여서 진료 기록을 발급받고 운전 적성 검사도 해야 한다. 그의 증상이 호전되거나 그에게 치료 계획이 없다면, 진단받은 질병을 고려할 때 버스 운전사 일을 계속해도 괜찮을지 계속 의구심을 불러일으킬 것이다. 아마 자선단체의 반응도 마찬가지일 것이다. 그러나 자신의 공동체 구성원들과의 단절은 그것 때문일 리가 없었다. 영국에 사는 남아시아 이민자 집단의 가장 인상적인 특징은 힘든 시기에 똘똘 뭉쳐서 서로 돕는다는 것이다. 공동체 구성원의 누군가가 아플 때도 그렇다. 친지들은 함께 모여서 자녀들을 돕거나 요리를 하거나 위로를 한다.

비록 파키스탄 이민자의 3-4대 후손까지 존재하는 지금이지만, 이런 공동체는 여러 면에서 여전히 이방인으로 남아 있기도 한다.

문화 변용, 즉 건강에 미치는 행동을 포함해서 이주한 나라의 가치와 관습을 배우고 동화하는 과정을 겪지 않은 이들이 많다. 이민자의 궤적을 연구하는 캐나다의 사회심리학자 존 베리가 간파했듯이, 본토 공동체에 통합되는 집단도 있는 반면에 거의 통합되지 않는 집단도 있다.[23] 후자는 자기 사회 집단의 경계 내에 머물면서 분리된 상태로 존재한다. 그렇기 때문에 그들은 공동체 내에 환자가 생기는 것과 같은 문제에 직면할 때, 똘똘 뭉쳐야 한다. 그런데 왜 와히드는 병에 걸리자 거의 버려지고 배척되는 느낌까지 받게 된 것일까?

와히드는 자신이 아프다고 말하지는 않았지만, 그가 환영을 볼 때 드러낸 반응을 공동체 사람들이 목격했다. 그들은 곧 그의 증상들이 어떤 것인지 알아차렸고, 그것이 어떤 의미인지 나름 판단을 내렸다. 그들이 반드시 그가 정령에 씌었다고 생각하지는 않을지라도, 그가 환영을 본다는 사실 자체가 그를 기피할 근거로는 충분했다.

* * *

한 달 뒤 예약 환자 목록을 살펴보고 있는데, 와히드의 이름이 있었다. 나는 조금 걱정이 되었다. 증상이 개선되지 않았다면, 딸과 다시 아주 불편한 대화를 나눌 가능성이 높았다. 나의 판단 근거를 대면서 두 사람에게 리바스티그민 용량을 더 늘려야 한다고 설득해야 할 터였다. 복용량을 더 늘리라고 설득하기가 지난번보다 훨씬 더 어려울 것이 뻔했다.

예상대로 와히드는 딸 야스민과 함께 왔다. 그녀는 문으로 들어오기 전부터 이미 말을 하려고 입을 반쯤 벌리고 있었고, 들어오자마자 나를 뚫어지게 쳐다보았다. 그런데 이번에는 딸이 아니라 와히드가 먼저 말을 꺼냈다. 인사도 나누기 전이었다.

"선생님, 정말 경이로웠어요. 효과가 있었어요! 정말 기쁩니다. 밤에 나타나는 이 무서운 것들이 더 이상 나타나지 않아요!"

나는 깜짝 놀랐다.

"정말 좋은 소식이네요. 아주 놀랍습니다!"

그런데 내가 와히드와 기쁜 순간을 만끽할 새도 없이 야스민이 끼어들더니, 놀랍게도 조금 머쓱해하면서 감사 인사를 했다.

"지난번에 너무 힘들게 해드려서 죄송합니다. 아빠가 너무 걱정되어서 그런 거라고 이해해주세요. 솔직히 말해 약의 효과를 별로 기대하지 않았어요." 그녀는 다소 자책하는 표정을 지으면서 말을 계속했다. "제가 틀렸어요. 명쾌하게 설명해주셔서 감사합니다. 믿었어야 했는데. 아빠는 정말 달라졌어요. 선생님 덕분이에요."

내가 예상했던 말과 달랐지만, 아주 기뻤다. 나는 그저 이렇게 말할 수밖에 없었다.

"이해합니다. 스트레스 때문이었겠지요. 환자분께 약이 효과가 있다니 너무 기쁘네요."

우리는 어떤 약이 특정 개인에게 효과가 있을지 여부를 알지 못할 때가 많다. 그래서 리바스티그민이 그런 차이를 빚어냈다는 말을 듣자 정말로 기뻤다. 투여량을 늘리자 1주일쯤 뒤부터 효과가 나타나기 시작했고, 와히드의 환영은 이제 전혀 나타나지 않았다. 뇌의 특정한 화학물질, 즉 신경전달물질인 아세틸콜린의 농도를 높이는 약이 이런 일을 해낼 수 있다는 사실이 어떤 면에서는 놀라웠다. 예전이라면—아니, 오늘날의 일부 공동체에서도 마찬가지이다—미쳤다고 여겨지는 사람을 사회가 "받아들일 수 있는" 사람으로 사실상 바꿔놓은 것이다.

현재 우리는 와히드와 같은 병을 가진 환자 상당수가 리바스티그민처럼 뇌의 아세틸콜린 농도를 증가시키는 약으로 인지 기능 개선과 환시 제거 등의 여러 실질적인 혜택을 볼 수 있다는 것을 안다.[24] 흥미롭게도 아세틸콜린을 신경전달물질로 쓰는 뉴런들은 주로 마이네르트 바닥핵에서 뻗어나온다. 아세틸콜린의 기능 중 하나는 뉴런 사이에 전달되는 신호를 증폭시키는 것이다. 레비 소체병에 걸리면, 들어오는 시각 정보를 처리하는 데에 관여하는 겉질 영역들 사이의 연결이 약화되는데, 리바스티그민이 그 연결을 강화하는 것 같다.[16] 리바스티그민이 작용하면 시지각이 증진되고, 따라서 사전 기대에 의존하는 비율을 줄일 수 있다.[15] 최근 들어 신경과학자들은 마이네르트 바닥핵의 전기 자극이 환시 같은 인지적 및 신경정신병적 증후군도 개선할 수 있을지 연구를 시작했다. 이런 선구적인 심층 뇌 자극 연구는 적어도 일부 환자에게 상당한 효과가 나타날 수 있음을 보여준다.[25, 26] 현재 알츠하이머병 환자를 대상으로도 임상시험이 이루어지고 있다.

와히드는 증상이 나아지자, 다시 용기를 내어 직장의 보건 부서를 찾아갔다. 보건 부서는 2주일 동안 환영이 보이지 않는지 여부를 지켜보자고 했다. 또한 그곳에서는 와히드가 다시 일할 수 있는지에 대한 나의 소견서도 받고 싶어했다. 그 사이에 와히드는 누가 재촉하지 않았는데도 운전 적성 검사를 받았고, 별문제 없이 통과했다. 게다가 자선단체로부터 다시 자원봉사를 와달라는 요청을 받았기 때문에 그는 무척 기뻐했다.

야스민은 부친의 친구들과 연락하는 일에도 많은 노력을 기울였다. 그녀는 부친이 적절한 치료를 받아서 훨씬 나아졌다고 그들을 안심시켰다. 부친의 증상에 수반되는 낙인을 없애고자, 그녀는 부친이 정신과 의사가 아니라 신경과 의사에게 치료를 받는다는 점을 강조했다. 3주일 뒤 와히드는 자택으로 돌아갔다. 야스민은 부친이 이제 훨씬 건강해졌기 때문에, 다시 독립적인 생활을 하는 것이 중요하다고 생각했다. 몇몇 친구들이 다시 찾아오기 시작했고, 그는 그들과 즐겁게 어울렸다. 게다가 예전에 다녔던 공동체 행사에도 다시 초대를 받았고, 그런 곳에서 그는 정상으로 돌아온 모습을 보였다. 와히드의 이야기는 끝나지 않았지만, 첫머리는 달라졌다. 한밤의 불청객들은 더 이상 나타나지 않았다.

5

조용한 무시

포르토벨로에 어둠이 빠르게 깔리고 있었다. 멋진 저녁이었다. 해가 지평선 아래로 천천히 가라앉으면서, 짙은 보라색이었던 서쪽 하늘 아래쪽의 가장자리가 새빨갛게 물들었다. 푹푹 찌는 기나긴 여름날이 마침내 저물고 있었다. 그해에 드물게 무더웠던 그날, 사람들은 저녁의 이 시간을 즐기고 있었고, 즐기기에는 노팅 힐만 한 곳이 없었다. 술집마다 손님들로 넘쳤고, 사람들은 도로까지 두세 줄씩 늘어섰다. 사람들은 스러지고 있는 한낮의 열기와 런던의 맛좋은 맥주 덕분에 한껏 기운이 솟았고, 활기찬 분위기가 흘러넘쳤다. 신나는 농담과 웃음이 거리를 따라 멀리까지 퍼져나갔다.

윈스턴을 발견한 것은 그 무렵이었다. 언뜻 보면 그는 그저 너무 신나게 즐긴 사람 같았다. 짙은 회색의 낡은 줄무늬 정장 차림의 그는 이리저리 비틀거리고 있었는데, 지나가는 사람들은 그가 조금 취해서, 웨스트웨이 인근에서 울려나오는 버닝 스피어의 레게 음악에 맞추어 춤추나 보다 하고 생각했을 것이다. 그는 소리를 치고 있었지만, 다른 사람들 역시 소리를 지르고 있었다. 그가 무슨 말을 하는지 불분명했고, 카리브 해 억양에 약간 발음이 새어서 더욱 알아듣기 어려웠다. 물론 하루 종일 즐긴 술의 누적 효과 때문일 수도 있었다.

친구인 켈빈이 그를 찾아냈을 때, 윈스턴은 처음에 그를 보지 못한 듯했다. 윈스턴은 다소 알딸딸한 상태인 양 보였다. 점점 짙어가는 어둠 속에서는 특히 더 그렇게 보였다. 켈빈은 거리의 맞은편에서 그를 보고 다가가면서 인사를 했다. 윈스턴은 자기 이름을 누가 불렀는지 찾으려는 듯이, 켈빈이 아닌 다른 곳을 바라보고 있었다. 그런데 켈빈이 바로 앞까지 다가갔는데도 윈스턴은 친구를 알아보지 못하는 것처럼 보였고, 부른 사람이 누구인지 보려는 듯이 켈빈의 오른쪽으로 몸을 돌리고 있었다.

"켈빈, 자네인가?" 윈스턴은 물었다.

그는 방향 감각을 상실한 듯했고, 자기 동네에 있으면서도 여기가 어디인지 헷갈리는 듯했다. 켈빈은 걱정이 되었다.

"자네 괜찮은가? 벌써 술 마셨어?" 켈빈이 물었다.

그러나 윈스턴은 술을 마시지 않았다고 단호하게 말했고, 분명히 술 냄새도 전혀 나지 않았다.

"소변 좀 봐야겠는데."

윈스턴의 말에 켈빈은 친구의 팔짱을 끼고서 가장 가까이에 있는 술집으로 데려갔다. 래드브룩 그로브 모퉁이에 있는 술집 엘긴이었다. 둘이 익히 아는 곳이었고, 켈빈은 윈스턴에게 화장실로 가라고 말하고서는 카운터로 갔다. 그러나 그가 맥주 두 잔을 주문하려고 할 때, 와장창 깨지는 소리가 들렸다. 돌아보니 윈스턴이 유리잔을 옮기던 여성과 부딪쳐서 둘 다 바닥에 넘어져 있었고, 사람들이 그들을 일으키려고 애쓰고 있었다.

"맙소사, 윈스턴!"

켈빈은 서둘러 가서 친구를 대신해 사과하면서 윈스턴을 천천히 일으켜 세웠다. 그런데 윈스턴이 엉뚱한 방향으로, 화장실이 아니라 출입구로 향하고 있다는 것이 분명했다.

소동이 가라앉은 뒤, 켈빈은 직접 윈스턴을 화장실에 데려가기로 했다. 이제 그는 문제가 있다고 확신하기에 이르렀다. 함께 화장실로 들어가서 윈스턴을 소변기 쪽으로 보냈는데, 켈빈은 친구가 세면대로 가서 지퍼를 내리고 소변을 누기 시작하는 바람에 기겁을 했다. 사람들은 술 취한 친구를 데리고 빨리 나가라며, 이미 충분히 말썽을 부리지 않았느냐고 소리를 질러댔다. 켈빈은 윈스턴이 취하지 않았다고 항변했지만, 결국 사람들 말대로 친구를 데리고 화장실을 나와 카운터로 갔다. 윈스턴이 아프다고 생각한 그는 업주에게 구급차를 불러달라고 하고서 친구를 구석에 앉혔다.

"이봐, 소란 떨지 말게. 난 괜찮네. 그냥 집에 가겠네." 윈스턴은 투덜거렸다. 그러나 켈빈은 그 말을 듣지 않고 친구에게 가만있으라고 설득했다.

병원 응급실에 도착한 그들은 대기자가 많아 아주 오래 기다려야만 했다.

"친구분이 정신착란에 빠졌다는 거죠?" 안경 쓴 접수 창구 간호사는 못 믿겠다는 표정으로 고개를 저었다. 그날 저녁에 "정신착란에 빠졌다"는 환자들이 수없이 몰려왔기 때문이다. 그녀는 켈빈이 술을 한 모금도 안 마셨다는 말도 믿지 않았다. 그래서 그들은 의사를 만날 때까지 마냥 기다려야 했다. 약 5시간 뒤 새벽이 될 때쯤에야 그들은 마침내 의사를 만날 수 있었다. 윈스턴을 진료한 젊은 의사는 정신착란을 일으킨 원인이 될 만한 것이 있는지 알아보기 위해서 혈액 검사를 해보자고 권했다. 자신이 내린 결론이 맞는지 확인하기 위해서였다. 윈스턴은 여전히 자신이 어디에 와 있는지 혼란스러워하는 듯했다. 신체 검사를 받을 때 가만히 있지 못했고, 마치 무엇인가를 찾는 양 산만하게 계속 고개를 돌렸다.

의사가 말했다. "혈액 검사 결과가 나오려면 두 시간쯤 걸릴 거예요. 말하신 대로 아무것도 먹지 않았다면, 감염일 수도 있어요. 그런데 청진기로는 허파에 아무 문제가 없네요. 소변 검사도 해볼게요. 감염이 되었다면 혈액 검사에서 뭔가 나올 수도 있어요."

그래서 그들은 더 기다렸고, 윈스턴은 인내심 많은 친구의 어깨에 기대어 잠이 들었다.

그날 밤 응급실은 마치 서커스 극장에 온 것처럼 온갖 광경과 소리로 요란했다. 도저히 눈을 붙일 수 없었던 켈빈은 응급실에 으레 찾아오는 단골손님들을 차례로 목격했을지도 모르겠다. 언제나 밝은 주황색 정장을 입고 당당하게 더블베이스를 끌면서 접수대를 지나치는 음악가 윌을 보았을 수도 있다. 아주 건강해 보이는 그는 주변 사람들에게 자신이 아프며 밤을 무사히 보내려면 "옥시"(옥시코돈)가 필요하다고 설명했을 것이다. 또한 수상쩍은 사람들의 주의를 끌지 않으려고 애쓰면서 들어오는 젊은 제이드를 보았을지도 모르겠다. 그는 배가 아픈데 확실한 진단이 나온 적이 없다면서 호소한다. 혹은 날이 따뜻하기는 해도 술 취한 사람이 너무 많아서 밖에 있으면 불안하다며 온갖 물건들을 가득 담은 쇼핑 카트를 밀고 들어오는 노숙자 캐런을 보았을 수도 있다. 그날 밤에는 온갖 다양한 사람들이 응급실을 방문했다.

*　*　*

그날 아침에 나는 당직인 신경과 의사 니키와 함께 회진을 돌았다. 니키를 안 지는 2주일이 채 되지 않았다. 첫 인상에 그녀는 열정보다 효율을 중시하는 사람이었다. 환자들이 말하는 문제에 몰두하기보다는 점검표에 하나하나 표시를 하면서 파악하는 성향이었다. 이른 시간이었음에도 그녀는 벌써 지난 24시간 동안 내외과 의료진이 신경과에 의뢰한 긴 환자 목록을 확인하고 있었다.

"응급실부터 돕시다. 그래야 병상 몇 개라도 빨리 비워줄 수 있을 테니까요." 내가 제안했다.

"네, 알겠습니다. 70세의 급성 정신착란 환자부터 보시죠." 그녀는 냉소적인 표정으로 눈을 위로 치켜뜨며 목록을 쳐다보았다.

"정신착란"은 의사들이 종종 쓰는 단어이지만, 대개는 그다지 유용하지 않다. 근본 원인을 모호하게 가리기 때문이다. 신경과의사에게 정말 중요한 질문은 다음과 같다. 감염이나 약물, 전해질(염분), 대사 교란 등 신체 전체에 영향을 미치는 문제 때문에 뇌에 **전반적으로** 이상이 발생하여 착란이 발생했는가? 아니면 뇌에 **국부적으로** 이상이 발생하여 실제로는 착란이 아닌데도 착란을 일으킨 것처럼 보이는가? 예를 들어 환자에게 언어 장애가 나타났다면 언뜻 착란을 일으킨 양 보일 수 있지만, 사실 이해력이나 말하기에 문제가 생긴 것이 근본 원인일 수도 있다.

"흠, 그러면 그 환자를 봅시다." 나는 고개를 끄덕였다.

* * *

우리가 응급실에 들어갔을 때, 윈스턴은 커튼을 친 작은 공간에서 "트롤리"에 누워 있었다. 트롤리란 이동식 병상을 가리키는 완곡한 표현이다. 그는 병원에 와 있다는 것 자체가 마음에 들지 않음을 여실히 드러내고 있었다. 자메이카 억양으로 켈빈에게 강하게 투덜거리고 있었기 때문이다.

"도대체 왜 나를 여기에 데려온 건가? 계속 처박혀 있기만 하잖나. 의사들이 아무것도 안 해주고. 내 말 듣고 있나?"

"윈스턴, 보게! 의사가 왔네." 우리가 다가가자 켈빈은 친구를 다독이면서 말했다.

"어디 말인가? 의사는 안 보이는구먼!" 윈스턴은 오른쪽을 돌아보면서 물었다.

"자네 앞에 계시네. 이쪽을 보게나." 켈빈은 방향을 가리키려고 애썼다.

"맞아요, 환자분 보러 왔어요. 음……오하라 씨. 맞죠, 오하라 씨?" 니키는 그 환자가 맞는지 긴가민가한 어조로 물었다.

"맞소. 윈스턴 오하라요. 백인이라고 생각하셨나?" 윈스턴은 고개를 오른쪽으로 돌리면서 히죽 웃었다. "다들 그렇지! 우리 조상은 아일랜드계 자메이카인이오. 밥 말리의 조상도 그렇소. 그건 몰랐겠지. 그럼 당연하지. 말리는 자메이카계 아일랜드인이오." 그는 낄낄 웃으면서 말했다.

"마커스 가비의 조상도 그렇죠. 안 그래요?" 내가 물었다.

"맞소. 그렇소. 와, 여기 똑똑한 분이 계시는구먼." 윈스턴은 고개를 끄덕이면서 웃었다. "의사 선생님, 똑똑한 분이시니 내가 집에 못 가는 이유를 알아낼 수 있겠소?"

그는 응급실에 오래 있었으면서도 여전히 활기가 있었다. 70대라고 보이지 않을 만치 얼굴이 아주 젊어 보였다. 윤기 나는 옅은 커피색 피부에는 주름살도 거의 없었다. 그의 나이를 알려줄 만한 특징으로는 피부와 놀라울 만큼 대비되는, 짧게 깎은 흰 곱슬머리뿐이었다.

우리는 응급실에 어떻게 오게 되었는지 윈스턴에게서 알아보려고 했지만, 시간이 많이 지난 터라 짜증과 불만이 잔뜩 차오른 상태였던 그는 자신에게 아무 문제도 없다는 주장을 계속했다. 그냥 저녁에 즐기러 외출했을 뿐인데, "특이한" 일이 일어났다고 했다. "뭐라고 콕 찍을" 수는 없는데, 여하튼 무엇인가가 이상했다는 것이다. 하지만 그는 하룻밤 푹 자고 나면 "다 해결될" 것이라고 확신했다. 우리는 켈빈에게서 훨씬 더 많은 이야기를 들을 수 있었다. 그는 밤에 있었던 일을 자세히 들려주었다. 친구가 노팅 힐에서 이상하게 걷고 있던 모습, 술집에 데려갔는데 친구가 화장실에서 너무나 기이하게 행동해서 깜짝 놀란 일 등을 말이다.

"이봐, 또 부풀리는 건가?" 윈스턴이 꽥 소리쳤다.

켈빈은 집에 가서 일용품을 몇 가지 가져올 테니, 기다리라고 친구에게 말했다. 윈스턴은 뚱한 표정이었다. "꼭 돌아와야 하네. 나 혼자 여기 내버려두지 말고. 알았나?"

나는 니키에게 신경학적 검사를 맡기고서 지켜보았다. 그녀는 시야(시력 상실이 일어났는지 여부)부터 뇌신경의 다른 영역들(눈, 얼굴, 혀와 목의 운동, 얼굴 감각), 팔다리(힘, 감각과 반사)에 이르기까지 매끄럽게 하나하나 검사를 진행했다.

이윽고 검사를 마친 그녀는 어깨를 으쓱하면서 결론지었다. "다 정상 같아요. 신경학적 원인으로 착란이 생긴 것 같지는 않아요. '우리 쪽 환자가 아니다' 하고 넘길까요?"

228

이 정신착란 환자에게서 손을 떼고 우리 쪽 환자 명단에서 제외하고 싶어하는 태도가 확연히 엿보였다. 그러나 검사 결과가 다 정상이라고 나왔음에도 불구하고 윈스턴의 행동에 우려되는 점이 있는 것도 확실했다. 계속 고개를 오른쪽으로 돌리는 것 말이다.

"오하라 씨가 어떻게 걷는지만 봅시다."

내가 말하자, 윈스턴은 자신이 퇴원해도 된다는 것을 보여주려는 양 침대에서 펄쩍 뛰어내리더니 커튼을 걷었다.

"걷는 데에는 아무 문제도 없소." 그는 그렇게 말하고는 걷기 시작했다. 자신한 것처럼 그는 잘 걸었다. 그러나 몇 걸음 채 걷기도 전에 오른쪽으로 방향을 돌려서 혼잡한 복도로 들어서더니 벽에 붙여놓은 트롤리에 쿵 부딪쳤다.

"왜 취했다고 봤는지 알겠네요!" 니키는 인상을 찌푸린 채 그가 몸에 엉킨 커튼에서 빠져나오려고 하는 모습을 살펴보았다.

"계속 오른쪽으로 도는 게 흥미롭지 않나요?" 내가 물었다.

우리는 그를 다시 데려왔다. 나는 그를 의자에 앉히고 물었다.

"이 신문이 보이십니까? 어떤 기사가 실렸는지 말해주세요. 흥미로운 기사가 있습니까?" 나는 접힌 신문을 하나 집어서 그의 눈앞에 펼쳤다. 악명 높고 선정적인 영국의 신문, 「데일리 메일Daily Mail」로, 앞서 이 검사실에 있던 사람이 놓고 간 신문이었다. 이 삼류 신문에서 흥미로운 기사를 찾아낸다면야 다행이겠지만, 여하튼 알아보기로 했다.

윈스턴은 나의 요구에 집중함으로써 나를 놀라게 했다.

"음, 미국이 시리아의 이슬람국가IS 전투원들에게 폭탄을 투하하고 있는 것 같소. 대체 왜 저러는지 정말 이해가 안 되는군." 그는 시리아 내전이 발발한 지 3년 남짓 지났을 때 이슬람국가가 미국인들을 인질로 잡자 오바마 정부가 보인 대응을 언급하고 있었다. "또 유명인의 휴대전화를 해킹해서 투옥된 사람에 관한 기사도 있소. 자업자득이지! 시리아에서 탈출한 사람들로 가득한 배두 척이 지중해에서 침몰하는 바람에 많은 사람이 죽었소. 정말 슬프군."

그는 기사 하나하나를 잘 이해하고 있었다. 그러나 그가 신문을 넘기면서 왼쪽 면에 있는 기사는 전부 제외하고 오른쪽 면에 있는 기사들만 보고 있다는 사실이 명확해졌다.

"이 기사는 무슨 내용입니까?" 나는 왼쪽 면에 있는 기사를 가리키면서 물었다. 폭염의 영향을 다룬 기사였다. 윈스턴은 그쪽으로 눈을 돌려서 무슨 내용인지 이야기했지만, 말을 마치자마자 다시 시선을 오른쪽으로 돌렸다. 신문을 한 장 한 장 넘길 때마다 그는 오른쪽 면에 실린 기사의 내용을 이야기했다. 신문을 다 넘길 때까지 그랬다.

"종이 있습니까?" 나는 니키에게 물었다.

그녀는 우리가 발견한 사항들을 적으려고 가져온 진료 기록지를 한 장 건넸다. 나는 종이 뒷면에 짧은 선들을 죽죽 그린 뒤, 윈

그림 12. 시각 탐색 검사 결과. 윈스턴은 종이의 왼쪽을 무시한 채 오른쪽에 있는 선에만 표시를 했다.

스턴 앞에 놓았다. 그리고 펜을 주면서 눈에 보이는 모든 선에 수직선을 그어서 십자 표시를 해달라고 했다. 보통의 사람들과 달리, 그는 종이의 오른쪽에 있는 선들부터 표시하기 시작했다(왼쪽에서 오른쪽으로 글을 읽는 사람들은 대부분 왼쪽부터 선을 긋기 시작할 것이다). 그는 30초 만에 끝냈는데, 왼쪽에 있는 선들은 대부분 손대지 않은 채였다(그림 12).

"다 했습니까?" 내가 물었다.

"다 했소. 근데 이런 시시한 일은 왜 하라는 거요?" 윈스턴은 어린아이나 할 법한 과제를 냈다는 것처럼 화난 표정으로 반문했다.

"꾹 참고 해주셔서 감사합니다."

나는 그렇게 말하고는 니키를 돌아보았다. 니키는 바닥을 쳐다보고 있다가, 겸연쩍은 어투로 결론을 내렸다.

"한 가지 문제가 있는 게 확실하군요. 왼쪽 무시(왼쪽 부주의)네요, 맞죠?"

"그런 것 같죠? 오른쪽으로 치우치고 도는 게 설명되는군요. 정신착란이 아닙니다. 왼쪽을 무시하는 거예요."

바로 그때 윈스턴을 우리 과에 의뢰했던 젊은 응급실 의사가 커튼을 걷고 들어오더니, 혈액 검사 결과가 모두 정상으로 나왔다고 알렸다.

"그럴 거예요." 내가 말했다.

"그러면 착란의 원인이 뭐라고 생각하세요?"

"착란이 아닙니다. 오하라 씨는 뇌졸중을 일으킨 겁니다."

"네? 하지만 몸은 멀쩡해 보이는데요?"

"뇌졸중이 신체 움직임을 제어하는 뇌 영역에 영향을 미치지 않는다면, 멀쩡해 보이겠죠. 다만 왼쪽 무시 증세가 심각합니다. 왼쪽에 전혀 주의를 기울이지 않고 있어요. 선생님이 말을 할 때 환자가 선생님을 보지 못하는 듯이 행동하는 이유가 바로 그것입니다. 계속 오른쪽만 보는 이유도 그 때문이고요."

"아하!" 응급실 의사는 고개를 끄덕였다.

"뇌 CT를 찍어보죠. 결과가 나오면 다시 오겠습니다." 나는 윈스턴을 향해 돌아섰다. "오하라 씨, 뇌졸중이 약하게 일어나서 왼편에 있는 것들을 알아보기 어려운 것 같습니다. 확실히 알아보기 위해서 뇌 영상을 찍어볼 거예요. 더 나빠질 수 있으니까 지금 집에 가시면 안 됩니다."

"뇌졸중?" 윈스턴은 깜짝 놀라면서 못 믿겠다는 반응을 보였다. "확실한 거요?"

"물론 절대적으로 확실한 건 아니에요. 그러니 뇌 영상을 찍어봐야죠."

나의 진단이 그에게 별 확신을 심어주지 못한 것이 분명했다. 응급실을 나올 때 니키가 말했다. "그 무시를 놓치다니, 멍청이가 된 기분이에요. 확실했는데, 그렇죠?"

나는 그녀를 다독였다. "전에 경험해본 적이 있어야만 알 수 있었을 거예요. 지난 뒤에 돌이켜보면 모든 게 다 그렇게 보입니다. 이제 무엇을 눈여겨봐야 할지 알았으니까 앞으로는 놓칠 가능성이 적을 겁니다."

그녀는 웃었다. "네, 그래야죠. CT 촬영 결과가 나오자마자 살펴볼게요."

"뇌졸중이 어느 부위에 일어났을 거라고 생각합니까?" 나는 그녀가 신경학을 얼마나 잘 알지 궁금해서 물었다.

"오른쪽 마루 겉질이겠죠?"

"맞아요. 그게 이유일 가능성이 가장 높죠."

"또 운동 겉질이나 겉질 척수로까지 영향을 받았을 가능성은 낮고요. 거기까지 미쳤다면 왼쪽 팔다리도 약해졌을 테니까요."

뇌 오른쪽의 운동 겉질은 겉질 척수로를 이루는 신경섬유를 통해서 왼쪽 팔다리의 움직임을 제어한다. 이 통로는 운동 겉질의 신호를 척수로 전달하고, 척수는 말초신경을 통해서 우리 팔다리의 근육을 조화롭게 움직인다. 정말로 놀라운 제어 시스템이다.

그러나 윈스턴은 운동 제어에는 지장이 없었다. 대신에 자신의 왼쪽을 심하게 무시했다. 그쪽을 스스로 쳐다보려고도 하지 않았다. 대신에 시선이 오른쪽으로 치우쳐 있었다. 왼쪽에서 사람이 다가오면 그는 혼란을 느끼는 듯했다. 오른쪽을 쳐다보면서 그 사람을 보려고 했기 때문이다. 걸을 때 그는 왼쪽에 있는 것들을 무시했고, 그러다가 부딪치고는 했다. 그는 눈이 먼 것이 아니었다. 니키가 시력을 검사했을 때 매우 뚜렷이 드러났듯이, 그는 멀쩡하게 볼 수 있었다. 신문 기사를 읽어달라고 했을 때 보았듯이, 그의 주의가 그저 오른쪽으로 쏠렸을 뿐이었다.

* * *

CT 영상은 몇 시간 뒤에 찍었고, 오른쪽 마루 겉질에 비교적 경미한 뇌졸중이 일어났음이 드러났다. 오래 전 1940-1950년대에 몇몇 신경과 의사는 오른쪽 마루엽에 손상을 입으면 왼쪽 무시 현상이 나타난다는 것을 관찰하고 보고한 바 있었다.[1,2] 이후로 그런 공간적 무시―줄여서 그냥 "무시"라고도 한다―가 뇌에 병터가 생긴 후에, 특히 뇌졸중이 일어난 후에 흔히 나타나는 장애임이 명확해졌다.[3, 4] 피떡이 틀어박혀서 갑자기 혈관이 막히거나 혈관이 터져서 뇌출혈이 일어날 때 그렇다.[4] 무시 환자는 공간의 한쪽에 주의를 기울이지 못한다.

　그런데 주의란 무엇일까? 심리학자와 신경과학자는 한 세기 넘게 이 질문에 매달려왔다. 우리의 뇌는 바깥 세계로부터 오는 엄청난 양의 정보를 끊임없이 받는다. 우리 감각 수용기―시각, 청각, 촉각, 후각, 미각 수용기―는 밀리초마다 다양한 입력을 받아서 활성을 띨 수 있다. 그러나 우리 뇌는 용량이 한정되어 있다. 이 모든 정보를 다 처리할 수가 없다. 게다가 그럴 필요도 없을 것이다. 감각 수용기를 계속해서 자극하는 입력들은 대부분 우리에게 그다지 중요하지 않기 때문이다. 예를 들면, 피부에 닿는 옷의 촉감은 끊임없이 존재하면서 가장 미미한 움직임에도 변하지만, 대개는 대부분의 일상 활동과 별 관계가 없다. 우리는 평소에 셔츠가 피부에 얼마나 닿는지에 별 개의치 않는다. 반면에 피부의 일부가 아주 뜨겁다는 느낌을 받으면 즉각 알아차린다. 요리 기구의 화염에 무심코 가까이 다가가는 바람에 그런 감각이 생길 수 있고, 그 감각은 중요하기 때문이다. 시각도 마찬가지이다. 밀리초마다 우리 눈에 다다르는 정보는 그다지 쓸모가 없지만, 그중 일부는 유용하다. 예를 들면 길을 걷는데 공사장 비계에서 갑자기 벽돌이 떨어진다면, 우리는 신속하게 반응해서 피해야 다치지 않을 것이다.

우리 뇌는 상황과 관련이 있는 정보와 그렇지 않은 정보를 구분할 수단이 필요하며, 그 과정을 가리키는 단어가 바로 "주의"이다.

　우리가 감각 정보를 어떻게 처리하는지를 연구하는 사람들은 그런 선택 과정이 없다면 우리가 정보의 홍수에 익사할 것임을 오래 전부터 이해하고 있었다. 실제로 구글이 구글 안경이라는 개념을 내놓았을 때 바로 이 문제가 도마에 올랐다. 구글 안경이란 일기보다 더 나은 방식으로 삶 전체를 재생할 수 있도록, 온종일 개인의 활동을 다 기록한다는 아이디어에서 출발했다. 그러나 곧 우리의 일상에서 일어나는 일들 대부분이 그다지 흥미롭지 않다는 사실이 명백해졌다. 게다가 훗날 재생하기 위해서 테라바이트 단위의 데이터를 저장할 가치가 없다는 것 역시 분명했다. 우리는 하루 중에 몇 건의 중요한 일화만 포착하면 된다. 우리에게 가장 중요한 사건들만 말이다. 그런데 어떤 사건이 중요한 사건일까?

　어느 정보가 관련이 있는지를 선택하는 과정을 "선택적 주의"라고 한다. 즉 우리 뇌가 유용하지 않은 정보를 걸러내고 유용할 만한 정보에 초점을 맞출 때 쓰는 수단을 말한다. 일부 연구자는 뇌의 용량이 한정되어 있기 때문에 감각 정보들이 선택되기 위해서 서로 경쟁한다고 주장한다.[5] 감각 입력(피부에 닿는 갑작스러운 열이든 시야의 주변부에서 보이는 날아오는 물체든 간에)이 더 두드러질수록, 우리는 그것에 더 주의를 기울이는 쪽을 선택할 가능성이 더 높다. 현저한 자극은 선택 경쟁에서 이긴다. 그러나 주의를 어디로 향할지의 판단은 그 시점의 우리 목표에 따라서도 달라진다. 혼잡한 지하철역에서 빨간 외투를 입고 있다고 한 친구를 찾고 있다면, 우리는 빨간색 이외의 다른 색깔들을 걸러내고 시야에서 빨갛게 보이는 곳들에만 초점을 맞추려고 애쓸 것이다. 따라서 주의는 상향식(현저성)이든 하향식(목표나 우리가 하고자 하는 것)이든 간에 경쟁으로 작동한다.[6] 경쟁에서 이기는 쪽이 우리의 주의를 사로잡는다.

시각적 주의 분야에서 이루어진 많은 실험들은 공간적 주의 집중이 매우 선택적으로 일어날 수 있음을 시사한다. 즉 우리는 공간의 한 곳에 주의를 집중하고 다른 곳들은 무시할 수 있다.[7] 이는 시각적 주의가 "스포트라이트"와 비슷하다는 견해를 낳았다. 스포트라이트는 무대에서 중요한 곳을 비추는 조명이다. 건강한 사람이 공간의 어느 한쪽에 주의를 집중하는 동안 뇌를 촬영한 현대 뇌 영상 연구들은 스포트라이트 구조가 마루 겉질의 지휘를 받을 가능성이 있음을 밝혔다. 오른쪽 마루 겉질은 공간의 왼쪽으로 주의를 옮기고, 왼쪽 마루 겉질은 공간의 오른쪽으로 주의를 옮긴다.[6] 어느 한쪽의 마루 겉질이 손상되면, 공간의 반대 방향 쪽으로 주의를 향하지 못한다.

무시 환자의 시야는 멀쩡할 수 있다. 즉 니키가 윈스턴의 시야가 정상이라고 판단한 것처럼, 환자는 온전히 볼 수 있다. 그렇지만 그들은 공간의 한쪽에 있는 대상에 자연스럽게 주의를 기울이는 경향을 보인다. 따라서 뇌졸중을 일으킨 원스턴의 사례처럼 오른쪽 마루엽이 손상된 환자는 공간의 왼쪽을 무시한다. 오른쪽에 있는 대상들에 주의를 기울이고, 왼쪽에 있는 대상들을 무시하는 것이다.[8,9] 이 상황을 마치 오른쪽에 있는 대상들이 뇌에 선명하고 매우 두드러져 보임으로써 선택 경쟁에 이겨서 주의를 사로잡는 것이라는 식으로 해석할 수도 있다. 반면에 왼쪽에 있는 대상들은 두드러지지 않아서 환자의 주의를 사로잡지 못한다. 그 결과, 원스턴 같은 사람들은 왼쪽에 있는 대상들을 의식적으로 지각하지 못한다. 설령 무시 환자가 자신이 공간의 한쪽에 주의를 기울이지 않고 있음을 인지한다고 해도, 여전히 그 방향을 제대로 바라보지 못할 수 있다. 유명한 영화감독 페데르코 펠리니도 오른쪽 마루엽에 뇌졸중이 일어난 뒤, 확연히 그런 모습을 보였다.[10]

무시보다 훨씬 더 심각한 부주의는 공간의 양쪽을 전부 보지 못하는 것인데, 1907년 헝가리 의사 발린트 레죄가 처음 보고했다. 그는 처음 그 환자를 보았을 때 흥미를 느꼈다. 환자가 갑자기 집에서 외출하기를 두려워했기 때문이다. 환자는 부다페스트의 집 밖으로 나갔을 때, 전차나 마차가 어디에서 또는 얼마나 멀리서 오는지 판단할 수가 없다고 말했다. 또한 책이나 신문도 더 이상 읽을 수 없다고 한탄했다. 처음에 몇몇 의사들은 그가 그저 심리 질환의 일종인 "히스테리"를 앓고 있을 뿐이라고 진단했다.

그러나 발린트는 꼼꼼한 임상의사였다. 그는 물건 하나를 환자

바로 앞에 놓으면 환자가 인식하지만, 물건 두 개를 놓으면 일관되게 둘 중에 하나만 본다는 사실을 알아차렸다. 발린트는 꼼꼼하게 환자를 검사한 끝에, 환자의 주의력이 심하게 제한되어 있다는 결론에 이르렀다. 자신의 왼쪽이나 오른쪽에 있는 물건을 아예 인식할 수 없다는 의미였다. 물건을 환자의 바로 앞에 놓는다고 해도, 환자의 주의가 너무나 한정되어 있기 때문에 한번에 한 가지만 의식적으로 지각할 수 있을 뿐이었다. 시야 자체가 온전해 보임에도 그랬다. 또 환자는 물건을 향해서 눈을 움직이거나 손을 뻗는 것도 어려워했다. 그러나 이는 물건이 공간의 어디에 있는지 모르기 때문일 수도 있었다. 환자가 전차나 마차가 어디에 있는지 판단할 수 없고, 외출하기를 두려워하는 이유도 그 때문이었다. 그렇게 보면 그가 글을 읽기 어려운 이유도 설명이 가능하다. 종이에 단어가 어디에 있는지를 알아볼 수가 없어서였다.

수년 뒤 환자가 사망하자, 부검을 한 발린트는 환자가 뇌졸중을 두 차례 일으켰다는 것을 알아냈다. 뇌의 좌우 양쪽 마루 겉질에 병터가 있었다. 그래서 그는 환자가 심각한 시각적 무시를 겪었을 뿐 아니라 주변 사물의 위치를 잘 파악하지 못했던 것이 마루엽의 손상 때문임이 틀림없다고 결론을 내렸다. 이 유명한 환자의 특징들은 나중에 발린트 증후군이라고 불리게 되었지만, 발린트 자신은 거의 알려지지 않은 채 수수께끼의 인물로 남았다.

오랜 세월이 흐른 뒤인 1986년에 나는 그를 좀더 알고 싶어서 박사과정을 밟고 있던 옥스퍼드 대학교에서 부다페스트로 향했다. 아직 헝가리가 철의 장막에 가려져 있던 시절이었기 때문에 나는 공산주의 국가로의 여행에 문제가 없을지 걱정이 되었지만, 헝가리 사람들은 나를 아주 너그럽게 환영해주었다. 나는 겨우 몇 번 조사했을 뿐인데, 놀랍게도 발린트의 손자인 페테르를 만날 수 있었다. 그는 헝가리 대학교의 생리학과 교수였다. 소심하게 그의 자택 문을 두드리자, 그는 나를 다소 어리둥절한 태도로 맞이했다. 그는 유색인종 젊은이가 자신의 할아버지에 대해서 알고 싶어서 영국에서부터 그 먼 길을 왔다는 사실을 도저히 믿지 못하는 듯했다. 내가 발린트의 이름을 딴 증후군이 있다고 설명하자, 그는 더욱 의아해했다. 집안에서 조부의 명성은 완전히 잊힌 모양이었다.

사실 발린트 레죄는 그의 진짜 이름이 아니었고, 그는 블라이어라는 성을 지닌 독일계 유대인 집안에서 태어났다. 그의 집안이 부다페스트에 정착할 당시의 헝가리는 민족주의 정서가 아주 강했기 때문에, 그들은 성을 현지식으로 바꾸는 쪽이 낫겠다고 판단했다. 발린트는 발렌타인을 마자르어(헝가리어)로 부른 것이므로, 단어 그대로 번역하자면 그 증후군은 발렌타인 증후군이 되는 셈이다. 내가 페테르에게 조부의 환자 연구가 어떻게 이루어졌는지 세상에 알리고 싶다고 하자, 그는 조부의 사진을 건네주었다. 내가 아는 한, 인쇄물에 찍힌 유일한 사진이다. 그후 나는 그의 삶과 환

자 연구가 어떻게 이루어졌는지를 발표했다.[11]

발린트는 양쪽 마루엽 손상에 따른 증상을 최초로 기록했다. 얼마 후에는 더 많은 보고들이 나왔는데, 제1차 세계대전에서 총상을 입은 젊은이들을 대상으로 한 연구였다. 그 당시의 소총에서 발사되는 총알의 속도는 머리뼈를 뚫을 정도는 되었지만,[12] 뇌에 치명적인 공동空洞 현상과 충격파를 일으키는 현대의 총기에 비하면 느렸다.[13] 그래서 운이 나쁘게 머리에 총상을 입은 병사들도 생존할 수 있었고, 뇌 기능의 국부적인 위치를 이해하는 데에 대단히 중요한 정보원이 되었다.

총상을 연구한 이들 중에서 가장 두드러진 인물은 영국인 신경과 의사로서 영국 원정군과 함께 프랑스에 갔던 고든 홈스였다. 불로뉴의 야전병원에서 홈스는 전선의 참호에서 부상을 입고 후송된 젊은 병사들을 매일 최대 300명까지 치료했다. 극도로 힘든 상황에서도 그는 환자들을 검진했고 더 나아가 놀랍게도 관찰한 내용을 꼼꼼하게 기록했다.

영국 병사들이 쓰는 브로디 "토미" 방탄모의 설계에 중대한 결함이 있다는 사실이 곧 명백히 드러났다. 이 방탄모는 금속판 하나로 쉽고 저렴하게 제작할 수 있었지만, 머리 위쪽을 가리는 대신에 머리뼈 뒤쪽은 그대로 드러나 있었다. 홈스는 전투에서 국부 총상을 입은 젊은이들을 꼼꼼히 살펴보았고, 그 결과 몇몇 뇌 영역의 이해에 가장 중요한 기여를 했다. 그 영역들은 모두 총상을 입기 쉬웠던 뇌 뒤쪽에 위치했는데, 1차 시각 겉질(겉질에서 첫 번째로 시각 처리를 전담하는 감각 영역)과 소뇌(균형과 운동을 제어하는 핵심 영역) 그리고 마루 겉질 등이었다. 홈스가 야전병원의 열악하고 힘겨운 조건에서 어떻게 이런 일들을 해냈는지 지금도 도저히 이해하기 어렵지만, 그는 빠르고 철저히 일을 해내는 신경과 의사라는 평가를 받았다. 실제로 현대 신경학 검사 중에는 그의 기법에서 유래한 것들이 몇 가지 있다.

홈스의 중요한 연구 사례들 중 하나는 시야의 일부가 사라진 병사들이었다. 그들은 눈이 멀쩡함에도 말 그대로 시야의 일부를 볼 수 없었다. 1차 시각 겉질, 즉 뇌가 눈에서 오는 신호를 받는 영역의 일부가 총알에 뚫리면서 손상되었기 때문이다. 홈스는 시야 상실 지도를 작성하고 그것을 총알의 경로와 연관한 끝에, 1차 시각 겉질이 뇌 뒤쪽인 뒤통수엽에 있다는 사실뿐 아니라 시야의 지도가 뇌에서 어떻게 표상되는지도 밝혀낼 수 있었다.[14] 오른쪽 시야에 나타나는 대상들은 좌반구의 1차 시각 겉질을, 왼쪽 시야에 있는 대상들은 우반구의 1차 시각 겉질을 활성화했다.

홈스는 "시각 방향감 상실"이라고 이름 붙인 장애를 앓는 병사들도 설명했다. 이들은 마루엽에 총상을 입은 병사들이었고, 총알이 뇌를 뚫고 반대쪽으로 빠져나간 경우도 있었다.[15, 16] 언뜻 보면 이들은 눈이 먼 듯했다. 사물에 부딪치고, 사람과 부딪치고, 물건을 집어달라고 해도 어디에 있는지를 찾지 못했다. 그런데 홈스가 꼼꼼히 검사를 해보니, 눈이 먼 것이 아님이 드러났다. 그들은 볼 수 있었다. 그런데 어떤 물건을 만져보라고 하면 대개 팔을 엉뚱한 방향으로 뻗어서 찾으려고 더듬었다. "어둠 속에서 작은 물건을 찾으려고 하는 사람과 다소 비슷했다." 홈스는 이 환자들이 그저 물건이 어디에 있는지를 모르는 것뿐임을 밝혀냈다. 그들 가운데 일부는 심한 무시 장애도 앓고 있었다. 그가 기재한 내용은 발린트가 양쪽 마루 겉질에 뇌졸중이 일어난 환자를 기술한 내용과 매우 흡사했다. 그래서 현재 신경학자들은 이 선구자들이 보고한 다양한 시각 장애들을 발린트-홈스 증후군이라고 부른다.

마루엽 손상으로 나타난 별난 증상들을 보고한 의사들은 더 있다. 포펠로이터와 클라이스트 등의 신경과 의사는 제1차 세계대전 당시 전선에서 총상을 입은 독일 병사들을 검진했다.[17] 클라이스트는 마루엽이 손상된 후에 3차원 구성물이나 그림을 베껴 그리는 데에 어려움을 겪는 장애를 가리키는 "구성 행위 상실증"이라는 용어를 도입했다. 시간이 지나 20세기 후반에 접어들 때쯤 많은 신경학자들은 무시와 구성 행위 상실증 같은 시공간 증후군들이 좌반구보다 우반구가 손상될 때 나타나는 경우가 훨씬 더 많고 증세도 더 심각하다는 것을 알아차렸다.[2, 18, 19] 그 이유가 정확히 무엇인지는 아직도 불분명하지만, 사람의 뇌에서 좌반구가 말하기와 언어를 전담하는 반면, 공간 지각을 비롯한 다른 많은 기능들은 우반구가 전담하기 때문이라는 설명이 제시되고는 한다.

* * *

윈스턴은 한 달 뒤 다시 진료실을 찾았다. 그런데 옷차림이 확연히 달라져 있었다. 정장 대신에 조금 해진 흰 셔츠에 녹색 운동복 바지 차림이었다. 옷을 빼입던 사람이 전과 다르게 아무렇게나 걸쳐 입고 온 듯했다. 나는 그가 여전히 왼쪽 무시를 앓고 있음을 알 수 있었다. 얼굴 오른쪽은 말끔하게 면도를 한 반면, 왼쪽에는 회색 수염들이 삐죽삐죽 나 있었다. 게다가 왼쪽 소매에는 노란 얼룩이 몇 군데 보였다. 지난주에 요리를 한 흔적 같았다. 그는 무력한 모습이 엿보였지만, 그래도 기운을 내려고 애쓰고 있었다.

"의사 선생님, 별일 없으신가?"

"잘 지내고 있습니다. 환자분은요?"

"그럭저럭이오." 그다지 확신이 없는 태도로 그는 고개를 끄덕이면서 말했다.

"그럭저럭요? 아무런 문제도 없었나요?"

"음, 누구에게나 문제는 있소. 그렇지 않소?" 그는 웃음을 터뜨렸다.

"뇌졸중 이후의 일을 말하는 겁니다."

"아, 의사 선생님이 나한테 분명히 뇌졸중이 일어났을 거라고 했지." 그는 나를 똑바로 쳐다보고 있었다. 지난번에 보았을 때보다 나아진 것은 분명했다. 이전에는 계속 오른쪽만 쳐다보고 있었으니까 말이다.

"네, 그랬습니다. 믿기지 않으십니까?"

"음, 친구들이 믿지를 않소."

"무슨 뜻인가요?"

"나 같은 뇌졸중 환자는 본 적이 없다나. 걷는 것도 멀쩡하고, 말하는 것도 멀쩡하니 말이오. 하지만 지금도 난 사람들과 부딪치곤 하오. 친구들은 뭔가 다른 일 때문이라고 생각하는 모양이오. 어떻게 말해야 할지 모르겠는데, 왠지 나랑 같이 외출하는 걸 꺼려하지. 말은 하지 않지만, 느낄 수 있소."

"알겠습니다. 그러면 환자분은 뇌졸중에 관해서 어떻게 생각하시나요?"

"물론 나는 의사 선생님을 믿소. 하지만 더 나아지는 것 같지가 않소." 그의 말에서 여전히 의구심이 느껴졌다.

"뇌졸중이 일어난 지 아직 몇 달밖에 안 되었습니다. 그러니 아직 초기 단계죠."

"정말이오? 그러면 약이나 재활 치료는 없소?"

"환자분이 겪고 있는 무시 증후군에 쓸 수 있도록 승인된 약물은 아직 없습니다." 그리고 당시에는 윈스턴이 신청할 수 있는 임상시험도 없었다. 당시로부터 수년 뒤에는 뇌의 신경전달물질인 노르아드레날린의 작용을 증진시키는 약물인 구안파신이 우반구 뇌졸중 이후에 왼쪽 무시 장애가 생긴 환자들 일부에게서 주의력을 유의미하게 개선시킬 수 있다는 결과가 나왔다.[20] 뇌에서 도파민 효과를 자극하는 약물도 일부 환자에게서 주의력 개선 효과를 일으킬 수 있다.[21, 22]

"휴, 그러면 마냥 기다리고 있어야 한다는 말이오?"

"시간이 흐르면서 나아지는 환자들이 많습니다."

그는 다시 고개를 끄덕였다. 나는 화제를 바꾸었다.

우리는 그의 성장 배경에 대해서 이야기를 주고받기 시작했다. 그는 "윈드러시 세대"에 속했다. 과거 독일 순양함을 개조하여 1948년 자메이카를 비롯한 카리브 해 제도를 돌면서, 영국에서 일하고 싶어하는 1세대 이민자들을 태우고 항해한 엠파이어 윈드러시 호의 이름에서 유래된 세대명이다. 영국 정부는 예전 대영제국에 속했던 지역의 사람들을 끌어오는 정책을 적극적으로 펼쳤다. 전후에 인력 부족 문제가 심각했기 때문이다. 윈스턴은 1950년대에 대서양을 건넜다. 그러나 그와 동포들은 흑인에게 적대감을 확연히 드러내는 영국인들과 마주쳤다. 그들은 두 팔 벌려 환영하지 않았다.

"일자리를 구할 때마다 이미 자리가 없다는 말을 들었소. 살 집을 구하러 갈 때마다 '워그(인종차별적인 속어로, 골리워그[얼굴이 검고 시커먼 털로 덮인 인형/역주]의 줄임말이다)'는 받지 않겠다는 말을 들었지. 아예 바깥에 이렇게 붙여놓은 곳도 있었소. '흑인 불가, 아일랜드인 불가.' 기가 막히게도 난 양쪽에 다 속했던 거요!"

그는 낄낄 웃었다. "셋집을 구해도, 집주인은 음식 냄새를 가지고 뭐라고 구박했소. '우리는 깜둥이 음식 싫어해' 하며 말이오."

카리브 해에서 온 많은 사람들처럼 윈스턴도 노팅 힐에 정착했다. 지금은 유행을 선도하는 지역이지만, 당시 노팅 힐은 정반대였다. 돈벌이에 혈안이 된 지주들은 낡은 집들을 다가구 주택으로 개조해서 흑인들에게 세를 주었다. 이주의 물결을 타고 카리브 해에서 온 많은 이들이 그런 곳에서 생활했다. 밀주와 도박, 매춘과 마약이 만연한 곳이었다. 또 새로운 이민자 집단과 원주민 집단 사이의 긴장으로 곪아가던 곳이기도 했다.

"1958년에 큰 폭동이 일어났을 때 나도 거기 있었지." 윈스턴은 회상했다. "거리에서 테디 보이들이 아무 이유도 없이 쇠막대기와 칼을 들고 사람들을 공격하는 미친 짓을 저질렀고, 우리는 맞서 싸워야 했소."

테디 보이Teddy Boy는 에드워드 시대의 패션을 토대로 한 옷차림(그래서 에드워드 7세의 애칭을 따서 "테디"라고 했다)을 한 교외 노동 계층의 젊은 남성들을 일컫는다. 그들은 로큰롤 음악에 관심이 많았지만, 일부는 폭력적인 생활방식으로 살았던 듯하다. 그런 취향은 윈스턴이 말한 1958년 늦여름 악명 높은 노팅 힐 폭동으로 연결되었다. 이 폭동은 젊은 백인 무리가 자메이카인과 혼인한 백인 스웨덴 여성을 습격하면서 촉발되었는데, 그 뒤로 터진 폭력 사태에는 오즈월드 모슬리의 극우 집단인 연합운동과 백인수호연맹

이 관여했다는 의혹이 제기되었다.

모슬리는 파시즘을 설파하다가 제2차 세계대전 때 상당 기간 구금되었지만, 1959년 총선에서 켄싱턴 노스 선거구의 국회의원 후보로 출마했다. 그는 카리브 해의 이민자들을 강제 송환하자는 강경파였다. 인종 간 혼인을 금지하자는 공약도 내걸었다. 그러나 그는 득표율 8퍼센트로 패배했다. 인종차별 폭동에 대한 반발로 트리니다드 출신의 언론인이자 활동가인 클로디아 존스는 실내 카리브 해 축제를 개최했고, 이는 BBC에서 방영되었다. 이로부터 런던의 가장 유명한 거리 축제인 노팅 힐 카니발이 탄생했다.

윈스턴은 바닥을 쳐다보고 있었다.

"견디기 힘드셨겠습니다."

그는 고개를 들었다. "힘든 정도가 아니었소. 집단 폭행을 당하지 않으면 운이 좋았다고 여겼지. 자메이카로 돌아가자는 생각을 수도 없이 했소. 하지만 우리는 꿋꿋이 버텼고 이윽고 상황이 나아지기 시작했소."

윈스턴의 노팅 힐 폭동 이야기를 듣고 있자니 1960년대 런던 서쪽에서 살던 어린 시절이 절로 떠올랐다. 내가 처음으로 카리브 해 출신의 많은 흑인들을 접한 곳은 셰퍼즈 부시 시장이었다. 나는 엄마의 손을 잡고 아장아장 고도크 길을 건너서 이 시끌시끌하고 복작거리는 시장으로 향하고는 했는데, 부모님은 그곳을 장터라고 불렀다. 장터에 들어서면 상인들이 외치는 소리가 시끄럽게 들려왔다. "어성옵셔, 빨갱사굡니다. 2개 6펜스. 어성옵셔." 이민자 아이에게는 도무지 알아들을 수 없는 말이었다. 노점을 연 사람들은 대부분 런던 백인들이었다. 하지만 시장 한편에는 카리브 해 흑인 상인들이 있었고, 그들은 오크라, 고구마, 녹색 바나나, 그리고 붉돔과 민대구와 숭어 등 내가 본 적 없는 갖가지 생선을 팔았다. 챙이 좁은 중절모자를 뽐내면서 더욱 알아듣기 어려운 억양으로 호객하는 사내가 팔던 염소 고기 카레의 이상한 냄새를 나는 지금도 기억할 수 있다. 나는 그가 무슨 말을 하는지 몰랐지만, 그 음식이 궁금하기는 했다.

"친구분들은 어떻습니까?" 나는 윈스턴에게 물었다.

"정말 좋은 친구들이 몇 명 있소. 그 당시부터 죽 알고 지내는 친구들이오. 늘 함께 다녔지. 그런데 요즘은 켈빈만 나를 찾소."

"결혼은 하셨습니까?"

"아니. 하지만 아들은 한 명 있소. 버밍엄 위쪽 스메드위크에 사는데, 자주 만나지는 못하고."

"그러면 친구분들은 뇌졸중이 아니라고 생각한다는 거죠?"

"지어낸 말이 아니오. 켈빈에게 물어보시오. 대기실에 있으니."

"아, 함께 오신 줄 몰랐습니다. 잠시 친구분과 따로 이야기를 나눠도 될까요?"

윈스턴은 그러라고 했고, 내가 그를 대기실 의자로 안내하자 켈빈이 일어서서 악수를 청했다.

"만나서 반갑소."

"저도요. 오하라 씨와 함께 와주셔서 감사합니다."

"어쩔 수 없었소. 도움이 필요하니까. 혼자서는 여기까지도 올 수 없었을 거요."

나는 그와 함께 진료실로 와서 이야기를 나누었다. 켈빈은 어느 모로 보나 점잖았고 자제력과 품위를 유지했다. 두 친구 사이에서 외향적인 쪽은 윈스턴임이 명백했다. 켈빈은 더 차분한 쪽이었다.

"환자분은 노팅 힐의 자택에서 어떻게 지냅니까?"

"별로 좋지 않소. 원래 친구들 사이에서 윈스턴이 분위기를 띄우는 사람이오. 재미있게 놀고 싶을 때 그를 찾아가지. 우리를 깔깔 웃게 만드는 사람인데, 지금은 솔직히 말해서 그와 함께 나가면 난감해질 때가 많소. 혼자 두면 안전하지가 않소. 걷기만 하면 늘 사람이나 물건에 가서 부딪치지. 먹을 때면 음식을 계속 흘리는데도 알아차리지 못하고 말이오. 셔츠에 음식물 얼룩 묻은 거 보셨소? 집도 엉망이오. 치울 능력이 없으니까. 예전의 그가 아니오. 예전에는 자존심이 아주 강한 사람이었소. 몇몇 친구들은 좀 의심스러워하지. 뇌졸중에 걸린 사람에게서 본 적이 없는 짓을 하니까 말이오. 그에게 뭔가 숨기는 병이 있는 거 아니오?"

"무슨 말씀이시죠?"

"음, 친구들과 이야기를 나눠봤는데, 윈스턴이 뭔가 끔찍한 병에 걸렸는데 의사 선생님이 말하지 않는 것이라고 생각하오." 그러더니 말을 멈추었다. 나는 궁금하다는 듯이 그를 쳐다보았다.

"무슨 뜻일까요?" 내가 물었다.

"오래 전에 우리 동네 사람이 매독에 걸렸는데, 뇌까지 감염되었소. 노인이었는데 좀 미친 사람이 되었지. 일반 마비라던가 뭐 그런 병이었소."

나는 조금 놀랐다. 켈빈이 말하는 것은 19세기에 "광인의 전신 불완전마비"라고 부르던 병이었다. 그 용어는 지금의 의료 현장에서도 GPI(General Paresis of the Insane)라는 약어 형태로 여전히 쓰인다. GPI란 매독을 치료하지 않았을 때 생기는 질환을 가리킨다. 환자는 진행성 안절부절증, 기억력 감퇴, 성격 변화, 때로 과대한 망상 증상을 보이며, 점점 더 쇠약해지고 떨어대고 비틀거리면서 걷다가 이윽고 걷지도 못하게 되어 누운 채 죽음에 이른다.

19세기 말에 영국의 정신병원에 입원한 남성들 중에 GPI 진단을 받은 이들은 많게는 20퍼센트에 달했다.[23] 로버트 루이스 스티븐슨의 소설 속 인물인 하이드 씨가 GPI 환자를 토대로 탄생했다고 보는 이들도 있다. 매독이 원인임이 밝혀지기 전이었지만, 그 병에 걸린 환자를 알아차리지 못하는 경우는 거의 없었다. 20세기 초에 GPI 환자들의 뇌를 부검했을 때 매독을 일으키는 세균이 마침내 발견되면서 그 균이 원인임이 명확해졌다. 페니실린의 발견은 이 질환의 치료에 큰 영향을 미쳤다. 진단이 너무 늦게 이루어지지 않는 한 치료가 가능했다.

나는 GPI가 윈스턴의 사례처럼 갑자기 나타나지 않으며 여러 해에 걸쳐 서서히 진행된다는 것을 알고 있었다. 윈스턴이 그 병에 걸렸다고 믿을 근거는 전혀 없었다. 그러나 한 가지 합병증이 있었다. 때로 매독 감염이 중간 단계에 이르면 혈관에 염증을 일으킬 수 있는데, 뇌혈관에도 그럴 수 있다. 그럴 때 뇌졸중이 반복될 수 있다. 그러나 윈스턴은 다발 뇌졸중이 아니었고, 꼼꼼하기 그지없는 전공의인 니키는 윈스턴의 혈액 검사를 의뢰할 때 매독 검사도 포함시켰다. 다행히도 매독 검사는 음성이었다.

"흠, 안타까운 이야기네요. 하지만 전혀 아닙니다. 오하라 씨가 매독에 걸렸다고 볼 근거는 하나도 없습니다."

"확실한 거요? 친구들이 윈스턴을 만나지 않는 이유가 어느 정도는 그 때문이오. 그 병에 옮을까 봐 말이오. 하지만 윈스턴에게는 그 이야기를 한마디도 안 했소."

나는 놀라서 켈빈을 쳐다보았다. 전혀 뜻밖의 말이었다.

"오하라 씨 좀 모셔오겠습니다. 괜찮다면 두 분에게 뇌졸중 부위가 나온 뇌 영상을 보여드릴게요."

"좋소. 보여주시오."

그래서 나는 윈스턴을 데려왔고, 그도 자신의 뇌 영상을 함께 보겠다고 했다.

"적어도 나한테 뇌가 있다는 걸 이 친구도 믿겠군." 그는 낄낄거리며 말했다.

나는 방사선과에 접속해서 윈스턴의 CT 영상을 찾아 띄웠다.

"여기 검은 부위가 보이죠. 뇌졸중이 일어난 곳입니다." 나는 화면을 가리키면서 말했다. "반대편의 좌뇌는 정상인 게 보이시죠? 검은 부위가 전혀 없습니다."

"검군." 윈스턴은 영상을 보면서 중얼거렸다. "이게 내 뇌요?"

"네. 모든 영상에서 뇌졸중 부위가 보입니다. 혈액 검사에서는 어떠한 감염도 없다고 나왔어요. 혈압을 조절하고 아스피린을 복용하면, 뇌졸중이 더 생길 가능성도 줄일 수 있을 겁니다."

"그리고 그 문제도 있잖소. 무시라고 하는 것."

"맞습니다. 그리고 6개월 사이에 서서히 좋아지는 사람들이 많습니다."

"그리고 그게 다요?" 켈빈이 재확인하려는 듯이 물었다. "감염이나 뭐 그런 거는 전혀 없소?"

"감염은 절대 없습니다." 나는 확실하게 강조했다.

"이 무시란 거 정말 웃기군. 켈빈, 정말 기묘하지 않나? 이런 걸 연구하는 사람이 있소?" 윈스턴이 물었다.

"사실을 말하자면, 바로 저희가 연구합니다. 저희는 환자분 같은 사람들에게 어떤 일이 일어나는지 이해하려고 노력해요. 왜 공간의 한쪽에만 주의를 기울이고, 다른 쪽에 있는 것들은 못 보는지를 말입니다."

"정말이오? 필요하다면 기꺼이 돕겠소." 윈스턴이 제안했다.

"이봐, 실험용 쥐가 되겠다고 하지는 말게." 켈빈이 재빨리 끼어들었다.

"쥐가 되지는 않아요. 약속드립니다. 환자분의 시력, 주의력, 기억력을 검사할 거고요, 아마 다른 종류의 뇌 영상 촬영도 요청할 겁니다."

"하겠소. 잘 돌봐주신다면."

*　*　*

윈스턴이 떠나고, 나는 그가 처한 곤경을 생각하지 않을 수 없었다. 그는 원래 노팅 힐 친구들의 중심에 있는 사람이었지만, 지금은 부주의 때문에, 그리고 그 부주의가 뇌졸중이 아니라 매독 때문이 아닐까 하는 의심 때문에 친구 집단에서 쫓겨나기 직전이었다. 나는 뇌졸중 환자들을 도울 수도 있는 연구에 그가 참여하고 있음을 친구들이 알도록, 그를 더 일찍 우리 연구에 참여시켜야겠다고 결심했다. 그다음 날 나는 켈빈에게 연락해서 택시를 예약해줄 테니 윈스턴과 함께 퀸 광장에 있는 인지 신경과학 연구소 내의 연구 센터로 올 수 있는지 물었다.

"여기가 쥐가 되는 곳이오?" 윈스턴이 웃으면서 물었다.

"아니에요. 무시 장애를 지닌 뇌졸중 환자들이 우리 연구에 참여하러 오는 곳입니다."

"그럼 이제 뭘 할 예정이오? 전기 충격은 절대로 받고 싶지 않소!" 그는 킬킬거렸다. "평생 자극을 너무 많이 받았거든."

"뇌 영상을 찍을 겁니다."

"그렇군. 켈빈, 내 뇌 사진을 새로 찍는다는군. 질투 나나?"

"이게 뇌졸중 환자들을 돕는 연구 맞소?" 켈빈이 물었다.

"맞아요. 뇌졸중 환자들만을 위한 거예요. 오로지요." 나는 강조했다.

MRI 장치에 누운 채 윈스턴이 중앙의 십자 표시를 바라보는 동안, 우리는 그 표시의 왼쪽이나 오른쪽에 시각 이미지를 띄웠다. 그리고 그에게 무엇인가 보일 때마다 손에 든 버튼을 누르라고 했다. 뇌 영상에서는 이전과 마찬가지로 오른쪽 마루엽에 생긴 뇌졸중이 보였다. 또 좌우 반구의 1차 시각 겉질이 멀쩡한 것도 보였다. 그의 시야가 온전한 이유가 설명이 되었다.

나중에 뇌의 활성을 분석하자, 이미지가 오른쪽 시야에 뜰 때마다 왼쪽 1차 시각 겉질의 영역이 활성을 띤다는 것이 드러났다. 마찬가지로 이미지를 왼쪽 시야에 띄울 때마다 오른쪽 1차 시각 겉질이 활성을 띠었다. 윈스턴이 왼쪽 시야에 뜨는 이미지를 자각하지 못할 때에도 이 활성화는 일어난다는 것을 알 수 있었다.

이런 유형의 발견은 과학적으로 매우 중요했다. 왼쪽 시야의 대상이 우반구의 시각 겉질을 활성화함에도 불구하고, 그 대상을 의식적으로 인지하지 못한다는 것을 알게 되었다.[24] 그의 눈이 왼쪽에 있는 대상을 보고, 1차 시각 겉질까지 그것을 "본다"고 해도, 윈스턴은 오른쪽 마루엽 뇌졸중으로 생긴 왼쪽 무시 장애 때문에 그것을 의식적으로 지각할 수가 없었다. 그는 그 대상을 볼 수 없었다. 따라서 1차 시각 겉질의 활성화만으로는 대상을 의식적으로 지각하는 데에 충분하지 않다는 것이 밝혀졌다.

의식적으로 지각을 하려면 그 대상에 주의를 기울일 필요가 있다는 결론을 이런 발견으로부터 도출할 수 있다. 옥스퍼드 대학교의 신경심리학자들인 존 마셜과 피터 핼리건은 그 개념을 뒷받침할 증거를 내놓았다. 그들은 윈스턴과 같은 왼쪽 시각 무시 장애 환자에게 똑같은 집을 그린 두 개의 그림을 보도록 했다. 왼쪽 그림에서는 집이 연기와 불길에 휩싸여 있다는 점만 달랐다. 두 그림의 차이를 묻자, 그 환자는 양쪽이 똑같다고 했다. 왼쪽 무시 때문에 한쪽 집이 불타고 있음을 알아차리지 못한 것이다. 그러나 들어가 살고 싶은 쪽을 가리키라고 하자, 환자는 일관되게 불타고 있지 않은 집을 골랐다.[25] 왼쪽에 놓인 불타는 집을 의식적으로 지각하지 못함에도 불구하고―그리고 못 보았다고 응답했음에도―이 정보는 어떤 식으로든 간에 뇌에 들어옴으로써 잠재의식적으로 환자의 선택을 편향시켰다.

켈빈과 함께 연구 센터를 떠나기 전에 윈스턴은 나에게 작별 인사를 하고 싶다고 했다.

"스캐너에서 뜬 영상들이 정말로 내 뇌에서 무슨 일이 벌어지는지를 이해하는 데에 도움이 되는 것이오?" 그는 몹시 의아하다는 양 물었다.

"그럼요. 그렇기를 바랍니다. 여기까지 와서 이 연구에 참여해주셔서 감사합니다. 오하라 씨 같은 분들의 참여가 없다면, 더 많은 것을 알아내지 못할 거예요."

"윈스턴이라고 불러주시오. 그리고 감염 때문에 일어난 일이 분명히 아니라는 게 맞소?" 그는 다시 물었다.

"특히 우려되는 점이 있습니까?"

"음, 예전에 동네 사람 중에 좀 회까닥한 사람이 있었는데 매독에 걸렸다는 사실이 드러났소. 그리고 사람들은 둘에 둘을 더해서 여섯을 만들어내고는 하지."

"무슨 말씀이신지 알겠습니다." 나는 켈빈이 지난번에 했던 이야기임을 곧 알아차렸다. "처음 병원에 오셨을 때 매독 검사도 했어요. 음성이었습니다. 영상에서도 감염을 의심할 수 있는 건 전혀 나타나지 않았습니다. 그러니까 그 걱정은 안 하셔도 됩니다."

"아, 매독 검사도 이미 했군. 정말 똑똑한 분이시구려. 오늘 즐거웠소." 윈스턴은 빙긋 웃었다.

나는 잠시 생각하다가 물었다.

"윈스턴, 친구분에게 이 이야기를 할 수는 없지만, 검사 결과를 제가 그분에게 해드린다면 도움이 될까요? 허락하신다면 그렇게 하겠습니다. 켈빈이 저한테서 직접 듣는다면, 그분이 친구들을 안심시킬 수 있지 않겠습니까?"

"보기보다 더 똑똑한 분이시구려! 물론이지. 켈빈에게 말해주시오. 정말 도움이 될 거요."

그래서 나는 켈빈에게 설명했다. 그도 무척 기뻐했다.

"정말 안심이 되는구먼. 친구들에게 이 이야기를 하면, 친구들도 달라질지 모르오."

그리고 정말로 달라졌다. 친구들은 더 이상 윈스턴에게 무엇인가가 옳을 것이라고 불안해하지 않았다. 그의 부주의 때문에 여전히 성가셔하기는 했어도 말이다. 친구들은 그것을 정신착란이라고 해석했고, 공공장소에서 그런 일이 일어난 적이 있기 때문에 초기에는 그와 함께 외출하기를 꺼려했다. 그러나 뇌졸중 환자에게서 종종 볼 수 있듯이, 그 뒤로 6개월에 걸쳐서 윈스턴의 무시 장애는 서서히 회복되기 시작했다. 비록 결코 완전히 회복되지는 않았지만, 가까운 친구들과 다시 연결될 수는 있었다. 그는 친구들과 함께 돌아다닐 수 있었고, 때로는 술집에도 갔다. 그는 더 이상 사람들과 부딪치거나 유리잔을 들이받지도 않았다. 또 동호회에도 나가고, 포르토벨로 시장과 동네 공원도 다녔다. 더 나아가 30년 동안 이어진 연례행사인 노팅 힐 카니발 때 활기찬 거리 분위기도 즐길 수 있었다.

나와 윈스턴은 그 뒤로 수년 동안 여러 번 만났다. 그는 단기 기억, 주의 지속, 더 나아가 다양한 위치에 놓인 대상들을 향한 눈과 손 움직임 등 마루엽의 기능에 관한 수많은 연구에 참여했다. 내가

만난 모든 환자들 중에서 윈스턴은 우리의 연구에 가장 큰 기여를
한 인물이다. 그리고 그는 우리를 보러 올 때마다 자신이 속해 있
으며 사랑하는 바로 그 지역인 노팅 힐의 온갖 이야기들을 들려주
고는 했다.

6

남들이 뭐라든 신경 끄는 여자

퀸 광장이 기이하게 찬연해 보이는 하루였다. 겨울 햇살이 군데군데에서 구름을 뚫고 내려와서, 헐벗은 나무들을 부드러운 분홍빛으로 감싸고 경관에 경이로운 고요한 분위기를 불어넣고 있었다. 나뭇가지에는 밤에 내려앉은 서리가 아직 녹지 않아서 은빛 잉크로 새겨넣은 듯이 빛났다. 공원은 고즈넉했다. 런던 중심부에서 맞이하는 이런 순간은 소중히 간직할 만하다. 나는 벤치에 앉아서 그 분위기에 흠뻑 젖어보기로 했다. 몇 걸음 떨어진 곳에서 목이 붉고 화려한 붉은모자울새 한 마리가 호기심이 동해서 새 손님을 사찰하려는 양 총총 뛰어 다가왔다가 별 흥미를 끄는 것이 없자 곧 흡족한 기색을 드러냈다. 녀석이 날아가려고 할 때, 길에서 들리는 큰 소리에 우리 둘 다 깜짝 놀랐다. 평화로운 세계가 산산이 부서졌다.

"안 받을래요!" 날카롭게 쏘아붙이는 목소리가 들렸다.

"손님, 죄송한데요. 카푸치노 주문하셔서 만들어드렸잖아요."

"진짜 어이가 없네요! 이건 더러운 하수 같은 맛이 나요. 오래되었을 뿐 아니라 물 위에 거품이 끼고 썩은 내 나는 하수요. 감히 이 따위 걸 카푸치노라고 하다니. 하수구에 쏟아버려야 마땅해요."

목소리는 고요함을 뚫고 날카롭게 울려퍼졌다. 무슨 일인지 궁금해진 나는 일어나서 공원 입구로 내다보았다. 커피를 파는 작은 트럭 앞에 키가 150센티미터쯤 되는 자그마한 여성이 서 있었다. 나이는 50대 후반쯤으로 보였다. 그녀는 반짝이는 은색 술이 달린 분홍색 스웨이드 카우걸 복장을 하고 있었다. 얼굴 전체가 쑥 들어갈 만한 아주 커다란 카우걸 모자에 높은 굽의 하얀색 악어가죽 부츠를 신고 있었는데, 부츠에는 새하얀 뱀이 꿈틀거리며 위로 올라가는 섬뜩한 모습이 새겨져 있었다. 정말로 놀라운 모습이었다.

"손님, 정말 죄송합니다. 다시 만들어드릴게요."

"농담해요? 이 쓰레기를 더는 마시고 싶지 않다고요." 그렇게 쏘아붙인 그녀는 종이컵에 담긴 우윳빛 카푸치노를 곧바로 하수구에 쏟아버리고 화를 내며 쿵쿵 떠났다. 그 뒤에서 한 남자가 미안해하는 표정으로 바리스타에게 뭐라고 말하면서 어깨를 으쓱하고는 재빨리 그녀의 뒤를 따라갔다. 감사하게도 시끄러운 소리가 그쳤다. 광장은 다시 조용해졌지만, 나의 기쁨의 순간은 이미 훼손되었고 이제 병원으로 돌아갈 시간이었다.

그날 오전에는 진료 예약자가 많았다. 다발성 경화증으로 발생하는 신체 증상들에 30년 넘게 시달린 환자가 첫 번째였다. 그녀의 기억력도 뚜렷이 감퇴하고 있었다. 그녀를 진료한 일반의는 그녀의 인지 장애를 모두 다발성 경화증 탓으로 돌릴 수 있는지(가능성은 충분히 있다), 아니면 불행하게도 두 번째 질환(알츠하이머병 같은)이 생긴 것인지 의문을 제기했다. 우리는 이 두 가지 가능성을 구분하기 위해서 신경심리 검사와 MRI 뇌 영상 촬영을 먼저 해보기로 했다. 그다음에 온 60대 남성 환자에게는 진행성 핵상 마비라는 신경 퇴행 질환에 걸렸을 가능성이 높다는 말을 전하는 힘든 일을 해야 했다. 그도 그의 가족들도 예상하지 못한 질병이었다. 그래서 그 질환이 무엇인지도 설명해야 했다.

진료 기록을 마무리하고 있는데, 간호사가 굉장히 당황한 기색으로 나의 방에 들어왔다.

"다음 환자 보실 수 있어요?" 그녀는 숨 가쁘게 물었다.

"그럼요. 그런데 5분만 줘요. 이 진료 기록을 마무리하고요."

"나중에 하시면 안 될까요? 환자가 대기실에서 좀 소란을 피우고 있거든요. 늦어질수록 몹시 기분 나빠할 거예요."

나는 문 위쪽의 시계를 쳐다보았다. "하지만 10분밖에 안 늦었는데요."

"알지만, 문 바깥이 엉망이 되고 있어서요."

나는 고개를 끄덕였다. "알았어요, 들여보내요."

나는 녹음기를 내려놓았다. 세월이 흐르면서 환자들이 요구하는 것이 너무나 많아졌다는 생각이 들었다. 미용사를 만나기 위해서는 10분 넘게 기다리기도 하면서, 전문의와의 약속 시간이 그만큼 늦어지면 못 참는 듯했다. 왜 그렇게 난리를 피울까?

그들이 들어오자 나는 곧바로 답을 알아차렸다. 아침에 목격했던 소동의 주인공인 카우걸과 그녀의 동료가 나의 앞에 섰다. 나는 심호흡을 했다.

"드디어 만났네요! 전 수 라일런드예요." 그녀가 참았던 것을 터뜨리듯이 말했다.

"반갑습니다, 저는……." 나를 소개하려고 했지만, 그녀는 그럴 기회조차 주지 않았다.

"미안하다는 말 따위는 듣고 싶지 않아요. 늦었잖아요. 그리고 난 늦는 사람을 정말 참을 수 없어요. 그렇게 쳐다보지 마세요. 남들과 마찬가지로 당신네 의사들도 그런 소리 들어도 싸요. 사람을 기다리게 하는 건 무례한 행동이에요."

그녀는 진정으로 격분했다. 하얀 카우걸 모자는 손에 들려 있었다. 나는 부자연스러울 만치 새까만 머리색을 지닌 그녀의 둥근 얼굴에서 결코 마주치고 싶지 않은 깊은 분노가 담긴 표정을 볼 수 있었다. 나는 그다음에 무슨 일이 벌어질지 기다리면서 말없이 있었다. 그런데 뜻밖에도 함께 온 남성이 입을 열었다.

"안녕하세요, 선생님. 정말 죄송합니다. 수를 용서해주세요. 평소에는 이런 식으로 행동하지 않거든요. 바로 그렇기 때문에 여기에 찾아온 것이기도 하고요. 저는 앨런이고요, 남편입니다."

그도 키가 작았고, 주근깨 있는 얼굴에 가느다란 갈색 머리였다.

말을 막 내뱉는 아내를 대신해 사과하면서, 그는 당혹감에 뻣뻣해진 몸을 구부렸다.

"알겠습니다. 두 분 다 만나서 반갑습니다. 앉으세요." 나는 상황을 더 악화시키지 않고자 말을 최소한으로 했다. 무슨 말을 하든 간에 수를 도발할 가능성이 높아 보였다.

그녀는 시선을 남편에게 돌려서 화난 표정으로 앨런을 쳐다보고 있었다.

"자기야! 어떻게 감히 나 대신 사과할 생각을 하는 거야? 사과할 사람은 저쪽이라고." 그녀는 나를 손가락으로 쿡쿡 찌르듯이 가리키면서 말했다. "저 사람이 사과해야 해. 내가 아니라."

나는 또다시 잠시 기다렸다.

"기다리게 해서 정말로 죄송합니다. 다른 분께 좋지 않은 소식을 전해야 해서요. 이해해주시면 감사하겠습니다. 그런 일에는 예상보다 시간이 더 필요할 수 있으니까요. 아무튼 이제 만났고 상담할 시간은 충분합니다."

"그래야 할 거예요." 수는 그렇게 말하더니, 갑자기 두 발을 들어 올리고는 발목을 교차시켜서 나의 책상 가장자리에 떡하니 올려놓았다.

"선생님, 죄송해요. 여보, 제발 책상에서 발 내려." 앨런은 더욱더 난처해진 표정으로 아내에게 애원했다.

"왜? 뭐 잘못됐어? 의사가 긴장을 풀라고 했잖아, 안 그래?" 그녀는 나의 불편한 심경을 감지했는지, 나를 쳐다보면서 사악하게 웃었다.

"괜찮습니다." 나는 천천히 말했다. "책상에 발을 올려놓고 말하는 쪽이 더 편하다면, 그렇게 하세요. 괜찮아요, 라일런드 부인."

"봐, 괜찮다잖아." 그녀는 남편을 향해 고개를 끄덕였다. 남편은 이제 포기한 표정이었다. "누가 알겠어, 저분도 괜찮을 수 있어." 그녀는 생각난 듯이 폭소를 터뜨리면서 말했다. 앨런은 움찔했다.

이제 수는 진정이 된 듯했고, 나는 그녀의 개인사를 알아보고자 했다.

"뭐, 남편 말은 사실이에요. 저는 달라졌고, 변했어요. 하지만 가장 좋은 쪽으로 변했어요. 전에는 아주 소심하고 쪼끄만 가정주부였지만, 이제 질렸어요. 아이들도 다 컸어요. 남편은 조금 있으면 퇴직할 거고요. 이제야 제 인생을 살아갈 수 있어요. 남들이 뭐라든 신경 끈다고요." 그녀는 설명했다.

"알겠어요, 그런데 어떻게 변한 거예요?" 나는 차분하게 물었다.

"음, 전 제가 원하는 대로 해요. 괜히 착한 척할 필요가 없잖아요?" 그녀는 손가락으로 의자 팔걸이를 톡톡 두드렸다. 조바심을 내는 사람이 하는 행동처럼 말이다.

"예를 하나 들어주세요."

"뭐가 있을까? 라인 댄스를 배우는 거? 예전이라면 절대로 추지 않았을 거예요. 그런데 내 복장 마음에 드나요?"

"확실히 시선을 사로잡네요." 나는 한마디로 평했다.

"고마워요. 전 당신네 의사들이 좀 으쌰 으쌰 할 필요가 있다고 생각했어요. 너무 딱딱하고 침울한 사람들이잖아요. 남편은 더 따분한 옷을 입으라고 했지만, 주목받으면 좋잖아요. 여보, 들었지? 마음에 든대." 앨런은 천장을 바라보면서 가만히 있었다.

"그리고 집에서 영화를 보려고 홈 시네마를 설치했어요. 늘 하고 싶던 건데, 놓을 공간이 없다고 주변에서 계속 반대했죠. 그래서 정원에 설치했죠. 여보, 정말 끝내주지 않아?"

"맞아요. 정원 창고에 홈 시네마를 들여놓았죠. 아내가 워낙 고집을 부려서 막을 수가 없었어요."

"마법 같았어요. 거기에서 명작을 몇 편 시청했죠. 서라운드 사운드도 있고 정말 최고예요. 예의 바르게 행동하신다면 선생님도 오셔도 돼요!" 그녀는 다시 손가락으로 팔걸이를 두드렸다.

"감사합니다. 가족 말고 다른 사람들도 당신이 달라진 걸 알아차렸을까요?"

"제발 좀 그랬으면 해요. 저는 더 이상 순하고 얌전하지 않아요. 그냥 하고 싶은 말을 해요. 그게 뭐 잘못이에요? 이 세상에는 말하지 않는 게 너무 많아요."

그런 식의 대화가 계속 이어졌다. 수는 자신이 오랜 세월 순응하면서, 엄마와 아내에게 기대하는 역할을 하면서 죽 살았을 뿐이라고 주장했다.

나는 그녀에게 남편의 이야기를 따로 듣고 싶으니, 잠시 대기실로 나가달라고 했다. 그녀는 그러겠다고 했지만, 조금 머뭇거리는 기색을 보였다.

"여보, 이상한 소리는 하지 마. 이 실실거리는 의사 선생님이 나랑 친해지기도 전에 나를 오해하게 하지 말라고." 그녀는 낄낄거리며 나갔다.

"아내분이 제대로 말한 게 맞습니까?" 내가 물었다.

"어, 맞아요. 너무나도요."

"아내분이 변한 건 언제부터였나요?"

"처음 알아차린 건 2년 전이었어요. 길을 걷는데 아내가 남녀 한 쌍을 본 거예요. 남자는 70대였고, 여자는 20대였어요. 남자가 여자를 껴안으려고 여자 어깨에 팔을 둘렀어요. 그런데 제가 채 알아차리기도 전에 수가 소리를 질렀어요. '더러운 놈, 부끄러운 줄 알아! 어디 그런 젊은 여자를 이용해먹으려고 해!' 그들은 벙쪘죠. 그러더니 몹시 화를 냈죠. 알고 보니 할아버지가 생일을 맞은 손녀에게 점심을 사주려고 나온 거였어요. 아내는 전에는 공공장소에서 그런 식으로 소리를 지른 적이 없었어요. 그런데 지금은 아무한테나 뭐라고 해요. 한번은 길을 건너는 여성에게 소리를 질렀어요. '여보세요, 살 좀 빼요. 그 옷이랑 너무 안 어울려요.' 예전의 내 아내가 아니에요."

"그럼 아내분의 행동이 시간이 흐르면서 점점 나빠졌습니까?"

"분명히요. 훨씬 안 좋아졌어요."

"전에는 어땠는데요?"

"방금 모습을 생각하면 믿지 않으실 테지만, 누구나 이야기를 나누고 싶어하는, 조용하고 이해심 많은 사람이었어요. 그런데 지금은 아내가 외출하면 동네 사람들이 전부 집 안으로 들어가요. 아내가 매우 흥분해서 험한 소리를 내뱉고는 하니까요. 전에는 아내가 늘 도움을 주었기 때문에 동네 사람들이 아내와 오랜 시간 수다를 떨었어요. 솔직히 지금은 아내와 다니기가 싫어요. 오늘 아침에도 딱한 커피 상인과 한바탕 했거든요. 그 사람은 왜 자기가 그런 꼴을 당하는지 몰랐을 거예요."

"압니다. 저도 봤습니다." 내가 한마디했다.

"정말로요? 보셨어요? 그러면 아내가 어떤지 아시겠네요. 그건 그나마 나아요. 2주일 전에 벌어진 일이 최악이었어요. 버스에 탔는데 사람이 너무 많아서 앉을 자리가 없었어요. 그러자 아내가 어떻게 했는지 아세요? 한 젊은 남자의 엉덩이를 꼭 쥐면서 말하는 거예요. '젊은이, 이런 엉덩이를 지녔으니 멀리 가겠지?' 그 남자는 충격을 받았나봐요. 어쩔 줄 몰라하다가 다음 정류장에서 바로 내렸어요. 저도 따라 내리고 싶었죠. 사람들이 역겹다는 표정으로 저를 쳐다보고 있었어요. 마치 제 책임이라는 양 말이죠. 그런데 아내는 젊은 친구가 버스에서 내리자마자 사람들에게 말하는 거예요. '뭐! 왜 그딴 눈으로 쳐다보는 거야. 예쁜 엉덩이 맞잖아!' 저는 죽고 싶었어요."

"전에는 결코 그런 행동을 한 적이 없다는 거죠?"

"그럼요, 정말이에요. 아주 얌전한 쪽이었어요."

"그런데 버스에서 왜 그랬는지 환자분이 말했습니까?"

"세상에 솔직한 말이 적다는 거예요. 그 친구가 너무 잘생겼고, 자기 감상을 들려주고 싶었대요. 대체 왜 그럴까요?"

"가족들과는 어떻게 지냅니까?"

"전에는 정말로 따스한 사람이었어요. 애정이 넘치고, 늘 저와 아이들을 안아주었고요. 지금은 아주 무심하고, 아주 냉담한 느낌을 받아요. 좋은 소식이든 나쁜 소식이든 간에 어떤 감정이나 기분도 드러내지 않는 듯하고, 별 관심을 보이지 않아요. 두 달 전에 우리 딸이 첫아들을 낳았어요. 첫 손주였죠. 그런데 아내는 손톱만큼도 관심을 보이지 않았어요. 아기가 태어난 뒤 저는 아내에게 딸을 보러 가자고 했죠. 그러자 아내가 말하더군요. '꼭 가야 해? 오늘 밤에 텔레비전에서 명작 영화 틀어주는데.' 믿어지세요? 첫 손주라고요. 또 아내는 자신이 사람들을 화나게 만든다는 점에도 개의치 않는 듯해요. 한번은 딸이 육아가 정말 힘들다고 전화로 울먹이고 있었는데, 아내가 그냥 버티라고만 말하는 거예요. '우리 모두 다 겪은 일이야. 난 더 이상 그런 불평이나 사건에 관심 없다. 너만 아기 키우니?' 그러더니 전화를 탁 끊었어요. 더 이상 사람들을 이해하지 않으려는 것 같아요. 가족조차도요. 아내는……그 단어가 뭐죠……그게 부족해요.”

“공감 능력이요?” 내가 말했다.

“맞아요. 공감 능력이 부족해요.”

“또 변한 게 있을까요?”

“어떻게 변한 게 없겠어요!” 앨런은 화가 나서 내뱉었다. “아까 홈 시네마 이야기도 했잖아요. 아내 말고는 아무도 원하지 않았어요. 설치할 공간도 없었어요. 그런데도 계속 우겼다고요. 애들도 반대했는데, 예전 같았으면 절대로 하지 않았을 거예요. 이제 정원 대부분을 커다란 창고가 차지하고 있어요. 아내는 영화를 보겠다고 그 안으로 들어가고요.”

“아내분이 영화광인가요?”

“아니요.” 앨런은 의아하다는 양 고개를 흔들었다. “그게 바로 저희가 놀란 이유예요. 하지만 아내는 전에는 자신이 원하는 것을 말할 용기가 없었다는 거예요. 도무지 이해가 안 가요.”

“전과 달라진 행동이 또 있습니까?”

그는 한숨을 내쉬며 말했다. “휴, 지난 2년 동안 자전거를 8대나 샀어요.”

“그렇게 많이요? 왜요?”

“바로 그게 문제예요. 왜 그렇게 많이 살까요? 아내는 상황에 따라 다른 자전거가 필요하다고 우겨요. 산악자전거, 경주용 자전거, 접이식 자전거, 게다가 믿지 못하겠지만 최근에는 2인용 자전거까지 샀어요. 그런데 정작 자전거를 거의 타지도 않아요."

"기억력은 어떻습니까?"

"아주 예리해요. 저보다 나아요. 그런데 잘 잊지는 않는 반면에 훨씬 더 산만해졌어요. 가끔 집에서 찬장을 정리하는 등 일을 시작했다가 산만해져서 정원을 가꾸러 가고요. 그러다가 마무리도 하지 않고는 컴퓨터 앞에 앉아서 필요도 없는 것들을 주문하죠. 주방도 정원도 그냥 어질러놓은 채로요. 예전에는 절대 그런 일이 없었어요."

"아직 이야기하지 않은 중요한 일이 또 있을까요?"

앨런은 갑자기 난감한 표정을 지었다. 나는 그에게 생각할 시간을 주었다.

"한 가지 있어요." 그는 어색하게 말했다.

나는 기다렸다.

"몇 주일 전에 슈퍼마켓에 갔을 때예요. 제가 우유 같은 것을 찾으러 갔다가 아내 뒤로 다가가고 있었는데, 아내가 초콜릿을 손가방에 집어넣는 게 보였어요. 네댓 개나요. 훔치려고 했던 거죠. 못 봤다면 전혀 몰랐겠죠. 제가 그 초콜릿들을 꺼내서 쇼핑 카트에 담았는데도 아내는 전혀 죄의식을 못 느끼는 것 같았어요. 예전에 그런 짓을 하다가 들켰다면 몸 둘 바를 몰라했겠지만요."

아내의 이 모든 행동 변화는 당연히 앨런에게 극심한 걱정을 불러일으켰다. 그녀는 생각한 것을 불쑥 내뱉고는 했고, 충동적으로

274

행동했고, 때로 험한 말을 쏟아냈으며, 공감과 판단력도 부족했고, 가정에서 단순한 일상 활동도 엉망진창으로 하는 듯했고, 물건을 훔치다가 들켜도 아무런 죄의식을 느끼지 못하는 듯했다. 그는 아내에게 손가락으로 탁자를 반복해서 두드리는 습관이 생겼다는 점도 떠올렸다.

"아까 여기에서 하고 있던 것처럼요?"

"맞아요." 그는 고개를 끄덕였다. "하지만 여기에서 아까 한 정도는 약한 편이에요. 집에서라면 하염없이 계속 반복할 수도 있어요. 짜증 나죠."

"집안에 비슷한 행동을 한 사람이 있었습니까?"

"제가 아는 한 없어요. 장인, 장모님은 80대이신데 행동에 아무 문제가 없으세요. 아내에게는 오빠 두 명과 여동생 한 명이 있는데, 모두 안 그렇고요."

"아내분과 형제자매, 친구들의 관계는 어때요?"

"안 좋아요. 그냥 안 좋아요. 아내는 부모님, 오빠 한 명과 사소한 것을 놓고 언쟁을 벌여요. 정치 문제나 뭐 그런 거겠죠. 아내는 생각이 너무 완고해졌어요. 관용이란 게 아예 없어요. 이민자나 동성애자를 옹호하거나 자신과 정말로 다른 생각을 하는 사람은 용납을 못 해요. 전에는 결코 그렇지 않았거든요. 아내가 아주머니에게 무례하게 군 뒤로 형님은 아내와 말조차 섞지 않으려 해요. 친구들도 지금은 만나는 사람이 거의 없어요. 제 오랜 친구들까지

화나게 만드는 바람에, 친구들도 아예 우리 집 근처에는 오지 않으려고 해요. 다른 데서 만나야 하죠. 솔직히 아내는 악몽 같은 존재가 되었어요."

나는 수를 다시 진료실로 데려왔다. 신경학 검사에서는 비정상적인 점이 전혀 보이지 않았지만, 그녀는 검사를 받는 과정 자체가 그리 마음에 들지 않는 모양이었다.

"반사 신경 몇 번 건드리면 뭔가를 알게 되나 봐요?" 그녀가 물었다.

인지 검사에서도 그다지 특이한 사항은 드러나지 않았다. 언어 유창성(1분 동안 알파벳 문자 하나로 시작하는 단어를 몇 개나 떠올릴 수 있는지)이 약해졌다는 것만 예외였다. 그러나 앨런과의 대화가 시사했듯이, 그녀의 일화 기억과 의미 기억은 아주 좋았고, 주의력과 시공간 기능도 마찬가지였다.

"뇌 영상도 찍고 우리 병원의 신경심리학자에게 더 심층적인 인지 기능 검사도 받아야 할 것 같습니다." 나는 설명했다.

"흠, 놀랍네요." 수는 비꼬듯이 말했다. "거기에서도 정상이라고 나오면 어떡하실 거예요? 저에게 아무런 문제도 없다고 인정하셔야 할 거예요. 저는 해방된 여성이라고요. 진단서에 그렇게 써야 할 거예요."

* * *

마침내 진료가 끝났을 때 나는 안도감을 느꼈다. 정말로 피곤하게 만드는 사람이었다. 그녀의 도발적인 말에도 차분한 태도를 유지하기란 정말로 힘든 일이었다. 나는 상담을 하는 내내 속이 점점 부글부글 끓어오르는 것을 느꼈고, 약간 화가 치밀 때도 있었다. 중요한 점은 바로 그 사실 자체가 무엇인가를 알려준다는 것이었다. 우리 대다수에게서 그런 감정 반응을 일으킬 수 있는 사람은 거의 없는데, 수는 바로 그렇게 할 수 있었다. 분명 2년 전만 해도 그렇게 행동하지 않았는데 말이다.

그녀의 행동은 "이마엽 증후군"을 앓는 환자의 특징이었다. 이마엽(그림 13)이 손상된 사람은 행동이 완전히 달라질 수 있다. 이 사실은 피니어스 게이지라는 유명한 환자를 통해서 처음 드러났다.[1] 십장이었던 케이지는 1848년 9월 버몬트 주의 러틀랜드 앤드 벌링턴 철도 건설 현장에서 인부들과 일하던 중이었다. 그는 바위에 뚫은 구멍에 화약을 채우고 다짐봉으로 꾹꾹 누르면서 폭파시킬 준비를 하고 있었다. 불행히도 그 순간 화약이 폭발했고, 폭발의 힘으로 금속 막대가 그의 머리뼈를 뚫고 들어갔다. 그는 운 좋게 살아남았지만, 상태가 몹시 심각했다. 뇌에 생긴 고름집을 수술로 제거해야 했는데, 다행히 이 수술을 한 경험이 있는 뉴잉글랜드의 의사 존 할로에게 진료를 받았다.

게이지는 살아남았지만, 성격은 완전히 달라졌다. 지역사회의 올곧고 책임감 있던 사람이었던 그는 쉽게 흥분하고 성깔 부리고,

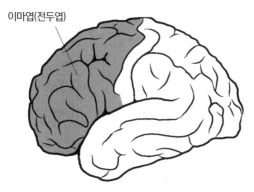

그림 13. 이마엽. 사람의 뇌에서 가장 큰 엽이다.

걸핏하면 욕설을 내뱉고 일도 제대로 못 하는 사람이 되었다. 때로는 완강하게 자신의 견해를 고집했고, 때로는 아주 변덕스럽고 우유부단한 모습을 보이고는 했으며, 냉담하고 공격적인 행동을 보이기도 했다. 친구들은 그를 더 이상 예전과 같은 사람이라고 여기지 않았다. 예전 일을 계속할 수 없게 되자 게이지는 칠레로 이주했지만, 건강이 계속 나빠지는 바람에 다시 미국으로 돌아왔고, 1860년 샌프란시스코에서 발작이 오래 이어진 끝에 사망했다. 할로는 이 유별난 환자의 사망 소식을 듣고서는, 게이지의 유족을 설득하여 시신을 발굴해서 머리뼈를 검사했다. 다짐봉이 뚫은 입구와 출구를 살펴보니, 막대가 이 불행한 남자의 이마엽을 뚫고 나갔음이 드러났다. 이 머리뼈는 지금도 하버드 의학대학교에 전시되어 있다.

게이지의 사례 연구는 이마엽 손상 이후에 행동 변화가 나타난 사람을 처음으로 상세히 규명한 자료로서 중요한 역할을 했다. 그 뒤로 이마엽의 기능 이상이 사람들의 성격과 행동에 미치는 영향을 연구한 사례들이 많이 나왔다. 한 예로, 1985년에 에슬링거와 다마지오가 보고한 EVR이라는 환자는 성공한 전문직 종사자였다. 그는 겨우 스물아홉 살에 자기 회사의 경리부장이 되었다.² 그런데 서른다섯 살에 수막종이라는 서서히 자라는 양성 뇌종양이 뇌에 아주 크게 자리를 잡고 있다는 것이 드러났다. 이윽고 수술로 종양을 성공적으로 떼어냈지만, EVR은 그 뒤로 전혀 다른 사람이 되었다.

그는 저축한 돈을 충동적으로 모두 위험한 사업에 투자하는 바람에 곧 파산했다. 그 뒤에 창고 일꾼과 건설 관리자 등 몇 가지 직업을 전전했지만, 모든 곳에서 해고되었다. 고용주들은 그가 시간을 잘 지키지 않고 산만하다고 불만이었다. 그는 일할 준비를 하는 데에만 두 시간이 걸리기도 했다. 면도하고 머리를 감는 데에 온종일 시간을 쓰기도 했다. 식당에서 친구들과 식사할 계획을 짠다면, 어디에 앉고 무엇을 먹을지를 결정하느라 몇 시간을 보냈다. 그의 행동에 좌절을 느끼고 어쩔 수가 없다고 느낀 아내는 아이들을 데리고 떠났고, 혼인한 지 17년 만에 이혼했다. 그는 부모 집으로 들어갔다. 이혼한 지 한 달도 지나지 않아서 그는 친척의 소개로 재혼했지만, 2년 뒤 다시 이혼했다. 행동이 확연히 달라졌음에도 불구하고 당시 쓰이던 표준 인지 검사에서 EVR은 아무런 문제가 없다고 나왔다. 그래서 많은 연구자들은 그런 검사로는 그 같은 환자들의 일상생활에서 명백히 드러난 이마엽의 기능 이상들을 직접 포착하지 못한다고 결론을 내렸다.

이마엽의 기능 이상 환자들 중에는 남들과 상호 작용을 할 때 매우 충동적이거나 자제력을 잃은 모습을 보이는 사람들이 있다. 수의 사례에서처럼 무례하거나 지나치게 격의 없게 행동하는 이들도 있다. 반면에 심하게 위축되어 그냥 아무것도 하지 않으려고 하는 이들도 있다. 생각이 심하게 경직되고 완고해지는 이들도 있다. 수의 행동에서는 명백히 이런 특징들 일부가 드러났다. 일부 환자는 지시를 따르거나 새로운 규칙을 배우거나 비교적 단순한 문제를 푸는 것조차 어려워한다. 텔레비전 리모컨 같은 장치를 사용하는 것도 힘들어한다. 지인들은 환자가 더 이상 활동들을 조율시키거나 다중 작업을 하지 못하는 것 같다고 말할 수도 있다. 환자는 여러 일을 해야 할 때 우선순위를 정하거나 미리 계획을 세우는 일에 어려움을 느낄 수도 있다. 너무 산만해져서 "과제"에 집중할 수 없게 될 수도 있다. 남과 공감하거나 남의 입장에서 생각할 수 없게 되어서 사회적으로나 정서적으로 부적절한 행동을 하는 환자도 있다. 수도 그런 모습을 보였다. 환자마다 이런 증상들이 조합되어 나타나는 양상이 크게 다를 수 있다.

이마엽 증후군에서 나타날 수 있는 온갖 행동 변화는 신경과학자들에게는 굉장한 수수께끼였다. 매사추세츠 공과대학교의 심리학과 교수인 한스-루카스 토이버는 1964년 이 당혹스러운 증상들을 "이마엽의 수수께끼"라고 불렀다.[3] 이마엽과 그 기능은 지금도 여전히 어느 정도 수수께끼로 남아 있다. 신경학자나 신경과학자, 심리학자에게 이마엽이 무슨 일을 하는지 묻는다면 저마다 다른 답변을 내놓겠지만, 그 대답들의 핵심에는 "제어"라는 개념이 들어 있을 것이다.[4] 이마엽 손상의 결과를 기술한 초기 연구들 이래로 제어는 그 주제의 주된 개념이 되어왔고, 일부 연구자는 이마엽이 하는 일을 알려면 기업의 최고 경영자가 하는 일을 떠올리면 될 것이라는 주장까지 내놓았다.[5]

이 견해에 따르면, 이마엽은 결정을 내리고 목표를 설정하며 미리 계획하고 행동을 개시하거나 그 행동이 쓸모없음을 깨달으면 하던 행동을 멈춘다. 어떤 문제를 풀다가 필요하다면 전략을 바꿀 수도 있다. 우리가 당면한 과제에 계속 집중하도록 하고 행동과 다중 작업을 조율한다. 또 남들이 상황을 어떻게 보는지 고려하며 상황에 따라 그들과 공감한다. 사회적 맥락을 이해하고 그에 따라 행동한다. 필요하다면 남들을 설득하거나 구슬릴 수도 있다. 이 관점에서 볼 때, 이마엽은 달성하고자 하는 전반적인 목표를 추구하기 위해서 나머지 뇌의 활동을 감독하거나 조정하는 "실행 제어"—"인지 제어"라고도 한다—에서 핵심적인 역할을 한다.[6]

브라운 대학교의 인지신경과학자 데이비드 바드르는 특정한 목표를 달성하려면 뇌가 세계에 관해 아는 것(지식)과 (특정한 맥락에서 적절한 행동을 수행함으로써) 달성하고자 하는 목표 사이의 틈새를 연결하는 구조가 필요하다고 주장한다.[4] 그는 일부 이마엽 기능 이상 환자들이 무엇인가를 이루고 싶다고 말할 수 있을 때에도 그 목표를 달성하지 못하는 것을 관찰했다. 지식과 관련 행동의 실행 사이를 다리로 연결하는 것—또는 건너는 것—이 바로 이마엽 제어 시스템이 하는 일이다. 이마엽은 융통성 있는 방식으로, 우리가 계획하고 선택하고 일련의 행동을 짜도록 하며, 우리의 행동이 우리 자신과 남에게 미치는 결과와 영향을 지켜볼 수 있도록 해준다.

바드르는 더 나아가서 이마엽이 우리 행동의 결과를 성공적으로 예상하는 데에 중요하다고 주장한다. 특정한 전략이 특정한 맥락에서 성공하지 못할 가능성이 높다고 예상되면, 우리는 그것을 실행하지 않을 수도 있다. 예를 들면, 동료들과 어울려 놀 때에는 누군가를 향한 농담이 아무 문제없이 받아들여질 수도 있지만, 같은 동료들과 회의실에서 중요한 계획을 논의하고 있을 때에는 그런 농담이 적절하지 않을 수도 있다. 이마엽의 다양한 영역들은 제어의 계층 구조에서 각자 다른 역할을 할 수도 있다. 목표 세우기, 수행할 특정한 맥락을 고려하기, 그 상황에서 목표를 달성하는 데에에 필요한 행동을 실행하기 등이 그렇다.[7,8]

이마엽의 기능에 이상이 생긴 사람들의 충동적이고 산만하고 혼란스러운 행동을 실행 기능 장애 증후군이라고 부른다. 우리 행동의 실행 제어가 부족해 보이기 때문이다(마치 대기업의 최고 경영자나 관리자가 그 회사가 무엇을 해야 할지를 놓고 더 이상 좋은 결정을 내리지 못하게 된 것과 비슷하다). 이마엽 장애 환자는 설령 달성하고자 하는 목표를 안다고 해도, 그 목표를 달성하기 위한 행동을 부적절하거나 잘못된 판단 아래에서 실행할 수 있다. 수가 하는 의사 결정 및 사람들과의 절제되지 않은 상호 작용 중에는 그런 증후군에 들어맞는 요소들이 많았다.

신경학자 안토니오 다마지오 같은 연구자들은 이마엽 손상 환자들이 감정 반응을 보이지 않을 수 있다는 것도 밝혔다. 또한 그런 환자들 중에는 피부 전도도 변화—땀 분비의 척도—와 같은, 감정 반응에 수반되는 생리적 변화가 나타나지 않는 경우도 있었다. 이런 신체 반응은 오래 전부터 다원기록기("거짓말 탐지기") 검사에서 쓰였으며 거짓과 진실한 반응을 확실히 신뢰할 수 있을 정도로 구별하지는 못하지만, 신경과학 연구에서는 겉으로 확연히 드러나지 않는 감정 반응을 몸이 드러낼 때를 알려주는 표지로서 활용되어왔다. 예컨대 우리는 빙긋 웃거나 깔깔 웃거나 찌푸리며 감정을 드러낼 수 있지만, 우리의 감정 반응 중에 상당수는 숨겨져 있어서 특정한 상황에서 우리가 어떻게 느끼는지를 남들이 알아차리지 못한다.

이마엽 기능 장애 환자는 감정적인 상황에서 감정이 담긴 표정도 짓지 않고, 같이 나타나는 생리적 및 신체적 변화도 일으키지 않을 수도 있다. 다마지오는 향후 행동을 이끄는 데에 도움을 주는 감정 반응—이전 경험으로부터 배운—을 이용할 능력이 사라진 결과, 이러한 행동 변화가 나타난다고 주장했다.[9]

도덕적 난제를 제시했을 때, 일부 이마엽 손상 환자는 해당 이야기의 감정적 내용에도 둔감한 듯했다. 예를 들면, 고전적인 "전차 문제"를 제시한다고 하자. 고장 난 전차가 궤도를 계속 달린다면 일하는 인부 5명이 전차에 치어서 사망할 것이다. 달리는 전차와 인부 5명 사이의 궤도 위에는 육교가 하나 있다. 그 육교에는 누구인지 모를 사람이 1명 있는데, 몸집이 아주 크다. 인부 5명의 목숨을 구할 방법은 오로지 육교에 있는 사람을 밀어서 궤도로 떨어뜨리는 것밖에 없다. 그러면 전차가 그 사람과 충돌하면서 멈출 것이다. 그 사람은 죽겠지만, 인부 5명은 살 것이다. 이런 상황에서 당신은 그 사람을 밀겠는가?

이 문제는 분명히 감정적인 설정이지만, 지극히 합리적이면서 공리적인 관점에서 생각한다면(이를테면, 더 큰 선을 위해서는 어느 쪽을 택해야 할까?) 5명 대신에 1명을 희생하는 쪽이 더 가치가 있다고 말할 수 있을 것이다. 그러나 대다수의 양식良識 있는 사람들은 그런 행동을 받아들이기 꺼릴 것이며, 자신은 그렇게 하지 않겠다고 말할 것이다. 무고한 사람에게 해를 끼치는 행동이 수반되고, 그런 행동을 도덕적으로 용납할 수 없다고 보기 때문이다. 그러나 이마엽 손상 환자들은 공리주의적 대답을 내놓을 때가 더 많다. 즉 모르는 사람을 다리에서 미는 쪽을 택한다.[10] 그들은 우리 대다수가 대개 선택하기 꺼리는 행동을 상정하는 도덕적 딜레마에 감정적 반응을 느끼지 않는 듯하다.

또한 다마지오는 아기일 때 이마엽 손상을 입은(교통사고나 수술이 필요한 뇌종양 등으로) 희귀한 환자들이 성인으로 자랄 때 사이코패스의 행동과 유사한 반사회적인 행동을 보일 수 있다는 것도 발견했다.[11] 그들은 사회적 및 도덕적 기준을 전반적으로 무시하는 행동을 할 수 있고, 한결같이 무책임한 행동을 하면서도 죄의식을 느끼지 않을 수 있다. 그들은 사회적 행동 규범을 습득하지 않는 듯하며, 그 결과 친구가 거의 없다.

성인 때 이마엽 장애가 생기면 대개는 행동이 그렇게까지 극단적인 양상을 띠지 않지만, 사회적 맥락에서는 부적절한 행동을 할 수 있다. 그들은 사람들과 상호 작용할 때 다른 사람의 입장을 취하는 능력에 문제가 있다는 중요한 특징을 보인다. 그들은 "마음의 이론"이라는 것, 즉 남의 마음 상태를 이해하는 능력이 결여되어 있을지도 모른다. 다른 사람의 의도, 동기, 감정, 생각을 이해하는 능력 말이다.[12] 그런 이해와 반응 제어 능력이 없다면, 그들은 남이 어떻게 받아들일지 개의치 않은 채 떠오르는 생각을 불쑥 내뱉을 수 있다. 이것도 수의 행동과 일치하는 듯했다. 그녀의 신랄한 태도는 가족, 친구, 이웃과의 모든 관계에 상처를 입혔다.

그런데 그녀의 이마엽 기능에 이상을 일으키고 있는 것이 무엇일까? 비슷한 병을 앓은 적이 없는 상태에서 정신의학적 질환에 걸린 결과, 수처럼 50-60대에 행동 변화를 겪는 사람들도 있기는 하지만 아주 드물다. 수의 증상들은 2년에 걸쳐서 서서히 악화되었으므로, 서서히 커지는 이마엽 종양(EVR에게 생긴 수막종 같은) 때문일 가능성도 있었다. 나는 MRI 촬영과 신경심리학 검사를 빨리 해달라고 요청했다.

* * *

수와 앨런은 2주일 뒤에 다시 왔다. 앨런은 아내가 카우걸 복장을 입지 않도록 설득했지만, 대신 그녀는 반바지에 샌들 차림으로 왔다. 1월이었고 얼어붙을 듯이 추웠는데도 말이다. 그녀는 들어오자마자 들고 온 신문의 기사를 가리켰다.

"이거 봤어요, 선생님? 몇 달 전에 남편한테 앙겔라 메르켈이 시리아 난민의 독일 입국을 허용하면 혼란이 일어날 거라고 말했는데, 제 말이 딱 맞았어요. 새해 전날 밤에 쾰른에서 난민들이 젊은 여성들을 성추행한 일로 체포되었대요! 정말 역겨워요! 한 명도 못 들어오게 막았어야죠. 엄청난 문제가 이제 겨우 시작된 거라고요."

나는 반박하지 않는 편이 더 낫다는 것을 알고 있었다. 바로 이전 해에(시리아 내전이 시작된 지 4년이 넘은 시점) 독일로 온 난민을 향한 반발이 시작된 참이었다. 그들 중 소수가 일으킨 범죄 행위를 토대로 판단이 내려지고 항의의 목소리가 커지고 있었다.

"뭐라고 해봐요, 아무 의견 없어요? 조용하시네요, 선생님?"

"자, 앉아주시겠습니까? 뇌 영상과 신경심리 검사 결과를 논의해볼까요?"

"선생님, 제 뇌 영상보다 이 문제가 훨씬 더 중요해요. 이 시리아 난민 사건은 역사적으로 아주 중요한 순간이라고요. 제 말을 막지 마세요."

수의 말은 선견지명이 있었음이 드러났지만, 시리아 난민이 유럽에 얼마나 지대한 영향을 미칠지 논의를 하기에 적절한 자리는 아니었다. 나는 컴퓨터 화면에 뇌 영상을 띄우고 두 사람에게 자세히 설명했다. 종양은 보이지 않았지만, 영상은 뇌가 정상이 아님을 보여주었다.

"흠, 제 뇌가 정상이라면 싫었을 거예요." 그녀는 능글맞게 웃었다. "평균이 되고 싶은 사람은 아무도 없지 않나요?" 그녀는 손가락으로 책상을 두드렸다.

"그렇겠죠. 여기 뇌 앞쪽 그리고 옆쪽 관자엽이 보이시죠? 뇌의 다른 부위들에 비해서 부피가 작아요. 쪼그라든 것 같아요."

"원인이 뭐라고 보시나요?" 앨런이 물었다.

"행동 변이 이마관자엽 치매라는 병이 원인일 가능성이 가장 높습니다. 무슨 병이냐면……."

"치매라고요! 저 치매 아니에요. 기억력이 아주 좋다고요, 안 그래, 여보?" 수는 나의 말을 끊고 소리를 질렀다.

앨런은 고개를 끄덕였고, 나는 말을 계속했다.

"치매에는 종류가 많아요. 행동 변이 이마관자엽 치매는 기억력은 아주 좋은 상태로 유지될 수 있지만, 환자분에게 일어난 일처럼 행동이 변할 수 있습니다. 행동이 달라지기 시작할 수 있죠."

앨런은 충격을 받은 표정으로 물었다. "뇌의 앞쪽이 쪼그라들면 아내처럼 행동할 수 있는 건가요?"

나는 고개를 끄덕였다. "그렇습니다."

"그러면 원인이 뭔가요?"

"유전일 때도 있지만, 환자분의 집안에 비슷한 증상을 보이는 사람이 전혀 없다는 점을 생각하면 그럴 가능성은 낮습니다. 뇌에 비정상적인 단백질이 쌓이는 바람에 신경세포가 제 기능을 못하는 것일 수 있습니다."

"정말이에요? 뇌의 단백질이 그럴 수 있나요?" 수는 갑자기 눈을 크게 뜨고서 호기심을 드러내는 동시에 몹시 동요하는 표정으로 물었다. "뇌 속에 있는 단백질이 행동을 바꿀 수 있다는 거예요? 그런 헛소리는 한 번도 들어본 적이 없어요." 그녀는 씩씩거리면서 말했다.

"단백질 때문이 아마 맞을 거예요. 그리고 신경심리 검사 결과도 뇌의 이마엽 기능에 이상이 있다는 걸 보여줍니다."

인지 검사 결과, 그녀는 즉각적인 반응을 억제해야 할 때 어려움을 겪는다는 사실이 발견되었다. 그리고 문자와 숫자를 서로 바꾸는 등의 작업이나 다중 작업을 하는 데에도 문제가 있었다. 진료실에서 밝혀졌듯이 수의 일화 기억과 의미 기억은 온전한 듯했으며, 시공간 기능도 마찬가지로 정상인 듯했다. 팔다리 행위 상실증을 겪는다는 증거도 전혀 없었다. 신경심리학자는 (전차 문제와 같은) "도덕적 인지" 기능 검사도 했다.[10] 수는 사람에게 직접 신체적 위해를 가한다는 것을 의미할 때에도, 더 논리적이고 공리적인 행동을 선택할 가능성이 훨씬 높다고 나왔다. 흥미롭게도 행동 변이 이마관자엽 치매 환자들처럼 그녀도 무엇이 옳고 그른지를 잘 이해하고 있었지만, 도덕적 딜레마 상황에서 결정을 내릴 때 조건의 감정적인 측면은 그녀의 의사 결정에 영향을 미치지 않았다.[13]

"아하, 그렇구나. 여보, 이제부터 당신이 나를 돌봐야겠네? 극진하게 대접해줘. 아주 고마워요, 의사 선생님." 그러면서 그녀는 문을 향해 걸어갔다. "여보, 안 나와?"

"가기 전에 치료 이야기를 해야 할 것 같은데요?"

"치료요? 필요 없어요. 영상이 뭘 보여주든 간에 저는 저예요. 명심하세요, 저는 해방된 여성이라고요." 그녀는 그렇게 결론지으면서 문을 쾅 닫고 나갔다.

그녀의 반응이 그리 놀랍지는 않았다. 나는 진료가 쉽지 않으리라고 이미 예상하고 있었다. 앨런은 그대로 앉아 있었다.

"써볼 만한 치료법이 정말 있을까요?" 그는 희망을 드러내면서 물었다.

"치료제는 아니지만 흥분이나 공격적이고 충동적인 행동을 완화시키는 약효를 가진 약은 있어요. 트라조돈이라는 겁니다."

"어떻게 작용하는 약이죠?"

"확실하지는 않습니다. 원래 우울증 치료제로 개발된 약인데, 이마관자엽 치매 환자들의 몇몇 행동 증상들에도 도움이 된다는 사실이 밝혀졌습니다. 뇌의 화학물질 균형을 바꾸거든요."

"더 악화되지 않을 수도 있을까요?"

"지난 2년 동안 지켜보셨겠지만 이 병은 서서히 진행되는 병입니다. 하지만 적어도 당분간은 일부 행동 문제가 심해지지 않도록 막는 데에 도움이 될 수 있을 겁니다."

"한번 시도해보죠."

"그래요. 그런데 먼저 환자분이 본인에게 문제가 있음을 인정하고 이 약이 도와줄 수 있다는 걸 받아들이도록 해야 합니다."

"처제한테 말해서 아내가 병원에 오게 할게요." 앨런은 말했다. "처제 말이라면 들을지도 몰라요. 아직 아내와 대화를 하는 유일한 가족이니까요." 그래서 나는 트라조돈 처방전을 썼는데, 수가 과연 약을 복용하려고 할지는 의문이었다.

* * *

그날 오후 광장을 지나가면서 머릿속에는 수와의 두 번째 만남 장면이 저절로 떠올랐다. 잊을 수가 없는 사람이었다. 해가 가라앉으면서 잿빛 풀밭 위로 헐벗은 나무들의 그림자가 길게 드리워졌다. 겨울이 한창인데 수는 주변 환경이 어떻든지, 사람들이 어떻게 볼지 신경도 쓰지 않고 여름 옷을 입고 병원에 왔다. 나는 커피 상인에게 인사했다. 그는 여전히 그 자리에 있었다. 나는 그가 오늘의 수를 다시 보고서 기뻐했을지 궁금했다.

행동 변이 이마관자엽 치매(신경과 의사들은 줄여서 bvFTD라고 쓴다)는 치매 환자의 10-20퍼센트를 차지하지만, 제대로 진단이 내려지지 않을 때가 많다. 행동 변화가 가장 두드러진 징후일 때가 많으므로, 일반의는 환자에게 먼저 정신과 의사에게 가보라고 말하기 쉽다. 그런데 그 단계에서는 설령 뇌 영상을 찍는다고 해도 정상으로 나올 때가 많기 때문에 신경 퇴행 질환일 가능성을 배제시킬 수도 있다. 여러 해가 더 지난 뒤에야 비로소 명확한 진단이 내려질 수도 있다. 그런 진단이 나올 즈음에 환자의 나이는 대개 45-65세인데, 최근에는 더 나이가 많은 사람들에게서도 발병률이 증가한다는 연구 결과가 나왔다.

이 병은 다양한 증상들을 포함한다. 충동적이거나 절제되지 않은 행동, 공감 능력 상실, 동기 결여, 식성 변화(종종 "충치"가 생긴다), 통찰력 결여가 그러하며, 상대적으로 기억력, 시공간 기능과 실행 기능은 유지된다. 수는 이런 특징들 상당수를 드러냈다. 게다가 앨런이 무마한, 물건을 훔치는 행동도 있었지만 일부 환자는 훨씬 더 위험한 범죄 행위와 반사회적 행동까지 할 수 있다. 이 진단을 받은 환자의 3분의 1 이상은 교통 법규 위반, 불법 침입과 절도부터 음란한 행동, 계획적인 남의 재산권 침해, 강도, 폭행, 성추행에 이르기까지 다양한 범죄를 저지른다.[14] 이런 범법 행위들과 사회 규범 위반 행위들 때문에 당연히 가족은 극심한 스트레스에 시달린다.

게다가 많은 행동 변이 이마관자엽 치매 환자들이 공감 능력이 결여되고 무심하기 때문에 상황은 더욱 악화된다. 정서적 공감 능력도, 인지적 공감 능력도 모두 사라지는 것이 명백하다. 정서적 공감은 남들이 느끼는 감정에 감정적으로 반응함으로써, 남과 "동질감"을 느끼는 능력이다. 반면에 인지적 공감은 남의 관점에서 상황을 보고 남이 어떻게 느끼는지를 이해하는 능력을 가리킨다. 양쪽 공감 능력의 상실은 이마엽과 오른쪽 관자엽의 위축과 관련이 있다.[15]

가족들은 환자가 공감하지 못하고 "냉정하고" 시선을 거의 마주치지 않는다는 사실을 으레 알아차리고는 한다. 환자는 남에게 상처를 주거나 무신경한 말을 내뱉고 외모를 조롱하고 남의 고통이나 상심에 무심할 수도 있다. 그 결과 당연히 친한 사회 집단에서 배척되며, 이윽고 가족까지 멀어질 수 있다. 이들은 고립된다. 수는 2년 사이에 사회적으로 배척되는 먼 길을 걸어온 듯했다.

트라조돈이 효과가 있을까? 이 약은 원래 항우울제로 개발되었다. 시냅스(뉴런 사이의 연결 부위)에서 신경전달물질인 세로토닌의 재흡수를 선택적으로 억제하는, 현대의 SSRI(선택적 세로토닌 재흡수 억제제)와는 다른 식으로 작용한다. SSRI는 뇌의 세로토닌 농도를 증가시키는 역할을 한다. 트라조돈의 주된 효과는 세로토닌의 특정 수용체 활동을 차단해서, 그 수용체의 활성을 억제함으로써 나온다. 전반적으로 트라조돈은 우울증을 치료하는 데에 효과가 있을 뿐 아니라, 행동 변이 이마관자엽 치매 환자에게서 나타나는 과민성, 흥분, 식성 변화 등 치매의 행동 증상들 일부를 개선할 수도 있다.[16] 최근 케임브리지 대학교의 신경학자이자 신경과학자인 조반나 말루치는 트라조돈을 적정 용량으로 투여했을 때 뉴런 내의 중요한 단백질 조절 경로에 작용함으로써 여러 신경 퇴행 질환들로부터 뇌를 보호하는 효과를 낼 수도 있다는 증거를 제시했다.[17] 그러나 그 약이 수에게 어떤 변화를 일으킬지, 아니 수가 과연 그 약을 복용할지조차도 불확실했다.

* * *

두 달 뒤에 나는 앨런에게서 이메일을 받았다. 예약한 날짜보다 더 일찍 진료가 가능한지 묻는 내용이었다. 그는 꼭 나와 상담해야 할 몇 가지 문제가 있다고 했다. 그다지 희망적인 이야기 같지는 않았지만, 나는 꽉 찬 진료 일정에 예약을 추가했다. 다시 만났을 때 나는 깜짝 놀랐다. 무엇보다도 수는 진료를 받으러 오기에 정상적인, 아니 감히 적절하다고까지 말할 수 있는 옷차림을 하고 있었다. 그런 생각을 하는 나 자신이 너무 체제 순응적인 것처럼 느껴질 정도였다. 그녀는 말쑥한 남색 정장 바지에 따뜻한 외투 차림이었다. 앨런도 예전보다 덜 지친 모습이었다.

"안녕하세요, 선생님. 잘 지내셨어요?" 수가 물었다.

그녀가 한 번도 그런 질문을 한 적이 없었기 때문에 나는 이 대화가 어디로 향할지 감을 잡기 어려웠지만, 전통적인 영국 방식으로 대답했다.

"잘 지냈습니다. 라일런드 부인도 잘 지내셨나요?"

"네. 전에도 말했다시피 기분이 좋지 않았던 적이 없어요." 그녀는 빙긋 웃었다.

"좋은 소식이네요. 트라조돈은 복용해보셨습니까?"

"그게 바로 오늘 온 이유예요." 앨런이 설명했다.

나는 들을 자세를 취했다.

"처제가 설득한 덕분에 복용하기 시작했는데……."

"제가 동생 말은 잘 들어요. 저를 진정으로 생각해주는 사람이 있다면 바로 동생이에요." 수는 다시금 나의 책상을 손가락으로 두드리면서 끼어들었다. 크게 달라진 것이 없어 보였다.

"그리고 선생님이 말한 대로 용량을 늘릴 수 있었어요." 앨런이 이번에는 수의 방해 없이 문장을 끝냈다.

"그래서요?"

"용량을 더 늘릴 수 있을지 알아보려고 일찍 온 겁니다." 그가 말했다.

"왜죠?" 나는 두 사람을 쳐다보았다.

"왜냐하면 약이 어느 정도 효과가 있다고 보니까요. 아내는 뭐랄까, 훨씬 덜 직설적이고요. 이제는 사람들에게 생각을 설명할 기회를 줘요. 저에게나 기족들에게 화도 덜 내고 흥분도 덜하고요. 정말로 좋아지기는 했는데, 보시다시피 분명히 모든 게 변하지는 않았어요."

나는 놀라면서 기쁨이 솟구쳤다.

"환자분은 동의하십니까?" 나는 수에게 물었다.

"음, 말했다시피 저는 늘 괜찮았다니까요. 하지만 동생이 설명하기를 제가 때때로 좀 지나치거나 너무 심하게 언쟁을 벌일 때가 있대요. 그래서 약이 효과가 있고 가족과 잘 지낼 수 있게 도움을 줄 수 있다면, 기꺼이 계속 복용할게요. 선생님이 서서히 저를 독살하는 게 아니라면요!" 그녀는 검지로 나를 가리키면서 깔깔 웃었다.

나는 억지로 웃음을 지었다. "네, 독살하지 않겠습니다. 그런데 부작용은 없었습니까? 이를테면 낮에 졸리거나요."

"딱히요. 잠을 더 잘 자지만, 제가 느끼는 건 그뿐이에요."

"가족들은 아내의 행동이 크게 달라졌다는 걸 알아차렸어요. 그 진단에 충격을 받기는 했지만, 아내가 왜 그런 식으로 행동하는지 이제 납득이 되니까 모두 훨씬 더 잘 받아들여요. 그러니 오늘 시간을 내주셔서 감사합니다. 복용량을 더 늘려도 될까요? 읽어보니까 더 늘릴 수 있다고 해서요."

"물론입니다. 서서히 용량을 늘려볼 수 있습니다. 그런데 다른 일로 상담하고 싶다고 하시지 않았나요?"

"여보, 선생님과 따로 이야기를 하고 싶은데. 괜찮겠어?" 앨런은 아내를 돌아보며 물었다.

"그럼, 여보. 알고 싶은 거 다 물어봐." 그녀는 대답하고 전혀 소동을 피우지 않은 채 대기실로 차분히 걸어 나갔다.

나는 감동해서 고개를 끄덕였다. "무슨 말씀인지 알겠어요. 나아졌군요."

"맞아요. 더는 막무가내로 행동하거나 공격적인 행동을 하지 않아요. 트라조돈을 처방해주셔서 감사합니다. 정말로 도움이 되고 있어요. 이제 앞으로 어떻게 진행될지 알고 싶어요. 우리에게 시간이 얼마나 남았는지, 앞으로 몇 년 사이에 아내가 어떻게 될지요."

"양상은 다양하게 나타납니다. 아주 느리게 진행되는 사람도 있고 더 빨리 진행되는 사람도 있어요. 예측하기는 어렵지만, 앞으로 몇 년 동안 지켜보면 어떻게 진행될지 감을 잡을 수 있을 겁니다."

"가족들이 가능하다면 미리 계획을 세우고 싶어하기도 하고, 지금이 지속적 대리인 위임을 받을 적절한 시기인지를 가늠해봐야 하기도 해서요." 앨런은 설명했다.

영국에서 개인은 그렇지 않다고 입증될 때까지는 의사 결정을 내릴 정신 능력을 지닌다고 간주되며, 재산과 업무, 즉 개인의 안녕에 필요한 것들을 위임받아서 수행할 지속적 대리인을 정하려고 할 때에도 그러한 정신 능력이 있어야 한다고 본다. 그러나 누군가의 정신 능력을 평가하는 일이 언제나 수월하지는 않다. 수가 그랬듯이 설령 인지 선별 검사에서 좋은 결과가 나온다고 해도 정신 능력이 없을 수도 있다. 공식적으로 개인이 정신 능력을 지니려면, 의사 결정과 관련된 정보를 이해하고, 결정을 내리는 데에 필요한 기간까지 그 정보를 유지하고, 그 정보를 파악하거나 평가해서 결정을 내리고, 결정한 내용을 소통할 수 있어야 한다. 정보를 평가해서 결정을 내리는 수의 능력은 분명 그리 좋지 못했다.

"알겠습니다. 트라조돈을 써서 얼마간 효과를 본 듯하니까, 더 고용량을 몇 달 동안 복용한 뒤에 정신 능력을 정식으로 평가하는 편이 최선의 방안 같습니다. 그동안 약의 혜택을 더 보고 나면 의사 결정도 더 나아질지 모르니까요."

"알겠습니다. 좋은 생각 같네요. 그저 아내가 직접 지속적 대리에 관한 결정을 내릴 수 없는 상황에 처하고 싶지는 않아서요." 앨런은 대답했다.

"환자분과 논의해보셨나요?"

"아직이요."

"가정에서 논의를 시작하는 편이 좋겠습니다. 물론 천천히 시간을 들여서요. 아마 처제분과 의논을 하시겠죠? 환자분이 동생의 말은 듣는 듯하니까요.”

그러나 나는 그 논의가 쉽지 않을 것임을 알았다. 수가 사실상 재산에 관한 결정의 권한을 다른 사람에게 넘기는 일에 관심을 가지지 않을 수도 있었다. 남들이 자신을 얼마나 진심으로 돌볼지 여부와는 상관없이 말이다. 나는 수를 진료실로 다시 데려왔다.

“이야기 다 했어, 여보?” 그녀는 장난스럽게 웃으면서 물었다. “할 이야기 전부?”

“환자분께 가장 도움이 되는 일만 하려고 애쓰셨습니다. 그리고…….” 내가 말을 꺼내자 그녀가 가로막았다.

“알아요, 선생님. 그리고 선생님도 그렇겠죠. 그냥 때때로 내가 세상을 다르게 볼 뿐이에요. 오늘은 아니고요. 그러니 두 분 다 안심해도 좋아요!”

그녀는 낄낄 웃었다. “여보. 당신 안전해, 오늘은.”

“그 말을 들으니 안심이 되네요.” 나는 말했다. 아직 안도감이 찾아오지는 않았지만 말이다.

“선생님, 유머 감각 있으시네! 여보, 방금 들었어? 이분, 코미디언 하셔도 되겠어.”

앨런이 일어서서 나갈 때 그의 얼굴에는 흡족한 웃음이 떠올라 있었다. 수는 여전히 낄낄거리면서 머리칼이 듬성듬성 난 그의 머리를 장난스럽게 톡 치고는 팔짱을 꼈다. 그는 아내에게 끌려가면서 돌아서서 한 손을 들어 인사를 했다.

트라조돈이 수의 별난 행동에 긍정적인 영향을 미쳤다는 소식은 매우 고무적이었다. 투여량을 더 늘리자, 그녀는 더욱 나아졌다. 이제 흥분을 덜했다. 그녀가 대화에 끼어서 솔직하게 말하는 모습을 즐기는 이들까지 나타났다. 공격적으로 비평하지 않는다면, 수는 매우 카리스마가 넘치고 사람들을 웃길 수 있는 듯했다. 그러나 그녀는 결코 대리인 위임에 동의하지 않았다. 누가 무엇이라고 하든 간에, 그쪽으로는 꿈쩍도 하지 않았다. 몇 년이 흐르자 이윽고 진행성 신경 퇴행 질환이 그녀의 행동에 미치는 영향을 트라조돈으로는 더 이상 막을 수 없는 지점에 이르렀다.

　이 책에 실린 모든 사람들 중에서 수는 "자아"와 정체성에 가장 극적인 변화를 겪은 사람이라고 볼 수 있다. 신경질환 환자들 중에서 행동 변이 이마관자엽 치매 환자야말로 행동과 성격이 가장 극적으로 변하는 쪽에 속한다. 이 질환은 가족, 친구, 심지어 담당 의사에게도 엄청난 스트레스를 줄 수 있다. 사회가 받아들일 만한 행동이라고 간주하는 경계를 반복해서 넘기 때문이다. 이들은 규칙을 어기기도 하지만, 때로는 그들의 직설적인 태도가 매우 환영받을 수도 있다.

7

손이 어디에 있는지 모르겠어요

런던 서쪽 외곽에 있는 자치구인 일링의 그해 봄은 순탄하지 않았다. 거의 예상도 못 한 시기인 4월 초에 갑자기 서리가 찾아온 바람에 막 움트고 있던 싹과 꽃봉오리가 말 그대로 된서리를 맞았다. 그 결과 따뜻한 날씨의 시작을 알리는 다채로운 색깔들을 보리라고 기대하던 주민들은 실망할 수밖에 없었다. 어떻게 이 멀리까지 왔느냐고 내가 물었을 때, 진료실에서 애나는 바로 그 이야기로 말문을 열었다. 어느 모로 보아도 특이한 대답이었지만, 그녀는 초조해 보였고 그 결과 단순한 질문에 대한 답은 아주 길어졌다.

그녀는 자기는 정원이 없지만 부모님 집에는 있고, 부모님이 정원을 무척 자랑스럽게 여기며 어머니의 꽃밭 가꾸기를 종종 돕는데, 올해는 엉망이 되었다고 했다. 여름에 정원에 꽃이 만발하기가 어려워졌다는 말이었다. 그녀의 성姓이 어디에서 유래했는지 묻기도 전이었다. 그랬다. 그녀의 가족은 원래 폴란드에서 살았고 그녀도 거기에서 태어났다. 2004년 폴란드가 유럽 연합에 가입한 뒤 그녀가 10대일 때 가족은 영국으로 이주했다. 많은 이민자들이 공동체를 꾸리듯이 폴란드인도 전국의 몇몇 지역에 모여 살았는데, 나는 일링도 그중 한 곳이라고 알고 있었다. 애나는 그곳에서 자랐고, 지금은 자신이 폴란드인보다는 영국인에 더 가깝다고 느꼈다.

그러나 언제나 그랬던 것은 아니다. 열세 살 때 그녀는 휴대전화로 친구와 폴란드어로 수다를 떨면서 동네 공원을 지나가고 있었다. 그런데 한 무리의 젊은 남자들이 기분이 나빴는지, 그녀에게 네가 지금 어디에 산다고 생각하느냐며 시비를 걸기 시작했다. "여기는 일링이고 여기에서는 영어를 써!" 그들은 그녀에게 고함을 쳤다. 그녀가 어쩔 줄 몰라하자, 그들은 그녀를 마구 폭행했고 그녀가 의식을 잃자 길 한쪽에 놔두고 갔다.

다행히 누군가가 그 사건을 목격했고 그녀는 곧 구급차에 실려서 동네 병원으로 이송되었다. 가격당한 머리의 머리뼈 안에서 출혈이 일어났다는 것이 확인되어, 그녀는 가장 가까운 광역 의료 시설인 채링크로스 병원의 신경외과 병동으로 옮겨졌다. 곧바로 머리뼈에 구멍을 뚫는 응급 수술이 이루어졌다. 고인 피를 빼내서 뇌에 가해지는 압력을 줄였다. 아니 적어도, 그녀가 들은 설명은 그러했다. 애나는 그 방면의 전문가가 아니었고, 그런 일이 있었다고만 말했다.

그녀가 아는 것이라고는 수술이 다행히 성공하여, 놀랍게도 겨우 며칠 뒤에 병원에서 걸어나왔다는 것이다. 물론 그 뒤로 검진이 이루어졌지만, 그로부터 오랜 시간이 지났기 때문에 진료 기록은 전혀 남아 있지 않았다. 그녀는 아주 잘 회복하여 별 탈 없이 지냈다. 좋은 성적으로 학교를 졸업하고 20대 초반인 지금은 런던 중심부의 한 은행에서 주임으로 일하고 있었다. 매일 지하철로 출퇴근을 했다. 이쯤이면 애나의 배경은 충분히 안 것 아닐까?

곧 나는 애나에 관해서 더 많은 것을 알게 되었다. 만난 지 몇 분 사이에 환자에게서 이렇게 많은 정보를 습득한 적은 드물었다.

"맙소사, 그런 수술을 받은 뒤 괜찮아졌다니 정말 다행입니다. 그런데 무슨 일로 오신 걸까요?" 내가 물었다.

그러자 그녀는 마치 시선을 피하려는 듯이 진료실을 죽 둘러보았다.

"솔직히, 어떻게 말해야 할지 잘 모르겠어요. 선생님을 찾아온 게 맞는지도 잘 모르겠고요." 애나는 곧은 다갈색 머리카락을 주근깨가 난 홀쭉한 얼굴 뒤로 넘기면서 수줍게 웃었다.

"어떤 문제인지 말해보세요. 그래야 도울 수 있을지를 알 수 있죠." 나는 안심시키는 태도로 대답했다.

그녀는 마치 믿을 수 있는 사람인지 고심하는 양, 크고 짙은 갈색 눈으로 나를 뚫어지게 쳐다보면서 꼼꼼히 살폈다. 이윽고 그녀는 훨씬 더 조용하고 약간 떨리는 목소리로 말을 시작했다.

"너무 이상해서 남에게 설명하려니 좀 그렇기는 한데요, 제 오른쪽 팔다리가 이상하게 움직여요."

"어떤 식으로요?"

그녀는 머뭇거렸다. "침대에서 책을 읽으려고 하는데 갑자기 제 오른손이 어디에 있는지 모르겠다는 생각이 들어요. 그런데 쳐다보면 거기에 있죠. 오른쪽 다리에 똑같은 일이 일어난 적도 있어요. 버스에 앉아 있는데, 다리가 어디에 있는지 모르겠는 거예요. 누군가가 제 발에 걸려서 넘어질 뻔하는 바람에 제 발이 통로 한가운데에 놓여 있다는 걸 알아차렸어요."

"이런 증상을 겪은 지는 얼마나 되었습니까?"

"반년 전부터인 듯한데, 처음에는 사실 별로 개의치 않았어요. 걱정거리도 아니었고요. 그런데 지금은 더 심해졌어요." 그녀는 이제 더 자신감을 얻은 모습으로 나를 찾아온 이유를 설명했다.

"오른쪽 팔다리만 그렇습니까?"

"네. 왼쪽은 그런 적이 한 번도 없어요."

"이 증상들을 언제 의식하게 되었는지도 좀더 말해주세요. 무슨 일을 하고 있을 때 주로 그렇습니까?"

"어디에서든 간에 뭔가를 바쁘게 하고 있을 때요." 이제 목소리에는 좀더 힘이 담겼다. "오른쪽 손이나 발이 어디에 있는지 모른다는 걸 갑자기 알아차려요. 그런데 말했다시피 쳐다보면 아무런 문제도 없는 거예요. 쳐다보지 않으면……어디에 있는지 모르겠고요. 그러니까 이제 점점 더 걱정이 되는 거예요. 제 춤에도 영향을 주고 있거든요."

"춤이요?"

그녀는 웃음을 띠면서 말했다. "네. 춤추는 걸 좋아해서요. 1년 전에 한 모임에 가입했어요. 다양한 사교 댄스를 춰요. 제가 좋아하는 취미죠. 춤을 정말 좋아하고, 시간이 날 때마다 연습을 해요. 때가 되면 경연에도 나가고 싶은데, 딱히 중요하지는 않아요. 정말로 춤추는 게 좋아요." 그녀는 환하게 웃었다. 정말로 춤을 중요하게 여기는 것이 분명했다.

"좋은 취미를 가지셨네요. 그런데 춤이 어떻게 영향을 받는다는 거죠?"

애나의 얼굴이 새빨갛게 변했다. 몹시 거북한 듯이 입술이 꽉 다물렸다. 이유가 무엇인지 몰라도, 태도가 갑작스럽게 달라졌다.

잠시 뒤 그녀는 불쑥 내뱉었다. "춤을 추는 게 별로 중요하지 않다는 건 아는데요. 이 문제가 처음으로 시작된 게 춤이었어요."

나는 그녀가 무슨 말을 하려는지 짐작이 되지 않았지만, 그녀가 방해받지 않고 말을 이어나갈 수 있도록 고개를 끄덕였다.

"춤을 출 때 오른쪽 손발이 어디에 있는지 인지를 못해서 춤 파트너와 어색해질 때가 있거든요……." 그녀는 말을 흐리면서 다시 입술을 더 꽉 다물었다.

"어떤 식으로요?" 나는 부드럽게 물었다.

애나는 얼굴을 찌푸리며 불편한 양 의자에서 자세를 바꾸었다.

"이따금 제 오른쪽 다리가 파트너의 다리를 감싸면서 우리가 훨씬 더 가까워지는 거예요. 무슨 뜻인지 아시겠죠?"

"알겠어요. 그런 다음에는요?"

"정말로 당황하게 되죠. 그러면 스텝도 까먹고 엉망이 돼요. 하지만 정말 큰 문제는 제가 남자에게 작업을 거는 양 보인다는 거예요. 모두가 지켜보는 앞에서, 즉 무대에서 말이죠. 정말로 저와 잘 맞는 댄스 파트너 한 명은 더 이상은 저랑 춤추려고 하지 않아요. 과연 저를 어떻게 생각할까요? 그런데 또다른 한 명은 제가 자기한테 관심이 있다고 생각했는지 적극적으로 달려들었어요. 저는 아닌데요. 아무튼 양쪽 다 어색해졌어요." 그녀는 창피한 양 고개를 숙였다. 서글퍼 보였다. 잠시 침묵이 깔렸다.

잠시 뒤 나는 입을 열었다. "아주 힘드시겠습니다. 그런데 보지 않을 때 팔이나 다리가 어디에 있다는 자각을 '잃을' 때까지는 얼마나 오래 걸립니까?"

그녀는 물어봐서 고맙다는 듯이 고개를 치켜들었다.

"잘 모르겠어요."

"그럼 지금 한번 알아볼까요?" 나는 부드럽게 물었다.

"좋아요. 그런데 뭘 하면 되죠?" 그녀는 궁금하다는 듯이 나를 쳐다보았다.

"먼저 눈으로 오른손을 쳐다봐요. 좋아요. 이제 시선을 돌려요. 자, 이제 오른손이 어디 있는지 모르겠다는 느낌이 들기 시작하면 말해주세요."

약 20초가 지난 뒤, 애나는 오른팔이 의식에서 사라지기 시작했다고 말했다. 그러나 그 순간 그녀는 오른손을 다시 쳐다보았고, 그러자 손은 "다시 나타났다." 오른발을 검사했을 때에도 같은 일이 일어났다.

나는 그녀가 특이한 감각 상실을 겪고 있다는 생각이 들었는데, 증상이 오른쪽 팔다리에만 나타난다는 점이 특이했다. 나는 단순한 촉각, 온도, 진동, 고유감각(자신의 팔다리가 어디 있는지를 느끼는 감각) 검사를 비롯한 신경학적 검사를 했다. 그런데 모두 정상이었다. 애나가 유일하게 어려움을 느낀 검사는 눈을 감은 상태에서 내가 그녀의 오른손에 올려놓은 물건이 무엇인지 알아내는 것이었다. 눈으로 보지 않아도, 우리 대다수는 물건을 손가락으로 이리저리 만져봄으로써(능동적 촉감이라고도 한다) 다양한 종류의 동전이나 열쇠, 지우개 같은 물건을 대개 구별할 수 있다. 그런데 애나는 내가 왼손에 물건을 올려놓았을 때에는 쉽게 구별할 수 있었지만, 오른손에 올려놓자 잘 구별하지 못했다.

약 1세기 전 유럽의 신경학자들은 한쪽 마루엽에 손상이 일어나면, 그 반대편 손에 놓인 물체를 만져서 식별하는 데에 대개 지장이 생긴다는 것을 발견했다. 훗날 몬트리올의 신경외과 의사 와일더 펜필드는 뇌전증 치료 수술을 받는 환자들의 대뇌 겉질 표면을 전기로 직접 자극하는 기법을 개발했다.[1] 이 방법으로 그는 사람 뇌의 1차 감각 표상과 운동 표상의 지도를 작성할 수 있었다. 뇌수술을 할 때 이런 영역들이 손상되지 않도록 하기 위한 지도였다.

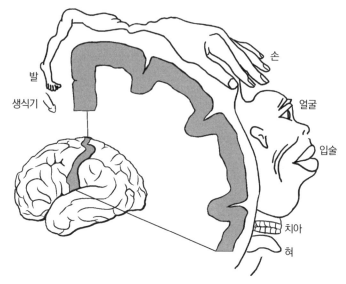

발
생식기
손
얼굴
입술
치아
혀

그림 14. 마루 겉질에서의 촉각 표상. 앞쪽 마루엽에 몸의 반대편이 지형도처럼 펼쳐져 있다(이 지도를 "호문쿨루스"라고도 한다). 촉각 민감도가 가장 큰 신체 부위들이 겉질 면적을 가장 넓게 차지한다.

그의 꼼꼼한 연구 덕분에, 다양한 신체 부위로부터 오는 감각들이 반대쪽 마루 겉질(몸 오른쪽은 왼쪽 마루 겉질, 몸 왼쪽은 오른쪽 마루 겉질)의 앞쪽에 체계적이고 지형학적인 양상으로 배치되어 있다는 것이 드러났다. 이 지도를 호문쿨루스homunculus(인체의 축소판)라고 부르기도 한다. 펜필드는 얼굴, 혀, 손처럼 촉각 민감도가 큰 신체 부위일수록 담당하는 겉질 면적이 더 넓다는 사실을 발견했다(그림 14). 호문쿨루스의 이 부위들은 겉질 표상 면적이 넓다.

마루엽의 이 부위가 손상되면, 반대쪽 팔다리의 감각 정보를 이해하는 데에 지장이 생길 수 있다. 그러나 애나의 사례에서 오른손에서 사라진 것은 촉감 같은 단순한 감각이 아니라, 피부의 촉각 수용기에서 오는 정보를 손가락의 움직임 위치와 통합하는 능력이었다. 1950년대에 퀸 광장에서 일하다가 나중에 하버드 대학교의 신경학 교수가 된 데릭 데니-브라운은 마루 겉질의 기능이 단지 피부의 감각을 나타나게 하는 데에만 그치지 않는다고 주장했다. 그는 손가락이 물체 위를 움직일 때 다양한 촉감 정보를 공간적으로 집계함으로써 물체의 형태를 인식하는 것이 마루 겉질의 중요한 기능이라고 주장했다. 그는 이 과정을 "형태합성 morphosynthesis"이라고 했다. 이 과정이 손상되면, 환자는 "형태합성 불능증", 즉 손상된 마루 겉질의 반대쪽에 있는 손에 올려놓은 물건의 모양을 지각하지 못하는 장애가 생길 수도 있다.[2] "구멍을 뚫은 것이 머리뼈의 어느 쪽인가요?" 나는 애나에게 물었다.

"여기요. 여기가 수술 부위예요." 앤은 머리 왼쪽을 가리키면서 머리카락을 들어서, 마루엽을 덮고 있는 뒤쪽 머리뼈 위에 동전만한 크기로 움푹 들어간 곳을 보여주었다. 정말로 믿을 수 없을 정도로, 예전에 수술을 받았던 부위는 인식 상실을 겪고 있는 오른쪽 팔다리의 표상이 생성되는 바로 그 영역과 일치했다.

내가 이 현상의 가능한 원인들을 생각하고 있을 때, 애나가 나직하게 물었다. "제 말을 믿으세요?"

나는 조금 움찔했다. 내가 그녀의 말을 믿지 않는다고 생각할 만한 기색을 전혀 드러내지 않았기 때문이다. 그녀는 자신의 이야기가 너무 터무니없게 들리지나 않을까 몹시 걱정하고 있던 것이 분명했다.

"솔직히 말해서 환자분이 겪고 있는 바로 그 증상을 겪는 환자는 한 번도 본 적 없습니다만, 네, 믿습니다. 우선 좀더 살펴보겠습니다."

"감사해요." 그녀는 확연히 안도하는 기색이었다. "과연 누가 제 말을 진지하게 받아들일지 정말로 못 미더웠거든요."

* * *

그날 저녁 나는 지하철을 타고 집으로 향했다. 피카딜리 노선은 으레 그렇듯이 아주 혼잡했다. 런던 중심부에서부터 서쪽 지역으로 퇴근하는 사람들로 가득했다. 나는 승객들 사이에 낀 채 불편하게 손잡이를 잡고 서 있었는데, 어느 노련한 승객은 사람들과 문 틈에 낀 상태에서도 태연하게 신문을 읽고 있었다. 열차가 덜컹덜컹 이리저리 흔들리는 와중에도 그는 신문을 원래의 8분의 1 크기로 산뜻하게 접어서 남에게 피해를 주지 않으면서 기사들을 쉽게 읽고 있었다. 그가 신문을 뒤집자 알레포의 한 병원에 미사일이 떨어졌다는 기사가 눈에 들어왔다. 시리아 항공기에서 쏘았을 가능성이 높았다. 전쟁 때 병원을 표적으로 삼는 전략의 일환이었을 가능성이 높았다. 의사들이 머리 부상을 입은 아이들을 비롯해서 수많은 부상자들을 치료하던 곳이었지만, 이제 소아과 병동 전체가 파괴되었다.

사람들이 어떻게 이런 식으로 행동하는지 이해할 수가 없었지만, 굳이 시리아까지 가지 않아도 흉악한 야만적 행위를 얼마든지 접할 수 있었다. 우리 주변에도 분명히 있었다. 나는 애나가 겪은 일을 떠올렸다. 공격을 받았을 때 신경외과 의료진이 가까이 있었다는 점에서 그녀는 정말로 운이 좋았다. 그녀는 그저 영어로 말하지 않았다고 폭행을 당했다. 머리에 구멍을 뚫는 것은 실제로 머리뼈 안에 고인 피를 빼내어 뇌에 가해지는 압력을 줄이는 가장 빠른 방법이었다. 그 천두술(머리에 구멍 뚫기)이 마르셀 프루스트가 뇌졸중을 일으켰다고 확신했을 때 무척 받고 싶어했던 바로 그 수술이라는 생각을 하니 절로 웃음이 났다(서론에서 언급했다).

이런 유형의 수술은 역사가 깊다. 8,000년 전 중석기시대까지 거슬러올라간다. 그리고 아마 고고학 발굴지에서 나온 증거를 볼 때 가장 오래된 수술법에 속할 것이다.[3] 천두술은 악령을 배출하기 위해서 했을 수도 있고, 뇌전증, 두통, 머리 부상 등 신경학적 질환을 치료하기 위해서 했을 수도 있다. 이 수술을 하는 목적이 무엇이든, 천두술은 세계 각지의 문화에 널리 퍼져 있었던 듯하다.

그런데 수술을 받은 지 수년이 흘렀는데 이제야 애나에게 무슨 일이 생긴다는 것이 말이 될까? 천두술을 받은 직후에는 합병증이 생길 수 있다. 멈추기 어려운 과다 출혈과 수술 부위의 감염 같은 것이 그렇다. 때로는 수술이나 출혈로 뇌 물질이 자극을 받아 구멍 부위의 뉴런에 뇌전증성 방전放電을 일으켜서 국소 발작으로 이어질 수도 있다. 그러나 그런 합병증은 대개 최근에 애나가 겪은 증상들보다 훨씬 더 일찍 나타난다. 게다가 마루 겉질이 자극되어 생기는 국소 발작은 보통 반대편 손에 의식 상실이 아니라 저림이나 마비의 형태로 나타난다. 게다가 그런 발작은 손을 쳐다보기만 해서 사라지지 않는다. 따라서 애나가 묘사한, 일시적으로 팔다리를 잊는 증상은 그것으로 설명할 수가 없을 것 같다.

열차가 그린 파크 역에 도착했다. 다행히 내리는 사람이 많아서 승객이 훨씬 줄어들면서 땀 나도록 몸을 꽉꽉 눌러대던 압력도 어느 정도 약해졌다. 나에게 인상을 남긴 승객은 다시 신문을 넘겼고, 다른 기사가 눈에 들어왔다. 영국이 유럽 연합에 남을지를 결정하는 6월의 "브렉시트" 투표를 앞두고 벌어진 "탈퇴 투표운동"을 다룬 기사였다. 기사에는 만약 영국이 탈퇴한다면 유럽 연합으로 빠져나갈 예산이 절약되므로 국가 보건 서비스가 매주 3억 5,000만 파운드를 추가로 받게 되리라는 주장이 담겨 있었다. 이 내용은 이때부터 포스터에 쓰이기 시작했고, 나중에는 악명 높은 빨간 선거운동 차량에도 크게 쓰였다. 4월 당시에도 영국 통계청은 그 주장이 오해를 불러일으킨다고 지적했다. 그러나 나는 사람들이 그 점을 중요하게 여기지는 않으리라고 생각했다. 유럽 연합을 떠나고 싶어하는 사람들은 이러한 선전에, 그리고 이민을 더 철저히 억제하겠다는 약속에 설득되었다. 문이 닫히고, 서서히 지하철은 역에서 빠져나갔다.

*　*　*

나는 애나의 뇌 MRI 촬영을 요청한 상태였다. 그녀의 증상이 어떤 구조적 원인 때문인지 알아보기 위해서였다. 따라서 예전 수술과 어떤 관련이 있는지 여부가 곧 드러날 터였다. 내가 예상한 날짜보다 훨씬 빠른 이틀 뒤에 애나의 소식이 들려왔다. 그런데 이번에는 경찰이 나의 비서에게 남긴 메시지를 통해서였다. 버스에서 일어난 사건 때문에 그녀를 구금했다는 소식이었다. 내가 경찰에게 전화를 해서 상황을 논의할 수 있을까? 나는 어떤 일이 일어났을지 궁금해서 즉시 전화를 걸었다. 당직 경사가 전화를 받았다.

"알겠어요. 그러니까 애나 코월스카 씨를 아신다는 거죠?" 그는 독특하게 묵직한 말투로 물었다.

"네, 이번 주에 저희 신경과 병동에 와서 상담을 했습니다."

"알겠습니다. 애나 씨가 도움을 줄 전문가라고 하면서 선생님의 성함을 적어줬거든요."

"물론입니다. 최선을 다해 돕지요. 어떤 문제일까요?"

"버스에서 선생님의 애나 옆에 앉은 젊은 여성이 몹시 괴롭다면서 전화를 했어요……."

"그녀는 '저의 애나'가 아닙니다, 경사님." 나는 재빨리 말을 가로막았다.

"아, 죄송합니다. 적절한 용어가 아니었네요. 아무튼 버스에서 선생님의 환자 옆에 앉았던 여성분이 말하기를, 코월스카 씨의 손이 자기 허벅지를 만진다고 느꼈다는 거예요. 어디 보자, 네, 그분이 하신 말을 그대로 옮기면 '허벅지를 더듬었다'네요."

"경사님, 어느 손입니까?"

"그게 중요한가요?"

"네, 중요합니다." 나는 무뚝뚝하게 말했다.

"음, 수사 기록을 보니, 환자분의 오른손인 것 같군요."

"알겠습니다. 그러면 설명이 가능할 수 있겠네요."

"정말인가요?"

"네. 애나 씨는 사실 오른팔의 인식을 상실하는 증상 때문에 진료를 받고 있습니다."

"인식을 상실한다고요?"

"자기 손이 어디에 있는지 모르는 증상입니다."

"그게 신경계 질환이고요?"

"그럴 수 있습니다. 애나 씨는 머리뼈 왼쪽에 구멍을 내는 수술을 받았고, 그 후유증을 겪고 있을 가능성이 있거든요. 지금 조치가 가능한지 알아보려고 뇌를 촬영한 결과를 기다리고 있습니다."

"머리뼈에 구멍을 뚫었다는 거죠?"

"네. 폭행을 당하는 바람에 응급 수술을 받았어요. 몇 년 전 일인데요. 후유증이 좀 늦게 나타나고 있는 듯해요."

"그러니까 말하자면, 이 접촉이 애나 씨의 잘못이 아니라고 보시는 거죠? 그녀 자신이 한 일이 아니라는 건가요?"

"본인이 했다고 말했습니까?"

"그게 바로 문제예요. 신고한 여성분에게 무척 죄송하다고 했으니 자신이 했다는 말처럼 들리거든요."

"손이 옆 사람에게 닿았을지는 모르지만, 아마 그랬다는 걸 본인은 인식하지 못했을 거예요."

"정말 이상하게 들리네요, 선생님. 하기는 했는데, 자신이 옆 사람을 더듬는다는 걸 알지는 못했다고요?"

나는 한숨을 내쉬었다. 설명하기 어려운 것을 설명하려고 애쓸 때면 늘 겪는 일이었다.

"뇌는 복잡합니다, 경사님."

"저도 압니다. 물론 선생님도 아실 테고요."

"자기 손이 뭘 하는지 알아차리지 못하는 환자들도 있겠죠."

"그러면 선생님이 애나 씨를 위해서 방금 한 말을 녹음해도 되겠습니까? 뭐였죠, 오른손의 '인식을 상실했다'였나요?"

"네, 물론이죠." 나는 대답했다.

"그러면 훈방 조치를 할 수 있습니다. 하지만 저희 쪽 검사를 우선 마친 뒤에 다시 연락을 드리겠습니다, 선생님."

"감사합니다, 경사님. 애나 씨와 통화할 수 있을까요?"

손이 어디에 있는지 모르겠어요　　　　317

잠시 기다리는 동안, 나는 애나의 손이 어떤 식으로 문제를 일으키고 있는지를 생각했다. 댄스 모임이라는 맥락을 넘어, 개인의 사적인 공간을 침입하고 있었다.

이윽고 통화가 연결되었는데, 그녀는 몹시 불안해했다. 벌어진 일에 몹시 수치심을 느낀 것이 분명했다. 내가 안심시키려고 하자, 그녀는 숨도 못 쉴 정도로 흐느끼기 시작했다.

"어떻게 된 거예요, 애나 씨?"

"끔찍했어요. 버스에서 깜박 졸았는데 옆에 앉은 여자가 소리치기 시작하는 거예요. 쳐다보니 여자분이 자기 다리를 내려다보고 있었어요. 아래를 보고서 저는 여자분이 뭔가에 놀라서 손으로 허벅지를 꽉 움켜쥐고 있다고 생각했어요. 근데 그분 손이 아니었어요. 제 손이 그분의 허벅지를 움켜쥐고 있었던 거예요. 아니, 그냥 쓰다듬는 정도가 아니었어요. 말 그대로 움켜쥐고 있었어요.…… 여자분이 짧은 치마를 입고 있어서 상황이 더 나빴어요. 이런 일이 벌어진 적은 한 번도 없었어요."

"그러니까 당신의 손이 여자분의 허벅지를 잡고 있었는데, 당신은 알아차리지 못했다는 거죠?"

"네. 제 손이 무슨 짓을 하고 있는지 전혀 몰랐어요. 손이 따로 마음을 지닌 것 같아요."

나는 잠시 말을 멈추었다가 물었다. "애나 씨, 집까지 데려다줄 가족이 있어요?"

"아, 안 돼요. 경찰서에 있다는 거 아무한테도 알리고 싶지 않아요. 걱정 마세요, 선생님. 알아서 갈게요." 다시 긴 침묵이 이어졌다. "그래도 전화해주셔서 감사해요. 제가 설명하려고 애쓸 때에는 경찰관이 제 말을 믿지 않았거든요. 그런데 지금은 조금 납득한 것 같아요. 경찰서에 다시는 오고 싶지 않아요."

* * *

3주일 뒤 애나의 영상 분석 결과가 이메일로 도착했다. 정상이 아니었다. 나는 비서를 통해 그녀에게 연락해서 다음 진료 예약을 잡았다.

"어떻게 지냈습니까?"

"공공장소에 있을 때는 잃어버리지 않도록 오른쪽 손발을 계속 쳐다보려고 온 정신을 쏟고 있어요. 버스에서 일어난 사건이 너무나 당혹스러웠거든요."

"직장에서는 별문제 없었습니까?"

"없었어요. 경찰이 회사에는 알리지 않았어요."

"그 이야기가 아닙니다. 회사에서는 팔이나 다리가 문제를 일으키지 않았나요?"

"아니요. 사실 이제는 남들과 있을 때 팔다리에 주의를 기울이려고 정말로 노력해요. 영상에서 이상이 있었나요?" 그녀는 불안한 표정으로 나를 쳐다보았다.

"그래서 원래 예약한 날짜보다 더 일찍 오시라고 불렀습니다."

그녀는 캐묻듯이 쳐다보았다. "그래서요?"

"잠시 뒤에 영상을 살펴볼 텐데요. 먼저 손을 다시 검사해볼까요? 손바닥을 위로 하고, 두 손을 책상 위에 올려보세요. 맞습니다. 그 상태로 그대로 가만히 있어봐요."

나는 빈 컵을 애나의 양손에 댔다. 아무 반응도 없었다.

"이제 눈을 감아요. 손은 그대로 둡니다. 가만히 있어요."

나는 20초 동안 기다렸다가 컵으로 왼손을 건드렸다. 왼손은 아까처럼 가만히 있었다. 그런 다음 컵으로 오른손을 건드렸다. 그러자 건드리자마자 갑자기 오른손이 컵을 움켜쥐었다. 아주 세게 쥐어서 컵을 들어올리지 못할 정도였다.

"이제 눈을 떠봐요."

그녀는 헉하더니 곧바로 컵을 놓았다.

"제가 어떻게 컵을 쥐고 있었는지 모르겠어요."

"오른손의 인식을 상실했지만, 손이 접촉에 반사 반응을 일으키는 식으로 반응했어요. 반사적으로 컵을 움켜쥔 거죠. 아마도 버스에서도 이런 일이 있어났을 거예요."

애나는 두 손으로 입을 막으면서 고개를 흔들었다.

"영상을 보니 예전에 충격을 받았던 뇌 부위에 물혹이 있어요. 신경외과 의사가 구멍을 뚫은 곳입니다."

"물혹이요? 종양을 뜻하는 건가요?" 그녀는 그 생각에 겁이 난

양 물었다.

"아니, 아니에요. 종양과는 생김새가 다릅니다. 액체가 차 있는 주머니예요. 이건 거미막낭이라고 합니다."

"뭐라고요? 무섭게 들리네요."

"거미막낭이요. 아이들에게 아주 흔히 생기는데, 아무런 증상도 일으키지 않을 때가 많습니다. 머리에 부상을 입을 때 생길 수도 있고요. 뇌와 거미막 사이에 있어요. 거미막은 뇌를 감싸고 있는 보호층입니다. 뇌는 액체에 잠겨 있고 그걸 거미막이 감싸고 있는 거죠. 이 물혹은 악성이 아닙니다. 머리뼈 구멍 주위에 뭔가가 생겼을까 봐 걱정했는데, 머리 부상을 입은 뒤에 물혹이 생긴 모양이에요. 시간이 흐르면서 그게 서서히 자란 것 같아요."

"서서히 자랐다고요? 그러면 계속 커진다는 뜻이잖아요? 그리고 그게 어떻게 팔다리에 이런 문제를 일으키는 거죠?"

"성장 속도가 어느 정도인지는 잘 모르겠지만 증상이 이제야 나타난 걸 보면, 부상을 입은 후로 여러 해에 걸쳐서 아주 느리게 자란 것 같습니다. 이제는 그 아래쪽 뇌를 누를 만한 크기가 된 거죠. 왼쪽 마루 겉질을요. 이 뇌 부위는 오른쪽 팔다리에서 오는 감각을 해석합니다. 물혹이 누르는 압력 때문에 기능을 제대로 못 하는 것일 수 있습니다."

애나는 눈을 크게 떴다. "머리 부상이 이미 지난 일이라고 생각했어요. 그런데 여태까지 줄곧 흔적을 남기고 있었네요. 계속 자라는 물혹이 그거고요."

"그럴 거예요."

"물혹을 줄어들게 하는 약이 있어요?"

"딱히 없습니다. 하지만 물혹에 든 액체를 빼낼 수는 있습니다."

"빼내요? 어떻게요?"

"지름술을 써서 액체를 배로 흘러나오게 해서 고이는 것을 막을 수 있고요, 아니면……."

"배로 빼낸다고요?"

"배의 피부 밑으로 작은 관을 넣어서 머리까지 집어넣는 거죠."

"싫어요. 관을 넣고 싶지 않아요. 끔찍하게 들리네요."

"아니면 물혹을 수술로 제거할 수도 있습니다."

"또 뇌 수술을 받으라고요? 싫어요. 그것도 너무 무서워요."

"모두 충격적인 소식이라는 거 잘 압니다. 하지만 이 영상을 보면 무슨 말인지 이해할 수 있을 거예요."

"봐야 할지 말지 잘 모르겠어요. 머리 부상은 지난 일이라고 생각했어요. 그 일로 받은 스트레스와 불안을 다 극복했다고 생각했는데, 이제 모두 다시 돌아오네요." 그녀는 망설였다. "수술을 받은 지 몇 달 동안은 그 공원을 혼자 지나갈 엄두도 나지 않았어요. 너무 무서웠거든요." 그녀는 고개를 숙여 바닥을 쳐다보았다. "이제 다시 두려움도 돌아왔네요." 그녀는 다시금 잠시 있다가 말을 이었다. "정말 죄송한데요. 저를 위해 최선을 다해주셨다는 건 알지만, 지금 당장은 수술도, 영상도 더는 이야기하고 싶지 않아요."

"물론입니다. 당장 할 필요는 없습니다." 나는 그녀를 다독였다. "돌아가셔서 제가 한 말을 곰곰이 생각해보고 몇 달 뒤에 다시 보면 어떨까요?"

그녀는 풀 죽은 모습으로 말없이 떠났다. 큰 충격을 받은 것이 분명했다.

* * *

비록 애나는 보고 싶어하지 않았지만, 그녀의 MRI 뇌 영상에는 아주 커다란 거미막낭이 보였다. 애나에게 설명했듯이, 이런 물혹은 아이의 뇌에서 종종 생길 수 있고 대개는 치료할 필요가 없다. 실제로 훗날 전혀 다른 이유로 뇌 영상을 찍었을 때 우연히 발견되는 사례가 많다. 그러나 애나의 물혹은 머리 부상이라는 외상을 입은 뒤에 발달한 듯했다. 머리 부상 환자들에게서 그런 물혹이 생길 수도 있다는 사실은 널리 알려져 있다. 게다가 왼쪽 마루엽 바깥이라는 물혹의 위치는 오른쪽 팔다리가 어디에 있는지 모른다는 그녀의 기이한 증상들과 일치했다. 그 뇌 영역이 "신체 도식"의 생성에 핵심적인 역할을 하는 곳이기 때문이다.

20세기에 들어설 무렵 영국의 신경학자 헨리 헤드와 고든 홈스는 뇌에서 우리의 신체 부위들(손가락, 손, 팔, 다리, 발)의 위치를 추적할 수 있고, 이 부위들의 피부에 있는 감각 수용기들로부터 촉각 입력을 받는 표상이 있다는 개념을 내놓았다. 헤드와 홈스는 우리가 움직일 때마다 이 표상이 연속적이고 역동적인 방식으로 갱신된다고 했고, 그것에 신체 도식이라는 이름을 붙였다.[4]

현대 신경과학자들은 마루 겉질 영역이 이 신체 도식을 형성하는 데에 중요한 역할을 한다고 본다. 지금은 몸의 반대편 피부 전체의 다양한 수용기들(예를 들면 가벼운 접촉, 진동, 온도 등에 반응하는 수용기들)과 자세(예를 들면 관절 각도)를 알리는 고유감각 수용기에서 오는 감각 정보들이 마루 겉질에서 수렴된다는 것이 밝혀져 있다. 이런 입력은 우리 신체 부위들이 공간의 어디에 있으며 무엇과 접촉하고 있는지를 담은 표상을 생성하는 데에 중요하다. 애나에게 생긴 물혹은 그런 표상을 파괴할 수 있다.[5]

신체 도식은 우리의 팔과 다리에 일어나는 일을 수동적으로 추적할 뿐 아니라, 움직임의 결과를 계획하는 데에도 대단히 중요하다고 간주된다.[6] 내가 한 방향으로 손을 움직인다면, 도중에 유리병에 부딪칠까, 아니면 잘 피해서 목표한 유리병을 집을까? 팔이 닿는 거리 내의 공간—"개인 주변 공간"—에서 이루어지는 이런 유형의 잠재의식적 운동 계획은 일상생활에서 매우 중요하다.[6] 그러나 우리 팔다리의 움직임만 중요한 것은 아니다. 칼, 포크, 숟가락, 드라이버, 집게, 갈퀴 등 무엇이든 간에, 우리는 도구를 효과적으로 사용할 수 있도록 손을 움직일 때 도구의 끝이 어디에 있을지를 쉽게 계산할 수 있다. 그런 계산이 가능하도록 도구도 신체 도식의 연장으로서 통합된다는 증거가 점점 늘고 있다. 차세대 스마트 로봇과 그런 기계를 설계하는 과학자는 비슷한 도전 과제에 직면한다. 몸의 공간에서의 3차원 표상을 생성하는 일은 계산 측면에서 보자면 가공할 도전 과제이다. 각 신체 부위가 어디에 있고 무엇을 느끼는지를 계산하려면, 엄청난 양의 정보를 처리해야 하기 때문이다.

애나는 "신체 도식" 기능에 이상이 생긴 듯했지만, 그 장애는 오로지 오른쪽 팔과 다리의 표상에만 나타난 것처럼 보였다. 오른쪽 팔다리의 위치를 계속 추적하려면 시각을 활용해야 했고, 그렇지 않으면 기이하게도 손이 접촉하는 대상을 제멋대로 움켜쥘 수 있었다. 자신도 모르게 이렇게 움켜쥐는 행동은 외계인 팔다리 증후군이라는 희귀한 질환과 닮았다. 이 병을 앓는 환자는 의지대로 손을 제어하는 능력을 잃으며, 손이 자율적으로 움직여서 가까이 있는 대상을 꽉 움켜쥘 수 있다. 환자들은 제멋대로 움직이는 손 때문에 당황하고는 한다. 환자가 원하지 않았음에도 남을 애무하거나 남의 목을 조르기도 한다. 피터 셀러스가 영화 「닥터 스트레인지러브」에서 연기한 스트레인지러브 박사도 비슷한 증상을 보인다. 그는 한 단계 더 나아가 자신의 목을 조르려고 시도한다.

그런데 애나는 왜 "외계인 손"을 가지게 된 것일까? 신경학자들은 제멋대로 움켜쥐는 행동이 일어날 수 있는 이유를 몇 가지 찾아냈다. 애나에게서는 오른쪽 팔다리의 표상이 상실되면서 손발이 거의 독립적으로 움직이게 된 듯했다. 신체 도식의 제약에서 풀려나자 손발이 자율적으로 행동하는 것 같았다. 그래서 그녀의 손은 무엇인가와 접촉하면 그 대상을 움켜쥐려고 시도했을 것이다. 그러나 손을 보는 순간, 손은 그녀의 "소유물"로 돌아왔을 것이다. 애나와 달리, 다른 외계인 팔다리 환자들은 손을 보거나 느낄 수가 있어도 손이 가까이 있는 대상을 제멋대로 움켜쥘 수 있다. 이런 손은 반사적으로 그리고 손 자신의 의지로 행동하는 듯하다.

대다수는 우리의 어느 신체 부위가 의도에 상관없이 독자적으로 움직일 수 있다는 개념 자체를 기이하다고 생각할 것이다. 우리는 살아가는 내내 자기 몸을 자신이 소유하고 있다는 사실에 익숙하다. 이는 주어진 사실이다. 우리는 자기 행동의 주체이다. 그러나 신체 부위의 일부가 자율적으로 행동하는 듯하면 우리가 실제로 얼마나 소유권을 가지는지 의문이 제기된다. 보통 우리는 감각 및 고유감각 입력을 우리가 근육에 보내는 운동 명령과 통합하고, 몸이 어디에 있는지 신체 도식을 구축함으로써 몸을 의지대로 다양하게 움직인다. 하지만 도식을 완전히 잃는다면 어떻게 될까? 애나는 완전한 재앙 수준의 상실을 겪지는 않았지만, 아주 드물게 그런 문제에 시달리는 사람도 있다. 뇌 손상 때문이 아니라 고유감각 정보의 상실 때문이다. 즉 자기 신체 부위의 위치를 알지 못하게 되었기 때문이다.

이언 워터먼이 그런 사례였다. 그는 열아홉 살에 바이러스에 감염되었는데, 그 일로 희귀한 자가면역 질환이 생겼다. 이 자가면역 질환은 위치 감각(자신의 팔다리가 공간의 어디에 있는지)과 촉각에 관한 정보를 전달하는 감각 신경의 세포체를 파괴했다. 이언은 사실상 목 아래에서 오는 정보를 받지 못하게 되었다.[7] 운동 신경은 멀쩡했지만(따라서 이론상 팔다리를 움직일 수 있었지만) 그는 여러 달 동안 계속 요양 간호를 받아야 했다. 그는 자기 팔다리가 어디에 있는지, 또 무엇을 건드리고 있는지 알지 못했기 때문에 움직일 수가 없었다. 그러다가 서서히 팔을 조화롭게 효과적으로 움직일 수 있게 되었으나, 자기 손을 눈으로 보고 있을 때에만 그랬다. 그는 눈으로 보지 않으면, 자기 손이 어디에 있는지 전혀 알지 못했다. 이언은 가장 단순한 움직임조차도 엄청나게 집중해야 한다고 했다. 음식물을 입으로 가져가서 스스로 먹는 법을 배우기까지 몇 주일이 걸렸고, 걷기까지는 더욱 오래 걸렸다. 그리고 어두울 때에는 여전히 취약했고, 어떻게도 안전하게 움직이지 못했다.

철학자 숀 갤러거와 신경생리학자 조너선 콜―콜은 이언의 특이한 감각 상실 사례를 처음으로 보고한 사람이었다―은 이언이 신체 도식을 사실상 상실했으며, 그 결과 세상에서 몸을 움직일 새로운 전략을 개발해야 했다고 주장했다.[8] 그들은 신체 도식이 "체화된 자아"라는 것에 핵심적인 역할을 한다고 보았다. 데카르트에게까지 거슬러올라가는 계보에 속하는 일부 사상가들은 자아가 몸 없이도 존재할 수 있다고 주장하는 반면, 우리 몸이 자기 자신을 정의하는 데에 특별한 역할을 한다는 사실을 무시하는 태도에 우려를 나타내는 이들도 있다. 우리가 다른 자아들의 몸과 다른 공간적으로 한정된 대상―즉, 우리 몸―을 점유하고 있다는 것은 명백하다. 많은 철학자와 심리학자들은 이 사실이 우리 자신의 지각, 행동, 기억뿐 아니라 다른 모든 인지 과정들이 체화한 자아에서 나온다는 사실을 무시할 수 없다는 것을 의미한다고 생각한다.[9] 즉 몸이 없이는 자아를 이해할 수 없다는 것이다.

진료실에서 나올 때 나는 애나가 사실상 신체 도식의 일부를 잃었으며 그에 따라 그녀 자신의 일부도 잃었다는 사실을 곰곰이 생각했다. 정확히 말하면 오른쪽 팔다리이다. 그녀는 쳐다보지 않는 한 그 팔다리를 인식할 수 없었다. 이언 워터먼이 겪은 증후군보다는 훨씬 약한 형태였지만, 그럼에도 그 장애는 그녀의 삶에 심각한 지장을 주고 있었다.

내가 접수 청구를 지나칠 때 담당자가 물었다. "선생님, 방금 본 젊은 여성이 다음 진료 예약을 4개월 뒤가 아니라 1년 뒤로 잡아 달라고 했는데, 맞나요?"

"맞아요." 나는 고개를 끄덕였다. 애나는 수술을 떠올리고 싶지도 않은 것이 분명했다. 예전에 받은 폭행의 심리적 외상과 동반되는 온갖 기억들을 고려하면, 충분히 그럴 수 있었다.

*   *   *

전화를 건 상대방이 무뚝뚝하게 말했다. "선생님, 응급실에 선생님 환자가 와 있습니다."

"그래요? 전화를 거신 분은 누구시죠?"

"저는 간호사예요. 애나 코월스카 씨가 오늘 아침에 응급 이송됐어요. 구급차가 직장으로 출동했대요. 갔더니 환자가 대★발작을 일으킨 상태였는데, 디아제팜을 곧바로 투여했는데에도 발작이 멈추지 않았대요. 디아제팜을 더 투여하고 나서야 발작을 멈췄는데요, 심한 정신착란 상태였대요. 지금은 일관성 있게 말하고 있고요. 담당 의사 선생님이 다른 응급 호출을 받았다면서, 저에게 선생님한테 연락하라더군요."

"알겠습니다. 환자분의 뇌 영상을 찍었을까요?"

"네. 변동 사항은 없을 것 같고요. 원하시면 컴퓨터 시스템에 접속해서 보게 해드릴게요. 여기에서는 그저 계속 입원시킬지 빨리 내보내도 될지 판단을 내려야 하거든요. 병상이 차고 있어서요."

"알겠습니다. 제가 보러 가는 편이 가장 낫겠군요. 곧 갈게요."

애나의 뇌 CT 영상에는 물혹만 보였다. 겨우 몇 달 전에 찍은 영상에서보다 눈에 띄게 더 커진 것 같지는 않았지만, 발작은 예상하지 못한 새로운 증상이었고 발작이 더 일어나지 않도록 약을 투여할 필요가 있었다.

나는 우리 자매병원의 응급실이 있는 곳으로 걷기 시작했다. 11월 아침의 낮게 깔린 구름 아래쪽은 짙은 감청색을 띠고 있었고,

그 위쪽으로 암청색, 회색, 흰색의 구름들이 불길하게 선회하면서 위로 솟아오르고 있었다. 내가 제대로 대비하지 않았음을 의도적으로 보여주는 것 같았다. 상원 의사당의 아치길을 지나 말레트 길로 가는데, 폭우가 시작되었다. 시작부터 격렬하게 쏟아지면서 거리를 심술궂게 마구 두드려댔다. 다행히 우산을 들고 나온 이들은 쏟아지는 비에 맞서서 간신히 우산을 펼쳤지만, 나머지 사람들은 쉴 새 없이 퍼붓는 빗방울의 포화를 그대로 맞아야 했다. 빗방울이 온몸을 세차게 때려대는 바람에, 나는 뛰어가기로 결심했다.

나는 흠뻑 젖은 채로 응급실에 들어섰다. 내가 앞으로 지나가자 경비원의 얼굴에 저절로 웃음이 떠올랐다. "어유, 선생님, 좀 젖으셨네요?" 그러면서 나의 얼굴에 빗물이 주르르 흘러내리는 모습을 보자 그는 인상을 찌푸렸다. 나는 대답하지 않은 채 그냥 고개를 끄덕이면서 그의 양면적인 반응을 수긍하며, 물 자국을 남기면서 철퍽철퍽 걸었다. "어유, 이게 좀 도움이 되시려나?" 그는 씰룩거리며 터져 나오려는 웃음을 참으려고 애쓰면서 종이 타월을 몇 장 건넸다. 나는 고맙다고 인사했다. 머리를 닦으면서 세면대 앞 거울을 보니 얼굴이 엉망진창이었다. 전문가다운 최상의 모습은 아니었지만, 어쩔 수 없었다.

파란 비닐 커튼을 걷자, 애나가 이동 침대에 앉아 있는 모습이 보였다. 멍하니 앉아 있는 그녀의 얼굴에는 절망감이 내비치고 있었다. 그녀는 시선을 돌리다가 나를 보고 깜짝 놀라는 모습이었다. 옆에는 새까만 곧은 머리가 얼굴을 덮고 있고, 날카로운 이목 구비에서 참새가 연상되는 작은 여성이 침대 난간을 두 손으로 꽉 움켜쥔 채 서 있었다. 그녀는 수상쩍은 표정으로 나를 위아래로 훑었다. 나는 여전히 물을 뚝뚝 흘리고 있었다.

"선생님, 여기에서도 일하세요?" 애나가 나를 보고 놀란 표정으로 물었다.

"전화를 받고 왔습니다."

"아, 감사합니다. 엄마, 제가 전에 말한 신경과 의사 선생님이에 요." 애나는 옆에 서 있는 여성을 돌아보면서 말했다.

"전문의시라고?" 그녀의 모친은 못 믿겠다는 듯이 인상을 찌푸리면서 물었다.

"제 모습이 좀 그렇지요?" 이 말을 하는데 아주 큰 물방울 하나가 이마에서 바닥으로 떨어졌다. "병원 건너편에서 오는데 비가 억수로 쏟아져서요. 코월스카 부인, 악수를 하고 싶지만 보시다시피 너무 젖었네요."

"괜찮아요." 애나의 모친은 내가 자신의 성을 알고 제대로 발음 하는 것을 보자 금세 기분이 풀린 듯했지만, 그래도 여전히 의심스 러운 눈초리였다. 애나와 달리 그녀는 강한 폴란드 억양으로 말했 다. "제가 여기 온 지 30분밖에 안 되기는 했지만, 아무도 오지 않 았어요. 무슨 일이 있었는지 말해주실 수 있나요?"

"물론이죠. 최대한 말씀드리죠. 그런데 먼저 따님에게 몇 가지 질문을 하고 싶은데, 괜찮겠습니까?"

"정말 무서워요." 애나는 양손으로 머리를 움켜쥔 채 말했다.

"무슨 일이 있었는지 기억합니까?"

"직장 동료와 이야기를 하면서 일하고 있었거든요. 그런데 갑자기 이상한 느낌이 들기 시작한 거예요. 오른팔이 따끔거리더니 갑자기 휙 움직이기 시작했어요. 오른쪽 다리도 그렇게 마구 움직이기 시작하는 게 느껴졌고요. 거기까지만 기억이 나요."

그녀의 설명과 간호사에게 들은 말을 종합하면, 그녀가 왼쪽 마루엽에 영향을 미치는 국소 발작을 겪은 것 같았다. 오른쪽 팔이 따끔거렸다는 것이 국소 발작임을 암시했다. 이 비정상적인 전기 활성이 뇌 전체로 빠르게 전파되면서 의식 상실과 사지가 모두 떨리는 전신 뇌전증 발작을 일으켰을 것이 분명했다.

"애나 씨는 발작을 일으킨 것 같습니다."

모친은 못 믿겠다는 듯이 고개를 저었다. "애나에게 뇌전증이 있다는 거예요? 어떻게 그럴 수 있죠?"

"음, 따님은 발작을 일으켰을 거예요. 그런데 그 말이 뇌전증이 있다는 뜻은 아닙니다. 엄밀히 말하면 두 번 이상 발작을 일으켜야 뇌전증이 있다는 진단을 내리거든요. 이틀 이상의 간격을 두고서요. 그러니까 따님은 그냥 발작을 한 번 일으킨 겁니다."

"알겠어요. 뇌전증은 아니라는 거군요." 모친은 약간 안도한 어조로 말했다. "그러면 왜 발작을 일으킨 거죠? 아시나요? 알려주실 수 있어요?"

나는 더 설명을 해도 괜찮을지 애나를 쳐다보았다.

"괜찮아요, 엄마도 뇌 영상 결과와 무슨 일이 일어나는지 알고 계세요. 저에게 말한 걸 다 알려주셔도 돼요." 애나가 말했다.

"맞아요. 전 이 아이의 엄마예요. 말해주세요." 모친이 단호한 어조로 덧붙였다.

"오늘 아침 찍은 CT 영상을 보면 물혹에는 별 변화가 없습니다. 하지만 저는 그것이 원인이라고 거의 확신합니다."

"하지만 어떻게요? 이 물혹이 어떻게……발작을 일으킨다는 거죠?" 모친이 물었다.

"물혹이 그 아래쪽에 있는 뇌를 누르는 것일 수 있어요. 그게 원인일 가능성이 가장 높습니다."

"이런 일이 또 일어날 수 있나요?" 애나가 물었다.

"그렇다고 봅니다. 그래서 발작을 예방하는 약을 처방해드리려고 합니다."

"평생 먹어야 하나요?" 애나는 불안한 표정으로 물었다.

"물혹이 있는 한, 발작 위험은 계속 남아 있을 겁니다."

"물혹이 없다면요?" 모친이 물었다.

"위험이 줄어들 거고, 아마 약도 얼마간 먹은 뒤에 끊을 수 있을 거예요. 하지만 지금은 일단 발작을 확실히 막을 조치를 취해야 합니다. 애나 씨, 운전하시나요?"

"아니요. 운전 안 해요."

"그러면 걱정거리가 하나 줄었네요." 나는 그녀를 다시 안심시킨 뒤 물었다. "지난번 만난 뒤로는 어떻게 지냈습니까?"

그녀는 바닥을 내려다보며 말했다. "별로요. 아주 힘들었어요."

"무슨 일 있었나요?"

"춤 모임을 그만뒀어요.……제 문제 때문에요."

"어떤 문제였죠?"

"손이 다시 말썽을 일으켜서요." 그녀는 말을 꺼내기 전부터 심란해하면서 고개를 저었다.

모친은 팔을 벌려서 애나를 안아주었다.

"춤추고 있지도 않았어요. 그런데 정말 어처구니 없는 일이 벌어졌어요. 술집에서 마실 걸 주문하려고 그냥 서 있었는데, 아마 정신이 딴 데 팔리는 바람에 손 생각을 하지 않은 모양이에요. 갑자기 옆에 있던 여자가 소리치는 거예요. '뭔 짓이야!' 그녀를 쳐다본 뒤 제 오른손을 내려다보니, 그녀의 엉덩이를 만지고 있었어요. 죽고 싶었어요. 사과하면서 제가 어떤 병을 앓고 있는지 설명했지만, 남들이 다 지켜보고 있던 게 분명했어요. 모임의 회장이 와서 이야기를 나눴죠. 다행히도 그는 문제를 더 키울 생각이 없었지만, 더 이상 모임에 나갈 수가 없게 되었어요. 너무 당혹스러워요. 그런 일이 또 일어나면, 어떻게 해야 할지 모르겠어요."

애나의 빨개진 뺨으로 눈물이 흘러내리고 있었다.

"어떻게 그렇게 무식할 수 있어? 우리 딸은 그런 무례한 행동을 결코 하지 않는데." 모친은 딸을 위로하면서 말했다. "딸이 그런 게 아니에요, 팔이 그런 거예요."

"그 모임이 애나 씨에게 정말 중요했을 텐데, 유감입니다." 나는 조용히 말했다.

"그곳은 제 세계였어요. 사람들을 만나고 친구를 사귀는 곳이었죠. 몇몇 친구들에게는 물혹 이야기를 했는데, 제대로 이해하지 못하는 거예요. 그리고 모두에게 그냥 이상한 사람이 되어버렸고요."

"자, 들어봐요, 애나 씨. 이 물혹은 몇 달 전보다 당신의 삶에 훨씬 더 큰 영향을 미치고 있어요. 오늘 발작을 일으켰고, 이제 인생에서 아주 소중한 춤 모임에도 못 나가고요. 전에는 수술 이야기를 하고 싶어하지 않았지만, 적어도 우리 병원 신경외과 의사와 이야기를 나눠보는 게 좋을 듯합니다. 어떤 방안들이 있는지 고려할 수 있도록요."

애나는 자기 손을 내려다보면서 고개를 끄덕였다. "알았어요, 만나볼게요. 하지만 너무 힘들어요." 그녀는 울음을 터뜨렸다.

"압니다, 이해해요. 그래도 무엇을 할 수 있는지 알아보죠."

"선생님, 이야기 좀 할 수 있을까요?" 애나의 모친이 물었다.

"그럼요, 코월스카 부인."

"따로요."

"애나 씨, 그래도 괜찮겠죠?" 애나는 동의했고, 우리는 함께 진료실 한 곳으로 향했다. 다행히 비어 있었다.

"선생님, 애나는 우리 집 무남독녀예요. 아주 예쁘고요. 어릴 때 많은 일을 겪었어요. 뇌 수술을 받은 뒤, 뭐라고 할까, 또 폭행을 당할까 봐 무척 무서워했어요. 다시 자신감을 얻기까지 몇 년이 걸렸죠. 좋은 직장도 다니고, 춤을 추면서 새로운 친구들도 사귀었어요. 행복해했죠. 아주요."

"이해합니다, 코월스카 부인."

"아니, 이해 못 하실 수도 있어요. 춤추러 가지 못한다고 느끼니까, 딸은 이제 오로지 직장과 집만 오가요. 너무……너무……창피해하면서 아무도 만나려고 하지 않아요. 딸 잘못이 아닌데, 이것 때문에 우리 애의 삶이 망가지고 있어요. 이 미친 물혹 때문에 친구들과 멀어진다고요."

나는 고개를 끄덕였다. "정말로 이해합니다. 그래서 따님이 신경외과 의사를 만나야 한다고 말하는 거고요……."

"딸은 너무 무서워서 뇌외과 의사를 두 번 다시 만나려고 하지 않을 거예요. 오래 전에 남기고 온 과거 속으로 다시 걸어 들어가는 것과 다름없으니까요."

"저도 압니다. 정말로 힘든 일이라는 걸요……. 애나 씨에게는 외과 의사를 만나는 것 자체가 아주 힘들겠죠. 하지만 의사가 무엇을 해줄 수 있을지 알면 도움이 될 거예요. 아주 친절하고 어머님이 하는 말을 잘 이해할 사람으로 추천드리겠다고 약속합니다."

336

"약속한다고요? 정말이죠?" 그녀는 나의 눈을 똑바로 쳐다보면서 물었다.

나는 고개를 끄덕이며 답했다. "약속합니다."

"그럼 악수를 나누실까요? 이제 손이 좀 말랐으니까요." 그녀는 인정한다는 표정으로 웃음을 지어 보였다.

*　*　*

신경외과 의사들은 대부분 낙관적인 성격이다. 그래야 한다. 우리의 가장 섬세하고 소중한 장기에 가해질 위험을 무릅쓰면서 일하기 때문이다. 그리고 수술의 원치 않은 부작용은 환자의 삶을 황폐화시킬 수 있다. 그래서 신경외과 의사는 환자에게 미칠 위험을 아주 꼼꼼하게 살펴본다. 가장 중요한 점은 그런 위험이 수술로 얻을 혜택보다 사실상 더 큰지를 늘 스스로 질문한다는 것이다. 혜택보다 위험이 크다면, 그들은 대개 수술을 권하지 않을 것이다.

내가 의뢰한 신경외과 의사와 상담한 뒤, 애나는 몹시 안도한 것이 분명했다. 그녀는 의사가 여성임을 알고 깜짝 놀랐고, 자신의 걱정에 공감을 해주었기 때문에 더욱더 놀랐다. 게다가 바쁜 병원에 가면 늘 불편하게 만드는 재촉하는 느낌을 받지 않으면서 상담을 할 수 있었다. 의사는 아낌없이 시간을 내어 애나가 묻는 질문들에 대답해주었고, 더 물어보고 싶은 것이 있느냐는 질문까지 했다. 나도 그 이야기를 들으니 몹시 안심이 되었다. 신경외과 동료

의사에게 애나의 상황과 그녀가 얼마나 두려워하는지를 알려주었다. 애나가 상담을 그렇게 긍정적으로 평가했다니 기분이 좋았다.

애나는 그 자리에서 수술에 동의한 듯했다. 그녀는 2주일 뒤 입원했다. 외과 의사는 물혹의 벽을 절개하여 액체를 빼내고, 물혹이 다시 형성되지 않도록 아예 물혹의 내막을 꿰맸다. 배에 배액관을 삽입할 필요가 없었기 때문에 애나는 무척 기뻐했다. 애나는 이틀 뒤 퇴원했고, 수술 결과에 무척 만족해했다. 머리에 커다란 흉터가 생기기는 했지만, 머리카락이 다시 자라면서 곧 가려질 것이었다.

"수술이 잘 되어 너무 기쁘군요, 애나 씨. 기분이 어때요?"

"좋아요. 지난주에 다시 출근했어요. 모두 아주 반갑게 맞아주었어요."

"발작이 다시 일어난 적은 없고요?"

"없어요. 아주 감사합니다. 수술의 스트레스 때문에 다시 일어날까 봐 걱정했는데, 전혀 없었어요."

"그리고 지금 오른쪽 팔다리는 어떻습니까?"

"좋아요. 훨씬 더 잘 움직여요." 그녀는 빙긋 웃으며 대답했다.

"어떤 식으로요?"

"더 이상 잃어버리지 않아요. 적어도 사라지는 것 같지 않아요."

"무슨 의미인지 더 설명해주시죠."

"평소에 시선을 딴 데로 돌리면, 잠시 뒤에 오른쪽 팔다리가 어디에 있는지 모르게 되거든요. 선생님이 약 20초라는 걸 보여주었죠. 지금은 훨씬 더 나아진 듯해요. 사실 혼자 있을 때에는 딴 데를 아무리 오래 보고 있어도 팔다리가 사라지지 않는 듯해요. 그런데 사람들과 함께 있거나 공공장소에 있을 때에는 어떨지 잘 모르겠어요. 오늘 여기에는 택시를 타고 왔어요. 버스에서 어떤 일이 일어날지 시험해보고 싶지 않아서요." 그녀는 다시 불안한 표정을 지었다.

"알겠어요. 그러니까 이를테면 춤 모임에 돌아갔을 때 그런 일이 다시 일어날지 걱정하는 거죠?"

"맞아요. 바로 그거예요. 손이 다시 나쁜 행동을 하면 너무 당혹스러울 거예요." 그녀는 고개를 끄덕였다.

"음, 그러면 한번 시험해볼까요?" 나는 복도로 나가 의대생 몇 명이 대기하는 장소로 가서 한 명을 데리고 왔다.

"애나 씨, 여기는 세라예요. 우리 의대생이죠. 춤추는 걸 좋아해요. 애나 씨가 무대에서 춤출 때 오른쪽 팔다리를 인식하지 못할까 봐 걱정한다고 설명했어요. 이 작은 실험을 해볼 의향이 있다면, 어떤 일이 일어나는지 알아볼 수 있도록 세라가 기꺼이 댄스 파트너가 되어주겠대요. 빈 진료실에서요."

애나는 이 제안에 처음에는 부끄러워하는 듯했지만, 한번 해보겠다고 했다. 그들은 조심스럽게 진료실을 나갔다가, 20분쯤 지나 내가 다른 환자를 진료한 뒤 들어왔다.

"어땠어요?" 나는 몹시 궁금했다.

"좋았어요.……아주 좋았어요. 세라는 춤을 아주 잘 추고요, 저도 아무 문제가 없었어요." 애나는 갑자기 울컥해서 흐느끼면서도 웃고 있었다.

"세라가 볼 때도 그랬습니까?"

"완벽했어요. 팔이나 다리에 아무 문제도 없었어요."

"도와줘서 고맙습니다. 애나 씨에게는 정말 큰 문제였거든요."

"정말이에요." 애나는 행복한 눈물을 닦아내면서 말했다. "저에게 얼마나 중요한 일인지 모를 거예요."

*　*　*

나는 그후 몇 년 동안 애나를 몇 번 더 만났고, 이제 더는 정기 검진을 받을 필요가 없었다. 1년 뒤 찍은 MRI 영상에서는 물혹이 다시 생기고 있다는 증거가 전혀 보이지 않았다. 애나는 정상 상활로 돌아갈 수 있었다. 다시 춤 모임 활동을 적극적으로 하는 것도 포함해서 말이다. 심지어 그녀는 경연까지 나갔고, 비록 수상은 하지 못했지만 친구들과 다시 어울릴 수 있어서 아주 기뻤다. 모친은 딸이 예쁘고 행복한 자신을 되찾았고, 더 이상 바랄 것이 없을 정도라고 알려주었다.

8

자아 그리고 정체성

이 책은 이런 질문으로 시작했다. "우리를 우리답게 만드는 것이 무엇일까?" 우리는 총 7개의 장에 걸쳐서 신경학적 장애 때문에 달라진 사람들을 만났다. 데이비드는 병적인 무관심 상태가 되었다. 마이클은 의미 기억을 잃기 시작했다. 트리시는 일화 기억을 잃었다. 와히드는 착시에 시달렸다. 윈스턴은 주의력에 지장이 생겼다. 수는 자기 행동을 제어할 수 없었다. 애나는 자신의 팔다리가 어디에 있는지 아는 능력을 잃었다. 이 사람들은 우리가 누구인지를 이해하는 데에 어떻게 도움을 줄까? 이 질문에 답하려면, 먼저 더 폭넓은 맥락에서 같은 질문을 규명하려고 시도한 이들이 누가 있었는지 살펴보는 편이 도움이 될 듯하다.

철학자들은 오래 전부터 개인의 정체성이라는 문제를 자아에 관한 문제라는 형태로 논의해왔다. 그러나 수 세기 동안 논의가 이루어졌음에도 불구하고 자아를 명확히 파악하기가 여전히 극도로 어렵다는 것이 드러났다.[1] 저명한 심리학자 고든 올포트는 이렇게 썼다.

육체적인 나를 알고, 장기적으로 나의 자아상과 정체성 감각을
지닌……나는 누구일까? 나는 이 모든 것을 알며, 더 나아가서
내가 그것들을 안다는 것을 안다. 그러나 이 원근법적 이해를 하
고 있는 자는 누구일까?……자아를 정의하는 것보다 자아를 느
끼는 것이 훨씬 쉽다.[2]

서양 철학에서 르네 데카르트는 최초로 자아가 물질적, 신체적
인 것일 리가 없다는 주장을 펼쳤다. 그는 자아가 마음이며, 마음
이 뇌 혹은 몸과는 별개라고 생각했다. 그는 우리가 느끼고 상상
하고 생각하는 것―우리의 마음 활동―은 뇌가 아니라 마음이
경험하는 것이라고 보았다. 데카르트 이원론(데카르트의 이름을
딴, 마음과 뇌를 구분하는 관점)은 몇 가지 근본적인 문제를 제기한
다. 특히 마음이 뇌와 어떻게 상호 작용하는가 하는 문제를 말이
다. 마음 같은 비물질적인 실체가 어떻게 물질적인 뇌에 인과적인
영향을 미칠 수 있을까? 또 그 반대로는 어떨까?
    영국의 철학자이자 의사인 존 로크는 전혀 다른 견해를 취했다.
그는 자아가 비물질적인 형태인지 여부에 불가지론적인 입장을 취
했다. 사실 그는 자아가 물질적인 것일 가능성도 기꺼이 고려했다.
그는 개성을 가진, 생각하는 사람의 **개인 정체성**이 긴 시간에 걸쳐
정신적 연속성을 띠어야 한다는 것이 핵심이라고 생각했다. 그러
나 사람이 긴 시간에 걸쳐서 동일한 개인으로 남아 있으려면, 의식

의 연속성이 있어야 한다. 또 의식이 연속성을 지니려면 개인적으로 과거에 겪은 경험들을 기억해야 한다.

로크의 견해를 따르는 후대 학자들은 기억이 개인 정체성에 아주 중요하다는 주장을 내놓았다. 즉 기억이 없다면, 마음의 연속성도 존재할 수 없다는 것이다. 그러나 로크가 기억 능력만이 개인 정체성에 중요하다는 의미로 한 말이 아니라는 것은 명백하다. 실제로 현대 신로크주의자들은 마음의 연속성이 기억만을 요구하는 것이 아니라고 강력하게 주장해왔다.[3] 그들은 우리가 개인 정체성을 구성하는 것이 무엇인지를 생각할 때, 사람들이 지니는 심리 상태 전체를 따져야 한다고 본다.

스코틀랜드의 계몽사상가인 데이비드 흄은 다른 관점을 제시했다. 그는 자아가 그저 환상이라고 여겼다. 그에게 자아란 경험이나 지각의 "다발(묶음)"에 다름 아니었다. 개인 정체성은 실체가 아니라 우리가 쉽게 빠지는 듯한 환상이라는 것이었다.[4] 흄은 우리의 상상이 마음이나 자아가 단일하게 유지되는 듯이 보이는 가짜 모습을 빚어낸다고 주장했다. 기억은 중요하지만, 기억이 없다면 우리가 경험하는 지각들 사이에 인과관계가 전혀 보이지 않기 때문에 중요할 뿐이다.[5] 이 논리를 받아들여서 더 발전시킨 현대 사상가들도 있다.

20세기 영국의 철학자이자 환원론자인 데릭 파핏은 심리적 연속성이 개인의 생존에 중요하다—그리고 모든 물질적 또는 신체적인 측면은 그렇지 않다―고 주장한 반면,[6,7] 미국의 철학자 대니얼 데닛은 흄과 마찬가지로 자아가 허구라고 생각했다. 그는 우리가 자기 서사를 통해서 자아를 창조한다고 보고서는 이렇게 말했다. "우리는 모두 거장 소설가이다. 우리는 모든 자료를 모아서 하나의 좋은 이야기를 짜려고 시도한다. 그리고 그 이야기는 우리의 자서전이다. 그 자서전의 중심에 놓인 허구적인 주인공은 누군가의 자아이다." 데닛은 자아를 물체의 "중력 중심"과 유사한 방식으로 생각할 수도 있다고 말했다. 중력 중심은 아무런 물리적 특성을 지니지 않는다. 그것은 실체가 아니라 이론가의 허구이다. 데닛은 이렇게 결론짓는다. "중력 중심은 아무도 본 적이 없고, 앞으로도 영원히 그럴 것이다. 데이비드 흄의 말마따나 자아를 본 사람도 아무도 없다."[8]

물론 모든 사람이 그 말에 동의하는 것은 아니다. 철학자 칼 포퍼와 노벨상을 받은 신경생리학자 존 에클스를 비롯한 몇몇 아주 저명한 학자들은 여전히 데카르트의 이원론을 옹호한다.[9] 그러나 이 논쟁에 기여한 많은 이들은 오늘날에는 자아와 우리의 개인 정체성 감각이 뇌의 창발적創發的 특성이라는 견해를 받아들인다. 우리 마음 속 자아는 단지 우리 뇌 활동의 창조물이라는 것이다.[10]

이런 매우 환원론적인 관점이 나와 있음에도 사회심리학자들은 여전히 자아 개념이 필요하다고 확신한다. 한 예로, 로이 바우마이스터는 우리가 자아 개념을 그냥 무시할 수는 없다고 주장한다.

그는 자아가 대상이나 사물은 아니지만, 인간 존재에 아주 중요한 뇌 "과정"이라고 생각한다.[11] 바우마이스터는 "자아가 사회와의 관계 속에서 존재한다"라고 말한다. 자아는 인류 사회가 어떻게 성공할 것인가 하는 문제의 문화적 해결책이라는 것이다. 개인도, 그 개인이 속한 사회도 모두 자아를 빚어내는 데에 관여한다. 그를 비롯한 사회심리학자들은 대부분의 사람이 자아 개념, 즉 자신이 누구라는 마음속 표상을 가지고 있다고 주장한다.

이 자아 개념은 인간 존재의 한 근본적인 부분이다. 사실상 우리가 누구인지를 특징짓는 속성들의 집합이다. 중요한 점은 이 개념이 우리를 남들과 구별하는 역할도 한다는 것이며, 일부 연구자들은 이를 우리가 바깥 세계에 있는 것들에 관한 지식을 체계화하는 것과 다소 비슷하게, 우리 자신에 관한 정보를 체계화하는 일종의 개념적 지식 기반이라고 생각한다.[12] 사람들에게 자신이 누구인지를 묘사하는 문장들을 죽 적어보라고 하자, 개인의 성격 형질뿐 아니라 집단 구성원 형질("나는 가톨릭이다" 같은)도 자아 개념에 기여한다는 것이 밝혀졌다.[13] 일부 심리학자들은 자아 개념이 "서사적 자아"의 일부라고도 본다.[14] 그것은 장기적으로 우리가 누구인지를 이해하는 데에 쓰이는 자기 삶에 관한 내면의 이야기를 말하며, 여러 가지 면에서 데닛의 자아 관점과 그리 다르지 않다.

서양의 자아 개념 몇 가지를 이렇게 짧게 살펴보기만 해도, 자아가 무엇인지에 대한 합의를 이루기가 얼마나 어려운지 잘 드러난다. 게다가 물론 문화마다 견해가 다르다. 예를 들면, 불교도는 자아의 존재를 부정하며 개인 정체성을 망상이라고 간주한다. 현대 신경과학도 이 논쟁에 기여할 수 있을까? 한 가지 흥미로운 질문은 자아가 뇌의 어디에 있는지 알아내는 것이 가능한지의 여부이다. 뇌 기능을 살펴보는 신경 영상 기술이 등장하고, 이를 이용하여 검사자들이 이런저런 인지 과제를 하는 동안 뇌의 각 영역의 활성을 측정할 수 있게 되었다. 그래서 적어도 일부 신경학자는 이 질문을 다룰 수 있게 되었다고 생각했다. 그런데 자아를 찾으려면 어떻게 해야 할까?

한 가지 방법은 사람들에게 어떤 이미지들을 보면서 자신의 감정 반응에 집중하도록 할 때(자기 조건)의 뇌 활성과 실내 장면인지 실외 장면인지를 판단하는 것처럼 자기 자신을 참조하지 않는 판단을 내리도록 할 때(비자기 조건)의 뇌 활성을 비교하는 것이다. 이런 유형의 뇌 영상 연구 결과를 토대로 일부 연구자들은 양쪽 대뇌 반구에서 뇌의 중간선 가까이에 놓인 영역들이 바로 자아가 있는 곳일지 모른다는 결론을 내렸다. 자기 참조 조건에서 일관되게 활성을 띠기 때문이다.[15]

그러나 이런 연구의 설계를 비판하면서, 관찰된 활성이 딱히 "자아" 때문에 나타나는 것이 아닐 수도 있다고 지적하는 이들도 있다.[16] 그들은 설령 자아와 관련이 있다고 해도, 활성을 띤다고 알려진 겉질 영역이 뇌 중간선 구조를 따라 아주 넓은 면적에 걸쳐 있으며(중간선의 앞뒤를 따라) 어느 과제를 수행하느냐에 따라서 다른 뇌 영역들도 포함되고는 한다고 주장한다. 그래서 대다수 연구자는 실제로 뇌에서 자아의 위치를 찾을 수 있다는 증거가 전혀 없다고 결론짓는다. 이것이 현대 신경과학이 자아에 관한 오랜 논쟁에 중요한 기여를 한 첫 번째 사례이다. 비록 데니얼 데닛이 여러 해 전에 "뇌에서 자아를 찾겠다는 것은 범주 오류이다"라고 지적했지만 말이다.[8] 그는 우리가 자아를 뇌에서 찾지 못하리라고 보았다. 우리 자아는 뇌 기능들 전체가 구성하는 것이기 때문이다.

신경과학은 두 번째로, 뇌의 국소 병변이 자아의 완전한 상실로 이어지지 않는다는 사실을 이해하도록 중요한 공헌을 했다. 아마 뇌전증을 치료하고자 수술을 받은 희귀한 환자들을 관찰함으로써 얻은 결과들이 가장 인상적인 사례일 것이다. 약이 듣지 않은 몇몇 발작 환자들은 뇌들보 절제술(뇌의 좌우 반구를 연결하는 굵은 섬유 다발인 뇌들보를 자르는 수술)을 받았는데, 이 수술의 목적은 발작을 일으키는 비정상적인 전기 활성이 뇌의 한쪽 반구에서 다른 쪽 반구로 전달되지 못하게 막는 것이다.

좌우 반구의 연결을 끊는 것 같은 수술은 만성적인 난치성 뇌전증을 치료하는 데에 효과가 좋을 수도 있다. 이 수술을 받은 사람들 중 일부는 어느 정도 격리되어 있는 각 대뇌 반구의 기능을 연구하기에 아주 좋은 대상이 되었다. 그러나 수술을 받은 뒤에 일상생활에서 환자들이 분리 뇌의 징후를 보이지 않았다는 사실이 뚜렷이 드러났다. 그들은 어떤 식으로든 간에 뇌가 둘로 나뉜 것처럼 행동하지 않았다. 그들 자신의 입장에서 볼 때, 그들은 동일한 (단일한) 사람이었다.[6, 10]

마찬가지로 뇌졸중이나 종양 제거 수술 등으로 뇌에 초점 병터가 있는 사람들은 뇌 손상의 위치에 따라서 다양한 결핍 증상을 겪을 수 있지만, 그들이 그 때문에 자아를 상실했다는 증거는 전혀 없다. 그들은 뇌 손상의 결과로 자아가 달라졌을지는 몰라도, 자신이 누구인지를 이해하지 못하게 되지는 않는다. 알츠하이머병 같은 서서히 진행되는 신경 퇴행 질환에 걸린 사람들도 마찬가지이다.[17] 제3장에서 살펴보았듯이, 트리시 같은 사람은 알츠하이머병 때문에 일화 기억(사건의 회상)을 잃기 시작할 수 있지만, 반드시 자아를 잃는 것은 아니다. 그들은 자신이 누구인지 안다. 비록 다른 사람이 되었을지라도, 예전의 자신을 간직하고 있다.

기억이 자아를 하나로 묶어놓는 접착제라고 함으로써 큰 영향을 끼친 로크의 관점에 비추어볼 때 이런 사례는 중요하다. 로크는 기억이 연속성을 가진 개인 정체성의 감각을 가질 수 있게 하는 능력을 제공한다고 주장했다. 그런데 기억 상실증(일화 기억의 상실) 환자의 대부분이 성격 형질 같은 자아감을 여전히 간직하고 있다는 사실도 명백해졌다.[18] 스탠리 클라인과 신시아 갠지는 이렇게 썼다. "개인이 자아의 다른 구성요소들을 간직한 채 자기 지식을……상실한 사례는 한 건도 없다."[19] 물론 알츠하이머병이 아주 심해지면 이 능력을 잃는 듯한 환자들도 있지만, 그 단계에서 문제가 생기는 것은 일화 기억만이 아니다. 제3장에서 살펴보았듯이, 이 병은 종종 해마 옆 내후각 겉질에서 시작될 수 있는데(그림 5), 결국에는 뇌의 모든 부위에 영향을 미칠 것이다.

우리는 알츠하이머병 환자가 자신이 누구인지 모른 채 해변에서 헤매다가 발견되었다는 등의 뉴스를 이따금 접하지만, 그런 사람들도 사실 자아를 영구히 잃는 것 같지는 않다. 그런 이들에게는 둔주遁走 상태라는 진단이 내려지며. 심리적 외상을 겪을 때에도 그런 상태가 촉발될 수 있다. 대개 며칠 또는 몇 주일 이어지다가 끝난다. 그런 환자들에게서 개인 정체성과 자전적 기억이 정확히 어떻게 접근 차단되는지, 또는 실제로 "차단되는지"의 여부가 중요한 연구 과제임은 분명하다. 그러나 그런 증상들이 일시적인 성격을 띤다는 사실은 이런 환자들도 자아를 영구히 상실하지는 않음을 말해준다.

이 책에서 만난 일곱 사람도 그렇다. 각자의 증후군은 저마다 다른 인지 과정에 이상이 생기는 바람에 나타났다. 알츠하이머병 같은 신경 퇴행 질환이든 뇌졸중 같은 뇌의 국소 병터든 외상성 뇌 손상 이후에 생긴 뇌 물혹이든 간에, 그 증후군을 낳은 질환들은 서로 다른 뇌 체계에 영향을 미쳤다. 그 결과 저마다 자아의 한 조각을 잃음으로써 사람이 달라졌다.

이들의 이야기는 무엇이 우리를 우리답게 만드는가 하는 의문을 푸는 데에 어떤 도움을 줄까? 한편으로 이들은 자아―우리의 개인 정체성―가 많은 다양한 인지 과정들로 구성된다는 것을 보여준다. 그중 하나를 잃는다면, 특정한 능력을 잃을 것이다. 일화 기억이나 의미 기억, 지각, 주의력, 행동 통제 능력, 신체 부위의 표상 같은 것들이다. 그러나 이들이 이런 인지 과정들 중에 어느 하나를 잃는다고 해도 자아감 전체를 잃지는 않는다는 사실을 보여준다는 점도 중요하다.

따라서 우리의 자아는 사실상 이런 다양한 인지 과정들이 모여서 만들어내는 것이라고 할 수 있다. 미국의 인지과학자이자 인공지능의 개척자인 마빈 민스키의 말을 빌리자면, 이런 인지 과정은 마음을 세우는 토대이다. 즉 그것들은 "마음의 사회"를 구성한다.[20] 그 "사회"의 어느 부분에 문제가 생길 때, 사회는 여전히 존속하지만 다른 사회가 된다. 즉 개인 정체성이 달라진다.

그러나 정체성이 개인 정체성만 있는 것은 아니다. 일부에서는 사회 정체성도 자아의 중요한 구성요소라고 본다. 저명한 사회심리학자인 헨리 타이펠과 존 터너는 **사회 정체성**이란 우리가 자신이 속한 사회 집단을 포함하여 **남들과의 관계**를 통해서 자신을 정의하는 방식이라고 주장했다.[21, 22] 따라서 개인 정체성이 자아("나")와 다른 자아들을 구분하는 방식을 정의한다면, 사회 정체성은 자신이 속한 집단의 다른 구성원들과 개인이 어떻게 연결되는지를 가리킨다("우리"). 이 책에서 만난 7명은 모두 개인 정체성이 바뀌었는데, 이 변화는 그들의 사회 정체성에도 엄청난 영향을 미쳤다.

데이비드는 바닥핵 뇌졸중을 겪은 뒤 병적인 무관심 상태가 되었다. 그는 직장을 잃었고 실업 급여를 신청할 의욕마저 잃어버렸다. 다행히 인정 넘치는 친구들이 그를 받아들여서 함께 살게 되었다. 그러나 그는 집안일을 하지도, 친구들과 어울리지도 않았기 때문에 점점 소외되기 시작했다. 다행히도 뇌의 도파민 수용체를 자극하는 약을 복용하자 그의 의욕은 정상으로 회복되었다. 그는 사회 연결망으로 돌아갈 수 있었다. 데이비드는 운이 좋았다.

안타깝게도 마이클은 의미 지식 결핍 때문에 이방인이 되었다. 그의 증상은 처음에는 유머를 이해하는 능력을 상실하는 것으로 시작되었지만, 서서히 다른 방향으로도 확대되었다. 그는 아이러니나 당혹감 같은 복잡한 개념뿐 아니라, 물건의 이름도, 더 나아가 물건의 용도와 사용법조차 잊기 시작했다. 내부인이었던 그는 개념 지식을 상실하면서 서서히 가족들과도 멀어지게 되었다.

트리시는 알츠하이머병에 걸렸으며, 가장 먼저 나타난 증상은 기억 상실이었다. 남편인 스티브는 아내의 기억 상실증에 점점 대처하기가 힘들어졌다. 아내는 남편이 누구인지도 잊는 적이 많아졌고, 심지어 남편을 자신의 또다른 애인이라고 생각하기도 했다. 또 그녀는 진짜가 아니라는 것을 인식하지 못한 채 가짜 기억을 회상하면서 이야기를 꾸며내고는 했다. 그녀는 가족 및 친구들과 점점 멀어졌다. 그녀가 기억에 문제가 있다는 사실을 부정하는 태도는 상황을 더 어렵게 만들었다. 자신이 알츠하이머병에 걸렸음을 인정하고 사람들에게 말할 수 있게 되자, 비로소 사람들과의 관계도 개선되었다. 사람들은 이제 그녀의 기억력이 왜 좋지 않은지 알게 되었고, 그녀와의 상호 작용을 그 상황에 맞출 수 있었다.

파키스탄 출신의 버스 운전사인 와히드는 환영을 보기 시작했다. 그는 자신이 미쳐가고 있으며 그러다가 정신병원에 갇히지는 않을지 걱정했다. 친구들과 지인들은 그가 환영을 본다는 사실을 알게 되자 그가 미쳤다고 판단하고 멀리하기 시작했다. 다행히도 그의 뇌는 신경전달물질인 아세틸콜린 농도를 높이는 약물에 반응을 보였고, 그 결과 자신의 사회 관계망에 속한 이들과 다시 연결될 수 있었다.

예전 영국 식민지였던 자메이카에서 태어난 윈스턴은 오른쪽 마루엽에 뇌졸중이 일어난 뒤 왼쪽 무시 증상이 생겼다. 윈드러시 세대에 속하며 그와 같이 카리브 해 출신인 이민자 친구들은 그가 뇌졸중에 걸렸다는 말을 의심했다. 뇌졸중 환자에게 으레 나타나는 징후들이 그에게서는 보이지 않았기 때문이다. 심지어는 그가 매독에 걸렸을지도 모른다고 생각했다. 매독이 아니라고 안심시킨 뒤에야 친구들은 다시 그와의 관계를 복원하려고 노력했다.

수는 이마관자엽 치매에 걸렸다. 그녀의 행동은 심하게 달라졌다. 그녀는 자제력을 잃었고 떠오르는 말을 그냥 내뱉었으며 거리에서 사람들에게 불쑥 악담을 쏟아냈으며 카우걸 복장이나 한겨

울에 여름 옷을 입고 진료실을 찾았다. 공감 능력도 사라지고 필요도 없는 물건들을 사는 등 충동적인 행동을 보이고는 했다. 그녀는 냉담해졌고 때로는 공격적인 행동을 보였으며 그 때문에 가까운 지인들조차도 불쾌함을 느꼈다. 다행히 신경전달물질인 세로토닌 체계에 영향을 미치는 약물은 그녀의 별난 행동을 완화시킬 수 있었고, 적어도 얼마 동안은 그녀의 인간관계를 복원하는 데에 도움을 주었다.

마지막으로 폴란드에서 태어난 젊은 여성인 애나는 오른쪽 팔다리를 인식하지 못하기 시작했다. 왼쪽 마루엽 바깥에 거미막낭이 자란 탓이었다. 물혹은 여러 해 전에 인종차별적인 무차별 폭행으로 외상성 뇌 손상을 입은 뒤에 생긴 것이었다. 물혹이 일으키는 증상들은 그녀를 당혹스럽게 했다. 인식하거나 제어하지도 못하는 상태에서, 손이 제멋대로 움직여서 댄스 파트너를 비롯한 사람들을 부적절하게 만지고는 했다. 그녀는 사회적으로 고립되었다. 다행히 신경외과 수술로 물혹을 제거함으로써 증상들을 완치시킬수 있었고, 그녀는 활기차고 성취감을 느끼는 사회 관계망으로 예전처럼 돌아갈 수 있었다.

따라서 우리가 만난 7명은 모두 자아에 변화를 겪었고, 그 변화는 개인 정체성과 사회 정체성 양쪽의 변화와 관련이 있었다. 일부 사회심리학자들은 우리의 자아 개념(우리를 우리답게 만드는 개인적 특성들에 관한 우리의 믿음)이 두 부분으로 이루어진다고 주장한다. 바로 개인 정체성과 사회 정체성이다. 그러나 영향력 있는 사회심리학자 타이펠과 터너는 개인적 자아를 사회 집단과 분리하는 것이 불가능하다고 본다.[23] 미국의 철학자 데이비드 카도 말한다. "개인 정체성이 곧 사회 정체성이다."[24]

타이펠과 터너를 비롯한 이들은, 서로 모르는 사람들을 모아서 임의로 두 집단으로 나누는 것만으로도 편견이 생긴다는 놀라운 연구 결과를 내놓았다.[23] 사람들은 같은 집단의 구성원들을 선호하며(내집단 선호) 다른 집단의 구성원들을 적대시한다(외집단 편견). 이런 일은 그렇게 할 동기가 전혀 없을 때에도 일어난다. 그저 사람들을 무작위로 나누어 집단을 구성하기만 하면 된다. 이 **자기 범주화** 과정은 자동화된, 거의 내장된 시스템처럼 보인다. 어느 집단에 소속되어 있다고 자신을 범주화하면, 그 사람은 자기 집단의 구성원들에게 이로운 방식으로 행동한다. 전혀 모르는 이들을 모아서 집단을 만든다고 해도 그렇다. 집단에 소속되는 것만으로도 그 집단과 자신을 동일시하고 집단의 이익을 위해서 행동하도록 유도하는 데에 충분한 듯하다.

사회심리학자 바우마이스터와 리리는 집단에 속하려는 욕구가 인간 존재의 토대라고 본다.[25] 소속감은 삶에 더 큰 의미와 목적의식을 불어넣음으로써 자존감과 만족감을 더 높인다. 사회적으로 통합된 집단에 소속되는 것이 개인에게 진화적 이점을 제공한다고 주장하는 이들도 있다.[26] 집단의 이익을 위해서 협력하는 연결망의 일원이 됨으로써, 그들은 더욱 보호를 받으며 성인이 될 때까지 생존하고 번식하고 자식을 키울 가능성이 더 높일 수 있다.

집단 구성원이 아닐 때 많은 이들이 불행해지고 심란해지며 때로는 제 기능을 못하기까지 한다. 그들의 안녕도 영향을 받는다. 외로움은 심장동맥병, 뇌졸중, 우울증, 불안, 인지력 감퇴, 조기 사망 위험의 상당한 증가와 관련이 있다.[27, 28] 일부 사회에서는 개인이 규범이나 문화적 기대를 따르지 않을 때 배척되거나 기피된다.[29] 외부에서 가하는 고독과 사회적 고립은 개인의 행동을 규제할 때 쓰이는 처벌 수단이기도 하다.

사회적으로 집단과 자신을 동일시하는 과정은 의미 있는 연결을 가능하게 함으로써 개인이 내집단 동료 구성원들로부터 혜택을 볼 수 있게 해준다. 예를 들어 주민 협의회의 일원이 되면 사람들은 더 안전하다고 느낀다. 그런데 어떻게 집단 구성원이 될 수 있는 것일까? 때로는 그저 주변 환경 때문에 될 수도 있다. 자신이 특정한 지역에 사는데 다른 주민들이 협의회를 구성한다면, 가입 초대를 받을 수도 있다. 자신이 대학교에 입학한다면, 그 대학교의 동아리들에 가입할 수 있을 것이다. 부모가 종교 집단의 일원이라면, 자신도 어릴 때부터 그 공동체의 일원이 되었을 수 있다. 그러나 언제나 그렇게 쉽게 집단 구성원이 될 수 있는 것은 아니다.

신참은 집단에 합류하기가 훨씬 더 어려울 수 있다. 첫째, 그 집단이 어떻게 움직이는지를 이해해야 한다. 그 집단의 관습과 규범은 무엇일까? 구성원들은 서로 어떻게 인사를 할까? 포옹할까, 입맞춤을 할까, 악수를 할까? 집단 구성원들의 태도와 특징은 어떨까? 무엇을 재미있어할까? 진지하게 여기는 것은 무엇일까? 무엇을 용납하지 못하고, 무엇을 받아들일까? 둘째, 집단 구성원들과 좋은 관계를 맺어야 한다. 이 연결망에 들어갈 수 있도록 영향력을 행사할 수 있는 유력 인사와 사귄다면 이상적일 것이다. 마지막으로, 집단의 "문화"와 그 정신을 지킬 것임을 보여주어야 한다.

그중 어느 것도 쉽지 않다. 모두 우리가 이 책에서 살펴본 기본적인 인지 능력들을 필요로 한다. 집단을 특징짓는 중요한 정보를 제대로 지각하고 주의를 기울이는 능력, 그 의미를 이해하고 기억에 담아놓는 능력, 부적절하게 너무 가까이 다가가서 개인 공간을 침범하는 식으로 사람들을 불편하게 하지 않으면서 이 지식을 다른 사회적 맥락에서 사용하려는 의욕을 일으키는 능력이 그렇다.

아마 새로운 나라에 온 이민자야말로 특정 사회 집단에 진입하기가 얼마나 힘든지를 가장 잘 보여주는 사례일 것이다. 세계의 이민자는 2억8,000만 명(세계 인구의 약 3.5퍼센트)을 넘는 것으로 추정된다.[30] 그들은 엄청난 사회적 장벽과 맞닥뜨리며, 나는 이민자가 토착 공동체에 융합되는, 즉 정착해서 뿌리를 내리는 것이 상당한 인지적 도전 과제라고 주장하고 싶다. 새로운 나라로 이주하거나 이동한 사람이 설령 동화되기를 원한다고 할지라도 극복하기 쉽지 않은 문화적 차이들은 늘 많이 있다. 네덜란드의 사회심리학자 헤이르트 호프스테더가 말했듯이, 문화는 "한 범주의 구성원들을 다른 이들과 구별하는 마음의 집단 프로그래밍"이다.[31]

자신이 자란 문화와 다른 새로운 문화에 성공적으로 동화되거나 융합되고자 한다면, 자신의 마음을 재프로그래밍 할 수 있는 인지 능력을 지녀야 한다. 어떤 이들은 이 일을 해낼 수 있다. 새로운 환경에 성공적으로 적응하여 내부인 지위를 획득할 수 있다. 즉 집단에 들어갈 수 있다. 그러나 모두가 그렇지는 않다. 설령 성공한다고 할지라도 새로운 공동체의 구성원이 되는 길이 언제나 수월하지는 않다. 스스로를 "토착민"이라고 여기는 이들이 이민자를 정형화하고 낙인찍을 때, 동화는 극도로 어려워질 수 있다.

이 책에서 만난 이들 중 와히드, 윈스턴, 애나 세 사람은 여러 세대의 '피투성이 외국인들'이 처음 영국에 왔을 때에 직면해야 했던 바로 그런 상황에 직면했다.[32] 서로 다른 문화에 속한 이들이 만나면, 분노, 편견, 심지어 폭력도 흔히 발생할 수 있다. 윈스턴은 1950년대에 노팅 힐에서 백인 젊은이 무리가 흑인들에게 저지른 인종 폭동의 피해를 입었다. 와히드는 도로 청소원으로 일할 때 자신들의 일자리를 빼앗는다고 비난하는 이들의 공격을 받았다. 그리고 애나는 폴란드어로 친구와 통화를 한다는 이유로 심한 폭행을 당했다.

왜 이런 일이 벌어질까? 알지도 못하는 사람을 공격하게 만드는 편견과 편향을 어떻게 설명할 수 있을까? 타이펠과 터너가 내놓은 사회 정체성 이론은 한 가지 유력한 설명을 제시했다.[21] 사람들이 자신이 속한 집단의 수준에서 다른 사람을 평가하며, 설령 그 사람을 모른다고 할지라도 평가한다고 그들은 주장한다. 타이펠과 터너는 개인의 사회 정체성이 남들과 자신이 얼마나 비슷한지 혹은 다른지를 판단하는 일에 달려 있다고 말한다. 우리와 다른 "남들"이 없다면, 우리는 특정한 정체성을 가진 한 집단의 일원이라고 주장할 수 없다. 긍정적인 사회 정체성을 획득하고 자존감과 집단 가치를 높이고자, 개인은 자신의 내집단을 외집단과 구분해서 긍정적으로 보고자 하며, 따라서 외집단은 부정적으로 평가된다.

외집단을 겨냥하는 편견과 차별은 집단들이 일자리와 부, 지위와 특권 같은 핵심 자원들을 놓고 경쟁하는 듯한 양태를 보일 때, 집단 사이의 이해 충돌로부터 출현한다. 개인의 자아감이 집단 정체성과 떼려야 뗄 수 없이 얽혀 있기 때문에, 사람들은 개인의 속성과 특징을 전혀 모르면서도 개인이 속한 집단에 비추어서 개인을 판단한다. 이런 유형의 집단 수준의 비교가 서로 다른 배경을 가진 사람들 사이에 벌어지는 갈등의 핵심에 놓여 있다는 주장도 제기되어왔다.

따라서 기존 집단에 진입하고자 시도하려는 신참이 받는 평가는 단지 그들 자신에 관한 것이 아니라, 아마 그들이 속한 집단 및 그 집단과의 애착 강도에 관한 것일 가능성이 더 높다. 그들이 어떤 집단의 진입에 성공한다고 해도, 내부인 지위를 계속 유지하리라는 보장은 없다. 중요한 점은 설령 오랫동안 구성원이었다고 해도 구성원 자격을 유지하려면 규범을 계속 준수해야 한다는 것이다. 집단이 받아들인 행동 규칙이나 기준 말이다. 더 이상 규범을 지키지 않을 때 다른 구성원들과의 관계는 위태로워진다. 집단 구성원 자격이 위험에 처한다.

이 책에서 만난 7명은 이 가능성이 현실이 되는 상황에 처했다. 자신의 행동이 크게 달라졌기 때문이다. 뇌 질환이 인지 기능에 영향을 미친 결과, 그들은 자신이 속한 사회 관계망에 더 이상 받아들여질 수 없다고 여겨졌다. 이들에게서 기능 장애를 일으킨 인지 과정이 대개 우리의 개인 정체성뿐 아니라 다른 사람들과의 관계를 뜻하는 사회 정체성을 유지하는 데에도 중요하다는 결과가 이로부터 자연스럽게 따라 나온다.

지각, 주의, 일화 기억과 의미 기억, 동기 부여, 행동 제어와 신체 도식 같은 기본적인 인지 기능들은 모두 우리 정체성에 기여한다. 물론 성격 형질과 감정 반응도 자아의 정의에 중요하다. 그러나 우리가 이 책에서 만난 놀라운 7명은 아주 기본적인 인지 기능들도 우리가 누구인지를 결정하는 데에 핵심적인 역할을 한다는 점을 가슴 아프게 드러낸다. 그것들은 우리 자아를 빚어내는 "마음의 사회"를 이루는 중요한 부분들이며, 우리가 사회 내에 계속 존속하기 위해서도 중요하다.

감사의 말

지난 30년 동안 진료실에서 만난 환자들이 없었다면, 이 책은 나오지 못했을 것이다. 자신들의 이야기를 들려주고 돌보는 일에 참여할 수 있도록 해준 환자분들과 그 가족 및 친구들께 진심으로 감사를 드린다. 비밀을 유지하기 위해서 나는 환자들의 개인적 배경과 상황을 바꾸고 임상 진료의 시간대도 수정했다.

또한 그동안 내가 신경과학, 심리학, 임상의 과정을 배운 의료 기관과 학교의 수많은 동료들에게도 고맙다는 말을 전한다. 대담하게 생각하도록 장려한 옥스퍼드 대학교의 지도 교수들, 마음을 굳게 먹으면 어떤 일이든 해낼 수 있음을 보여준 매사추세츠 공과대학교의 동료들, 내가 접해보지 못한 방식으로 임상과학을 시도해볼 기회를 제공한 임피리얼 칼리지의 신경학자 및 신경과학자 동료들이 그렇다. 특히, 이 책의 무대가 된 런던 퀸 광장의 동료들과 친구들에게 감사를 표하고 싶다. 유니버시티 칼리지 런던의 신경학 연구소 뇌 회복 재활학과, 그리고 유니버시티 칼리지 런던의 인지 신경과학 연구소에서 일하는 임상의, 신경과 의사, 심리학자, 직원 여러분께 진심으로 감사를 드린다. 내가 많은 성과들을 내고 이 책을 쓸 마음까지 먹게 된 것은 전적으로 그들과 옥스퍼드 대학교의 동료들—신경학자, 심리학자, 정신의학자, 직원, 간호사, 비서—덕분이다.

그리고 나의 연구들(이 책에 일부를 인용했다)은 함께 일한 학생, 박사 후 연구원, 연구원 동료들의 헌신적인 노력이 없었다면 아예 불가능했을 것이다. 그들이 내놓은 혁신과 새로운 착상들은 나에게 깊은 영향을 미쳐왔다. 모든 분들께 감사드리며, 때로 내가 무모한 생각을 내놓아도 인내해준 점에도 감사한다. 또한 25년 넘게 나의 연구를 지원하고 임상의와 과학자로서 연구 과제에 열정적으로 매달릴 수 있었던 드문 기회를 제공해준 웰컴 재단에도 감사를 드린다.

그리고 담당 편집자인 사이먼 토로굿을 비롯한 캐넌게이트의 관계자들에게도 인사를 드린다. 원고를 정리해준 엠마 하그레이브, 저작권 대리인인 제시카 울라드, 영국판 표지 일러스트레이터 예린 통, 글쓰기 선생님 프랭크 탤리스, 스프레드더워드의 바비 나야르가 그렇다. 이 책을 위해 모두 생각을 보태주고, 출판의 세계를 헤쳐 나올 수 있도록 도와주었다.

마지막으로 운 좋게 이런 경험을 할 수 있도록 기회를 제공해준 부모님과 가족들에게 감사한다. 특히 초고를 꼼꼼히 읽고 평을 해

준 클레어, 메건, 애덤에게 고맙다는 말을 전한다. 이 책을 쓰는 것
뿐 아니라 많은 일들을 할 수 있었던 것은 모두의 격려와 인내심
덕분임을 잘 안다.

더 읽어볼 만한 문헌들

사회심리학과 자아에 대한 철학적 사유에 대해서

Baumeister, R. F. *The Self Explained. Why and How We Become Who We Are.* New York : The Guilford Press ; 2022.

Birney, M. E. *Self and Identity. The Basics.* Oxford : Routledge ; 2023.

Dainton, B. *Self : What Am I?* Milton Keynes : Penguin ; 2014.

Hewstone, M., and Stroebe, W., eds. *An Introduction to Social Psychology.* 7th ed. Hoboken, NJ : Wiley ; 2020.

Jenkins, R. *Social Identity.* Abingdon : Routledge ; 2014.

Smith, E. R., Mackie, D. M., and Claypool, H. M. *Social Psychology.* 4th ed. Abingdon : Routledge ; 2019.

신경과학적 배경지식에 대해서

Kandel, E., Koester, J. D., Mack, S. H., and Siegelbaum, S. A., eds. *Principles of Neural Science.* 6th ed. New York : McGraw Hill ; 2021. 『신경과학의 원리』. 범문에듀케이션 : 2014.

Purves, D., LaBar, K. S., Woldroff, M., Cabeza, R., and Huettel, S. A. *Principles of Cognitive Neuroscience.* 2nd ed. Oxford : Sinauer ; 2013.

인지신경학 및 치매에 대해서

Husain, M., and Schott J.M., eds. *Oxford Textbook of Cognitive Neurology and Dementia.* Oxford : Oxford University Press ; 2016.

인용 문헌

서론

1   Kear, J. 'Une Chambre Mentale : Proust's Solitude.' In : *Writers' Houses and the Making of Memory.* New York : Routledge ; 2007, pp. 221–235.

2   Husain, M. 'Proust and his neurologists : the challenge of functional disorders.' *Brain.* 2021 ; 144(8) : 2227.

3   Tadié, J–Y. *Marcel Proust. A Life.* New York : Penguin Books ; 2000.

4   Painter, G. D. *Marcel Proust. A Biography. Vol 2.* London : Chatto & Windus ; 1967.

5   Husain, M., and Schott J. M., eds. *Oxford Textbook of Cognitive Neurology and Dementia.* Oxford : Oxford University Press ; 2016.

6   Shattuck, R. *Proust's Way : A Field Guide to In Search of Lost Time.* New York : W. W. Norton & Co ; 2000.

7   Baumeister, R. F., and Leary, M. R. 'The need to belong : desire for interpersonal attachments as a fundamental human motivation.' *Psychological Bulletin.* 1995 ; 117(3) : pp. 57–89.

8   Allen, K. A. *The Psychology of Belonging.* London : Taylor and Francis ; 2020.

9   Kuhn, M. H., and McPartland T. S. 'An Empirical Investigation of Self-Attitudes.' *American Sociology Review.* 1954 ; 19(1) : pp. 68–76.

10 Zurcher, L. *The Mutable Self : A Self-Concept for Social Change.* Beverly Hills, CA : SAGE Publications ; 1977.

11　Tajfel, H. Social Categorization, *Social Identity and Social Comparison*. London : Academic Press ; 1978.

12　Ansell, N. *Deep Country : Five Years in the Welsh Hills.* London : Penguin Books ; 2012.

13　Williams, K. D., and Zadro, L. 'Ostracism : On Being Ignored, Excluded, and Rejected.' In : Leary, M. R., ed. *Interpersonal Rejection.* Oxford : Oxford University Press ; 2012, pp. 21−54.

14　Baumeister, R. F. *The Self Explained. Why and How We Become Who We Are.* New York : The Guilford Press ; 2022.

제1장 | 작은 기적

1　Shorvon, S., and Compston, A. *Queen Square : A History of the National Hospital and Its Institute of Neurology.* Cambridge : Cambridge University Press, 2018.

2　Macalpine, I., and Hunter, R. 'The "Insanity" of King George III : A Classic Case of Porphyria.' *British Medical Journal.* 1966 ; 1(5479) : pp. 65−71.

3　Peters, T. J., and Beveridge, A. 'The madness of King George III : A psychiatric reassessment.' *History of Psychiatry.* 2010 ; 21(1) : pp. 20−37.

4　Arnold, C. Bedlam. *London and Its Mad.* London : Simon & Schuster ; 2008.

5　Wilson, S. A. 'The Croonian Lectures : On some disorders of motility and of muscle tone : with special reference to the corpus striatum.' *Lancet.* 1925 ; 206(5314) : pp. 1−10.

6　Alexander, G. E, DeLong, M. R., and Strick, P. L. 'Parallel organization of functionally segregated circuits linking basal ganglia and cortex.' *Annual Review of Neuroscience.* 1986 ; 9 : pp. 357−381.

7　Haber, S. N., and Knutson, B. 'The reward circuit : linking primate anatomy and human imaging.' *Neuropsychopharmacology.* 2010 ; 35(1) : pp. 4−26.

8   Mink, J. W. 'The basal ganglia.' In : Squire, L. R., Berg, D., Bloom, F. E., Du Lac, S., Ghosh, A., and Spitzer, N. C., eds. *Fundamental Neuroscience.* 4th ed. Waltham, MA : Academic Press ; 2012 : pp. 653−676.

9   Panigrahi, B., Martin, K. A., Li. Y., et al. 'Dopamine Is Required for the Neural Representation and Control of Movement Vigor.' *Cell.* 2015 ; 162(6) : pp. 1418−1430.

10 Dudman, J. T., Krakauer, J. W. 'The basal ganglia : from motor commands to the control of vigor.' *Current Opinion in Neurobiology.* 2016 ; 37 : pp. 158−166.

11 Klaus, A., Alves Da Silva, J., and Costa, R. M. 'What, If, and When to Move : Basal Ganglia Circuits and Self-Paced Action Initiation.' *Annual Review of Neuroscience.* 2019 ; 42 : pp. 459−483.

12 Mogenson, G. J., Jones, D. L., and Yim, C. Y. 'From motivation to action : functional interface between the limbic system and the motor system.' Progress in Neurobiology. 1980 ; 14(2−3) : pp. 69−97.

13 Salamone, J. D., Yohn, S. E., López-Cruz, L., San Miguel, N., and Correa, M. 'Activational and effort-related aspects of motivation : neural mechanisms and implications for psychopathology.' *Brain.* 2016 ; 139(5) : pp. 1325−1347.

14 Le Heron, C., Holroyd, C. B., Salamone, J., and Husain, M. 'Brain mechanisms underlying apathy.' *Journal of Neurology, Neurosurgery and Psychiatry.* 2019 ; 90(3).

15 Dunbar, R., Barrett, L., and Lycett, J. *Evolutionary Psychology. A Beginner's Guide.* London : Oneworld Publications ; 2007.

16 Adam, R., Leff, A., Sinha, N., et al. 'Dopamine reverses reward in-sensitivity in apathy following globus pallidus lesions.' *Cortex.* 2013 ; 49(5) : pp. 1292−1303.

17 Salamone, J. D., and Correa, M. 'The mysterious motivational functions of mesolimbic dopamine.' *Neuron.* 2012 ; 76(3) : pp. 470−485.

18 Sacks, O. *Awakenings.* London : Duckworth ; 1973.

19 Husain, M, and Roiser, J. P. 'Neuroscience of apathy and anhedonia : a

transdiagnostic approach.' *Nature Reviews Neuroscience*. 2018 ; 19(8) : pp. 470−484.

20 Saleh, Y., Le Heron, C., Petitet, P., et al. 'Apathy in small vessel cerebrovascular disease is associated with deficits in effort-based decision making.' *Brain*. 2021 ; 144(4) : pp. 1247−1262.

21 Bonnelle, V., Manohar, S., Behrens, T., and Husain, M. 'Individual Differences in Premotor Brain Systems Underlie Behavioral Apathy.' *Cerebral Cortex*. 2016 ; 26(2) : pp. 807−819.

22 Costello, H., Husain, M., and Roiser, J. P. 'Apathy and Motivation : Biological Basis and Drug Treatment.' *Annual Review of Pharmacology and Toxicology*. 2023 ; 64 : pp. 313−338.

제2장 | 단어를 떠올리지 못하는 남자

1 Lynch, J., ed. *Samuel Johnson's Dictionary : Selections from the 1755 Work That Defined the English Language*. 2nd ed. London : Atlantic Books ; 2004.

2 Damrosch, L. *The Club*. New Haven : Yale University Press ; 2019.

3 Hibbert, C. *The Personal History of Samuel Johnson*. 2nd ed. New York : Harper & Row ; 1971.

4 Pearce, J. M. S. 'Doctor Samuel Johnson : "the Great Convulsionary" a victim of Gilles de la Tourette's syndrome.' *Journal of the Royal Society of Medicine*. 1994 ; 87(7) : pp. 396−399.

5 Collins, A. M., and Quillian, M. R. 'Retrieval time from semantic memory.' *Journal of Verbal Learning and Verbal Behavior*. 1969 ; 8(2) : pp. 240−247.

6 McClelland, J. L., and Rogers, T. T. 'The parallel distributed processing approach to semantic cognition.' *Nature Reviews Neuroscience*. 2003 ; 4(4) : pp. 310−322.

7 Tulving, E. 'Episodic and semantic memory.' In : *Organization of Memory*. New York : Academic Press ; 1972 : pp. 381−403.

8 Rascovsky, K., Growdon, M. E., Pardo, I. R., Grossman, S., and Miller,

B. L. '"The quicksand of forgetfulness" : Semantic dementia in One Hundred Years of Solitude.' *Brain.* 2009 ; 132(9) : pp. 2609−2616.

9   Hodges, J. R., Patterson, K., Oxbury, S., and Funnell, E. 'Semantic dementia : Progressive fluent aphasia with temporal lobe atrophy.' *Brain.* 1992 ; 115(6) : pp. 1783−1806.

10   Hodges, J. R., and Patterson, K. 'Semantic dementia : a unique clinico-pathological syndrome.' *Lancet Neurology.* 2007 ; 6(11) : pp. 1004−1014.

11   Lambon Ralph, M. A., Jefferies, E., Patterson, K., and Rogers, T. T. 'The neural and computational bases of semantic cognition.' *Nature Reviews Neuroscience.* 2016 ; 18(1) : pp. 42−55.

12   Warrington, E. K., and Shallice, T. 'Category specific semantic impairments.' *Brain.* 1984 ; 107(3) : pp. 829−853.

13   Kemmerer, D. *Cognitive Neuroscience of Language.* 2nd ed. New York : Routledge ; 2022.

14   Patterson, K., Nestor, P. J., and Rogers, T. T. 'Where do you know what you know? The representation of semantic knowledge in the human brain.' *Nature Review Neuroscience.* 2007 ; 8(12) : pp. 976−987.

15   Kroeger, P. *Analyzing Meaning : An Introduction to Semantics and Pragmatics.* 3rd ed. Berlin : Language Science Press ; 2018.

16   Raskin, V. *Semantic Mechanisms of Humor.* Springer Netherlands ; 1984.

17   Dunbar, R. I. M. 'Laughter and its role in the evolution of human social bonding.' *Philosophical Transactions of the Royal Society of London Biological Sciences.* 2022 ; 377(1863).

18   Rohrer, J. D, Lashley, T., Schott, J. M., et al. 'Clinical and neuroanatomical signatures of tissue pathology in frontotemporal lobar degeneration.' *Brain.* 2011 ; 134(9) : pp. 2565−2581.

제3장 | 기억을 잃어가고 있다고요?

1   Carson, A. 'Capgras syndrome.' *Brain.* 2023 ; 146(10):3955−3957.

2   Allen, T. A., Fortin, N. J. 'The evolution of episodic memory.' *Proceedings of the National Academy of Sciences U S A.* 2013 ; 110(SUPPL2) : pp.

10379–10386.

3   Corkin, S. *Permanent Present Tense : The Man with No Memory, and What He Taught the World.* London : Penguin ; 2014.

4   Josselyn, S. A., and Tonegawa, S. 'Memory engrams : Recalling the past and imagining the future.' *Science.* 2020 ; 367(6473) : eaaw4325.

5   Kandel, E. R. *In Search of Memory : The Emergence of a New Science of Mind.* New York : W. W. Norton & Co ; 2007.

6   Kandel, E. R. Nobel Lecture 2000. https://www.nobelprize.org/prizes/medicine/2000/kandel/lecture.

7   Squire, L. R., and Zola, S. M. 'Structure and function of declarative and nondeclarative memory systems.' *Proceedings of the National Academy of Sciences U S A.* 1996 ; 93(24) : pp. 13515–13522.

8   Bartlett, F. C. *Remembering.* Cambridge : Cambridge University Press ; 1932.

9   Brewer, W. F., and Treyens, J. C. 'Role of schemata in memory for places.' *Cognitive Psychology.* 1981 ; 13(2) : pp. 207–230.

10   Loftus, E. F., and Palmer, J. C. 'Reconstruction of automobile destruction : An example of the interaction between language and memory.' *Journal of Verbal Learning and Verbal Behavior.* 1974 ; 13(5) : pp. 585–589.

11   Wells, G. L., and Bradfield, A. L. '"Good, you identified the suspect" : Feedback to eyewitnesses distorts their reports of the witnessing experience.' *Journal of Applied Psychology.* 1998 ; 83(3) : pp. 360–376.

12   Schnider, A. *The Confabulating Mind.* Oxford : Oxford University Press ; 2013.

13   Tabi, Y. A., Husain, M. 'Clinical assessment of parietal lobe function.' *Practical Neurology.* 2023 ; 23(5) : pp. 404–407.

14   Bruner, E., Battaglia-Mayer, A., and Caminiti, R. 'The parietal lobe evolution and the emergence of material culture in the human genus.' *Brain Structure and Function.* 2022 ; 228 : pp. 145–167.

15   Ryan, N. S., Rossor, M. N., and Fox, N. C. 'Alzheimer's disease in the 100 years since Alzheimer's death.' *Brain.* 2015 ; 138(12) : pp. 3816–3821.

16 Hardy, J. A., and Higgins, G. A. 'Alzheimer's disease : The amyloid cascade hypothesis.' *Science.* 1992 ; 256(5054) : pp. 184−185.

17 Roy, D. S., Arons, A., Mitchell, T. I., Pignatelli, M., Ryan, T. J., and Tonegawa, S. 'Memory retrieval by activating engram cells in mouse models of early Alzheimer's disease.' *Nature.* 2016 ; 531(7595) : pp. 508−512.

18 Ramirez, S., Liu, X., Lin, P. A., et al. 'Creating a false memory in the hippocampus.' *Science.* 2013 ; 341(6144) : pp. 387−391.

19 Delbourgo, J. *Collecting the World : The Life and Curiosity of Hans Sloane.* London : Penguin ; 2017.

제4장 | 한밤의 불청객들

1 Porter, R. *Madness : A Brief History.* Oxford : Oxford University Press ; 2002.

2 Harrison, P., Cowen, P., Burns, T., and Fazel, M. *Shorter Oxford Textbook of Psychiatry.* 7th ed. Oxford : Oxford University Press ; 2017.

3 Khalifa, N., Hardie, T. 'Possession and Jinn.' *Journal of the Royal Society of Medicine.* 2005 ; 98(8) : pp. 351−353.

4 Khalifa, N., Hardie, T., and Mullick, M. S. I. *Jinn and Psychiatry : Comparison of Beliefs among Muslims in Dhaka and Leicester.* London : Royal College of Psychiatrists ; 2012.

5 Sikander, S. 'Pakistan.' *Lancet Psychiatry.* 2020 ; 7(10) : p. 845.

6 Cooper, C., Spiers, N., Livingston, G., et al. 'Ethnic inequalities in the use of health services for common mental disorders in England.' *Social Psychiatry and Psychiatric Epidemiology.* 2013 ; 48(5) : pp. 685−692.

7 Chan, D., Rossor, M. N. '" — but who is that on the other side of you?" Extracampine hallucinations revisited.' *Lancet.* 2002; 360(9350) : pp. 2064−2066.

8 Boring, E. G. *A History of Experimental Psychology.* Engelwood Cliffs, New Jersey : Pretnice−Hall ; 1957.

9 Dayan, P., Hinton, G. E., Neal, R. M., and Zemel R. S. 'The Helmholtz machine.' *Neural Computation.* 1995 ; 7(5) : pp. 889−904.

10 Corlett, P. R., Horga, G., Fletcher, P. C., Alderson–Day, B., Schmack, K., and Powers, A. R. 'Hallucinations and Strong Priors.' *Trends in Cognitive Sciences.* 2019 ; 23(2) : pp. 114−127.

11 Engelhardt, E., and Gomes, M da M. 'Lewy and his inclusion bodies : Discovery and rejection.' *Dementia & Neuropsychology.* 2017 ; 11(2) : pp. 198−201.

12 Koga, S., Sekiya, H., Kondru, N., Ross, O. A., and Dickson, D. W. 'Neuropathology and molecular diagnosis of Synucleinopathies.' *Molecular Neurodegeneration.* 2021 ; 16(1).

13 McKeith, I. G. 'Dementia with Lewy bodies and Parkinson's disease with dementia : Where two worlds collide.' *Practical Neurology.* 2007 ; 7(6) : pp. 374−382.

14 Okkels, N., Horsager, J., Labrador–Espinosa, M., et al. 'Severe cholin-ergic terminal loss in newly diagnosed dementia with Lewy bodies.' *Brain.* 2023 ; 146(9) : pp. 3690−3704.

15 Zarkali, A., Adams, R. A., Psarras, S., Leyland, L. A., Rees, G., and Weil, R. S. 'Increased weighting on prior knowledge in Lewy body-associated visual hallucinations.' *Brain Communications.* 2019 ; 1(1).

16 Mehraram, R., Peraza, L. R., Murphy, N. R. E., et al. 'Functional and structural brain network correlates of visual hallucinations in Lewy body dementia.' *Brain.* 2022 ; 145(6) : pp. 2190−2205.

17 Porter, R. *Madmen : A Social History of Madhouses, Mad-Doctors & Lunatics.* Stroud : Tempus ; 2006.

18 Andrews, J., and Scull, A. *Undertaker of the Mind. John Monro and Mad-Doctoring in Eighteenth-Century England.* Berkeley & Los Angeles : University of California Press ; 2001.

19 Arnold, C. Bedlam. *London and Its Mad.* London : Simon & Schuster ; 2008.

20 Ramscar, M. *George III's Illnesses and His Doctors.* Barnsley, Yorks : Pen & Sword Books ; 2023.

21 Higgins, E., and George, M. S. *The Neuroscience of Clinical Psychiatry :*

The Pathophysiology of Behavior and Mental Illness. 3rd ed. Philadelphia : Lippincott Williams and Wilkins ; 2018.

22 Foucault, M. *Madness and Civilization : A History of Insanity in the Age of Reason.* New York : Pantheon Books ; 1965.

23 Berry, J. W., Poortinga, Y. H., Breugelmans, S. M., Chasiotis, A., and Sam, D. L. *Cross-Cultural Psychology : Research and Applications.* 3rd ed. Cambridge : Cambridge University Press ; 2011.

24 Burn, D., Emre, M., McKeith, I., et al. 'Effects of rivastigmine in patients with and without visual hallucinations in dementia associated with Parkinson's disease.' *Movement Disorders.* 2006 ; 21(11) : pp. 1899–1907.

25 Gratwicke, J., Zrinzo, L., Kahan, J., et al. 'Bilateral Deep Brain Stimulation of the Nucleus Basalis of Meynert for Parkinson Disease Dementia : A Randomized Clinical Trial.' *JAMA Neurology.* 2018 ; 75(2) : pp. 169–178.

26 Gratwicke, J., Zrinzo, L., Kahan, J., et al. 'Bilateral nucleus basalis of Meynert deep brain stimulation for dementia with Lewy bodies : A randomised clinical trial.' *Brain Stimulation.* 2020 ; 13(4) : pp. 1031–1039.

제5장 | 조용한 무시

1 Brain, W. R. 'Visual disorientation with special reference to lesions of the right cerebral hemisphere.' *Brain.* 1941 ; 64(4) : pp. 244–272.

2 Mcfie, J., Piercy, M. F., and Zangwill, O. L. 'Visual-spatial agnosia associated with lesions of the right cerebral hemisphere.' *Brain.* 1950 ; 73(2) : pp. 167–190.

3 Hillis, A. E. 'Neurobiology of unilateral spatial neglect.' *Neuroscientist.* 2006 ; 12(2) : pp. 153–163.

4 Esposito, E., Shekhtman, G., and Chen, P. 'Prevalence of spatial neglect post-stroke : A systematic review.' *Annals of Physical Rehabilitation Medicine.* 2021 ; 64(5) : 101459.

5 Desimone, R., and Duncan, J. 'Neural mechanisms of selective visual

attention.' *Annual Review of Neuroscience.* 1995 ; 18 : pp. 193−222.

6   Corbetta, M., and Shulman, G. L. 'Control of goal−directed and stimulus−driven attention in the brain.' *Nature Reviews Neuroscience.* 2002 ; 3(3) : pp. 201−215.

7   Posner, M. I. 'Orienting of attention.' *Quarterly Journal of Experimental Psychology.* 1980 ; 32(1) : pp. 3−25.

8   Husain, M., and Rorden, C. 'Non−spatially lateralized mechanisms in hemispatial neglect.' *Nature Reviews Neuroscience.* 2003 ; 4(1).

9   Parton, A., Malhotra, P., and Husain, M. 'Hemispatial neglect.' *Journal of Neurology, Neurosurgery and Psychiatry.* 2004 ; 75(1) : pp. 13−21.

10   Cantagallo, A, and Sala, S. D. 'Preserved insight in an artist with extra−personal spatial neglect.' *Cortex.* 1998 ; 34(2) : pp. 163−189.

11   Husain, M., and Stein, J. 'Rezsö Bálint and His Most Celebrated Case.' *Archives of Neurology.* 1988 ; 45(1).

12   Glickstein, M., and Whitteridge, D. 'Tatsuji Inouye and the mapping of the visual fields on the human cerebral cortex.' *Trends in Neurosciences.* 1987 ; 10 : pp. 350−353.

13   Alvis−Miranda, H. R., Rubiano, A. M., Agrawal, A., et al. 'Cranio−cerebral Gunshot Injuries ; A Review of the Current Literature.' *Bulletin of Emergency and Trauma.* 2016 ; 4(2) : pp. 65−74.

14   Holmes, G., and Lister, W. 'Disturbances of vision from cerebral lesions, with special reference to the representations of the macula.' *Brain.* 1916 ; 39(1−2) : pp. 34−73.

15   Holmes, G. 'Disturbances of visual orientation.' *British Journal of Ophthalmology.* 1918 ; 2(9) : p. 449.

16   Holmes, G., and Horrax, G. 'Disturbances of spatial orientation and visual attention, with loss of stereoscopic vision.' *Archives of Neurology and Psychiatry.* 1919 ; 1 : pp. 385−407.

17   Trojano, L. 'Constructional apraxia from the roots up : Kleist, Strauss, and their contemporaries.' *Neurological Sciences.* 2020 ; 41(4) : pp. 981−988.

18   Hecaen, H., Penfield, W., Bertrand, C., and Malmo, R. 'The syndrome

of apractognosia due to lesions of the minor cerebral hemisphere.' *AMA Archives of Neurology and Psychiatry.* 1956 ; 75(4) : pp. 400−434.

19 De Renzi, E. *Disorders of Space Exploration and Cognition.* Chichester : John Wiley & Sons, Ltd ; 1982.

20 Dalmaijer, E. S., Li, K. M. S., Gorgoraptis, N., et al. 'Randomised, double-blind, placebo-controlled crossover study of single-dose guanfacine in unilateral neglect following stroke.' *Journal of Neurology, Neurosurgery and Psychiatry.* 2018 ; 89(6) : pp. 593−598.

21 Gorgoraptis, N., Mah, Y-H., MacHner, B., et al. 'The effects of the dopamine agonist rotigotine on hemispatial neglect following stroke.' *Brain.* 2012 ; 135(8) : pp. 2478−2491.

22 Swayne, O. B., Gorgoraptis, N., Leff, A., and Ajina, S. 'Exploring the use of dopaminergic medication to treat hemispatial inattention during in-patient post-stroke neurorehabilitation.' *Journal of Neuropsychology.* 2022 ; 16(3) : pp. 518−536.

23 Davis, G. *'The Cruel Madness of Love' : Sex, Syphilis and Psychiatry in Scotland, 1880−1930.* Amsterdam : Editions Rodopi B.V. ; 2008.

24 Rees, G., Wojciulik, E., Clarke, K., Husain, M., Frith, C., and Driver, J. 'Unconscious activation of visual cortex in the damaged right hemisphere of a parietal patient with extinction.' *Brain.* 2000 ; 123(8).

25 Marshall, J. C., Halligan, P. W. 'Blindsight and insight in visuo-spatial neglect.' *Nature.* 1988 ; 336(6201) : pp. 766−767.

제6장 | 남들이 뭐라든 신경 끄는 여자

1 Macmillan, M. *An Odd Kind of Fame : Stories of Phineas Gage.* Cambridge, Mass. : MIT Press ; 2002.

2 Eslinger, P. J., and Damasio, A. R. 'Severe disturbance of higher cognition after bilateral frontal lobe ablation : patient EVR.' *Neurology.* 1985 ; 35(12) : pp. 1731−1741.

3 Teuber, H. L. 'The riddle of frontal lobe function in man.' *Neuropsychology Review.* 2009 ; 19(1) : pp. 25−46.

4   Badre, D. *On Task. How Our Brain Gets Things Done.* Princeton : Princeton University Press ; 2020.

5   Lezak, M., Howieson, D., Bigler, E., and Tranel, D. *Neuropsychological Assessment* 5th ed. New York : Oxford University Press ; 2012.

6   Gilbert, S. J., and Burgess, P. W. 'Executive function.' *Current Biology.* 2008 ; 18(3) : pp. R110−R114.

7   Koechlin, E., and Summerfield, C. 'An information theoretical approach to prefrontal executive function.' *Trends in Cognitive Sciences.* 2007 ; 11(6) : pp. 229−235.

8   Badre, D., and Desrochers, T. M. 'Hierarchical cognitive control and the frontal lobes.' *Handbook of Clinical Neurology.* 2019 ; 163 : pp. 165−177.

9   Damasio, A. R. 'The somatic marker hypothesis and the possible functions of the prefrontal cortex.' *Philosophical Transactions of the Royal Society of London Biological Sciences.* 1996 ; 351(1346) : pp. 1413−1420.

10   Koenigs, M., Young, L., Adolphs, R., et al. 'Damage to the prefrontal cortex increases utilitarian moral judgements.' *Nature.* 2007 ; 446(7138) : pp. 908−911.

11   Anderson, S. W., Bechara, A., Damasio, H., Tranel, D., and Damasio, A. R. 'Impairment of social and moral behavior related to early damage in human prefrontal cortex.' *Nature Neuroscience.* 1999 ; 2(11) : pp. 1032−1037.

12   Stuss, D. T., Gallup, G. G., and Alexander, M. P. 'The frontal lobes are necessary for "theory of mind."' *Brain.* 2001 ; 124(Pt 2) : pp. 279−286.

13   Mendez, M. F., and Shapira, J. S. 'Altered emotional morality in frontotemporal dementia.' *Cognitive Neuropsychiatry.* 2009 ; 14(3) : pp. 165−179.

14   Zago, S., Scarpazza, C., Difonzo, T., et al. 'Behavioral Variant of Frontotemporal Dementia and Homicide in a Historical Case.' *Journal of the American Academy of Psychiatry and the Law.* 2021 ; 49(2) : pp. 219−227.

15 Rankin, K. P., Gorno-Tempini, M. L., Allison, S. C., et al. 'Structural anatomy of empathy in neurodegenerative disease.' *Brain.* 2006 ; 129(11) : pp. 2945–2956.

16 Lebert, F., Stekke, W., Hasenbroekx, C., and Pasquier, F. 'Fronto-temporal dementia : a randomised, controlled trial with trazodone.' *Dementia and Geriatric Cognitive Disorders.* 2004 ; 17(4) : pp. 355–359.

17 Hughes, D., and Mallucci, G. R. 'The unfolded protein response in neurodegenerative disorders – therapeutic modulation of the PERK pathway.' *FEBS Journal.* 2019 ; 286(2) : pp. 342–355.

제7장 | 손이 어디에 있는지 모르겠어요

1 Penfield, W., and Boldrey, E. 'Somatic motor and sensory representation in the cerebral cortex of man as studied by electrical stimulation.' *Brain.* 1937 ; 60(4) : pp. 389–443.

2 Denny Brown, D., and Banker, B. Q. 'Amorphosynthesis from left parietal lesion.' *AMA Archives of Neurology and Psychiatry.* 1954 ; 71(3) : pp. 302–313.

3 Lillie, M. C. 'Cranial surgery dates back to Mesolithic.' *Nature.* 1998 ; 391(6670) : p. 854.

4 Head, H., and Holmes, G. 'Sensory disturbance from cerebral lesions.' *Brain.* 1911 ; 34(2–3) : pp. 102–254.

5 Wolpert, D. M., Goodbody, S. J., and Husain, M. 'Maintaining internal representations : The role of the human superior parietal lobe.' *Nature Neuroscience.* 1998 ; 1(6).

6 Costandi, M. *Body Am I.* Cambridge, Mass. : MIT Press ; 2022.

7 Cole, J. *Losing Touch : A Man without His Body.* Oxford : Oxford University Press ; 2016.

8 Gallagher, S., and Cole, J. 'Body schema and body image in a deafferented subject.' *Journal of Mind and Behavior.* 1995 ; 16 : pp. 369–390.

9 Cassam, Q. 'The Embodied Self.' In : *The Oxford Handbook of the Self.* Oxford : Oxford University Press ; 2011 : pp. 139–156.

제8장 | 자아 그리고 정체성

1   Dainton, B. *Self : What Am I?* Milton Keynes : Penguin ; 2014.

2   Allport, G. W. *Patterns and Growth in Personality.* New York : Holt, Rinehart & Winston ; 1961.

3   Shoemaker, S. 'On What We Are.' In : Gallagher, S., ed. *The Oxford Handbook of the Self.* Oxford : Oxford University Press ; 2011 : pp. 352−371.

4   Hood, B. *The Self Illusion.* London : Constable ; 2011.

5   Thiel, U. 'Hume and the belief in personal identity.' In : *The Early Modern Subject : Self-Consciousness and Personal Identity from Descartes to Hume.* Oxford : Oxford University Press ; 2011 : pp. 382−406.

6   Parfit, D. 'Personal Identity.' *Phisosophical Reviews.* 1971 ; 80(1) : pp. 3−27.

7   Parfit, D. *Reasons and Persons.* Oxford : Oxford University Press ; 1986.

8   Dennett, D. 'The Self as a Center of Narrative Gravity.' In : Kessel, F., Cole, P., and Johnson, D., eds. *Self and Consciousness : Multiple Perspectives.* Hillsdale, NJ : Lawrence Erlbaum Associates ; 1992 : pp. 103−115.

9   Popper, K. R., and Eccles, J. C. *The Self and Its Brain : An Argument for Interactionism.* Berlin : Springer-Verlag ; 1977.

10   Gazzaniga, M. S. *The Consciousness Instinct : Unraveling the Mystery of How the Brain Makes the Mind.* New York : Farrar, Straus and Giroux ; 2018.

11   Baumeister, R. F. *The Self Explained. Why and How We Become Who We Are.* New York : The Guilford Press ; 2022.

12   Kihlstrom, J. F., and Cantor, N. 'Mental Representations of the Self.' *Advances in Experimental Social Psychology.* 1984 ; 17(C) : pp. 1−47.

13   Kuhn, M. H., and McPartland, T. S. 'An Empirical Investigation of Self-Attitudes.' *American Sociological Review.* 1954 ; 19(1) : pp. 68−76.

14   McAdams, D. P. 'The psychology of life stories.' *Review of General Psychology.* 2001 ; 5 : pp. 100−122.

15   Northoff, G., and Bermpohl, F. 'Cortical midline structures and the self.'

Trends in Cognitive Sciences. 2004 ; 8(3) : pp. 102—107.

16 Vogeley, K., and Gallagher, S. 'Self in the Brain.' In : *The Oxford Handbook of the Self.* Oxford : Oxford University Press ; 2011 : pp. 111—136.

17 Eustache, M. L., Laisney, M., Juskenaite, A., et al. 'Sense of identity in advanced Alzheimer's dementia : a cognitive dissociation between sameness and selfhood?' *Consciousness and Cognition.* 2013 ; 22(4) : pp. 1456—1467.

18 Klein, S. B. *The Two Selves. Their Metaphysical Commitments and Functional Independence.* Oxford : Oxford University Press ; 2014.

19 Klein, S. B, and Gangi, C. E. 'The multiplicity of self : neuropsychological evidence and its implications for the self as a construct in psychological research.' *Annals of the New York Academy of Sciences.* 2010 ; 1191 : pp. 1—15.

20 Minsky, M. *The Society of Mind.* New York : Simon & Schuster ; 1987.

21 Tajfel, H., and Turner, J. C. 'An integrative theory of intergroup conflict.' In : Austin, W. G., and Worchel, S., eds. *The Social Psychology of Intergroup Relations.* Monterey, CA ; 1979 : pp. 33—37.

22 Jenkins, R. *Social Identity.* Abingdon : Routledge ; 2014.

23 Tajfel, H., and Turner, J. C. 'The social identity theory of intergroup behavior.' In : Worchel, S., and Austin, W., eds. *Psychology of Intergroup Relations.* Chicago : Nelson Hall ; 1986 : pp. 7—24.

24 Carr, D. 'Personal identity is social identity.' *Phenomenology and the Cognitive Sciences.* 2021 ; 20(2) : pp. 341—351.

25 Baumeister, R. F., and Leary, M. R. 'The need to belong : desire for interpersonal attachments as a fundamental human motivation.' *Psychological Bulletin.* 1995 ; 117(3) : pp. 57—89.

26 Dunbar, R., Barrett, L., and Lycett, J. *Evolutionary Psychology. A Beginner's Guide.* London : Oneworld Publications ; 2007.

27 Holt-Lunstad, J., Smith, T. B., and Layton, J. B. 'Social relationships and mortality risk : a meta-analytic review.' *Public Library of Science*

Medicine. 2010 ; 7(7) : e1000316.

28   Wang, F., Gao, Y., Han, Z., et al. 'A systematic review and meta-analysis of 90 cohort studies of social isolation, loneliness and mortality.' *Nature Human Behaviour.* 2023 ; 7(8).

29   Williams, K. D., and Zadro, L. 'Ostracism : On Being Ignored, Excluded, and Rejected.' In : Leary, M. R., ed. *Interpersonal Rejection.* Oxford : Oxford University Press ; 2012 : pp. 21−54.

30   International Organization for Migration. *World Migration Report 2022.* Geneva ; 2022.

31   Hofstede, G. 'Dimensionalizing Cultures : The Hofstede Model in Context.' *Online Readings Psychology and Culture.* 2011 ; 2(1). https://doi.org/10.9707/2307−0919.1014.

32   Winder, R. *Bloody Foreigners.* London : Little, Brown Book Group Limited ; 2013.

역자 후기

환자를 오래 돌보는 일은 쉽지 않다. 더구나 치매처럼 정신에 문제가 생긴 사람을 보살피는 일은 더욱더 어렵다. 때로는 짜증과 악다구니와 욕설을 들으면서 닦고 씻겨야 하고, 잠시 쉬었다가도 다시 피곤한 몸을 일으켜야 할 때도 있다. 그런 잡다한 일들에 시달리다 보면 삶의 의미를 돌아보게 되기도 하지만, 대개 그런 성찰은 개인적인 차원에 머문다.

　이 책은 거기에서 한 발 더 나아간다. 신경과 의사이자 신경학자인 저자는 그런 질환과 고통이 환자 자신과 가족, 친구, 주변 사회에 어떤 의미를 지니는지를 깊이 파고든다. 사고든 질병이든 유전자 때문이든 간에 정신질환에 걸리면, 예전과 전혀 다른 사람이 되기도 한다. 점잖거나 예의 바르거나 쾌활했던 사람이 벌컥 화를 내거나 시비를 걸거나 욕설을 퍼붓거나 뚱해 있거나 침울한 사람으로 바뀔 수도 있다. 그럴 때에는 그 사람이 맺고 있던 기존의 인간관계도 완전히 바뀐다. 병 자체보다도 그렇게 예전과 딴판이 된 환자의 모습이 더 고통을 안겨주는 사례도 많다.

그런데 환자의 심경은 어떨까? 자신이 치매나 파킨슨병에 걸렸거나 환각을 보고 있음을 인지하고, 증세가 점점 심해지고 있음을 느끼고 있는 당사자는? 부정하는 이도 있고, 스스로 병원을 찾는 이도 있고, 포기하는 이도 있고, 끝까지 희망을 놓지 않는 이도 있다. 저자는 그런 환자들의 다양한 반응들을 이야기하면서, 그들이 왜 그런 반응을 보이는지를 하나하나 살펴본다. 그리고 그 다양한 반응에 나름의 이유가 있음을 발견한다. 소외될까 봐 두려워서, 가족에게 부담을 주고 싶지 않아서 등 환자마다 나름의 행동 근거가 있다. 그리고 자기 자신을 완전히 잃기 전까지 그래도 예전 모습을 간직하려고 노력한다.

이 책은 그렇게 예전의 자기 자신을 잃어가거나 또는 치료를 받고서 예전의 모습을 되찾은 환자들의 사례를 영국 사회의 이민자로서 저자 자신이 살아온 삶과 교차시키면서, 사람이 달라질 때 얼마나 많은 것이 바뀔 수 있는지를 보여준다. 그리고 역사적, 철학적 관점으로 환자들의 사례를 살펴보면서, 정신질환으로 본래의 인격을 잃은 사람이 자신이 속해 있던 사회로부터 배척되는 과정이 우리가 익히 알고 있는 이방인 배척과 공통점이 많다는 점도 다룬다. 또 누구나 그렇게 될 수 있으며, 우리가 본래 속한 사회에서 떠밀려 나가는 일이 얼마나 쉬운지도 알려준다.

그저 뇌에 일어나는 변화만으로도 쉽게 그럴 수 있다. 저자는 우리의 뇌에 일어나는 일이 성격과 행동뿐 아니라 인간관계와 사회적 측면에도 얼마나 큰 변화를 가져올 수 있는지를 깊이 깨닫게 해준다.

이한음

인명 색인

헤드 Head, Henry 323-324
헬름홀츠 Helmholtz, Hermann von
192-193
헵 Hebb, Donald 147, 149
호가스 Hogarth, William 94, 204,
206

호프스테더 Hofstede, Geert 359
홈스 Holmes, Gordon 241-243,
323-324
흄 Hume, David 345-346